DAXIONGMAO GUOJIA GONGYUAN
TIYU LÜYOU KAIFA LUJING YANJIU

舒建平　卢　军　曾　旻◎著

大熊猫国家公园
体育旅游
开发路径研究

四川民族出版社

图书在版编目（CIP）数据

大熊猫国家公园体育旅游开发路径研究 / 舒建平，卢军，曾旻著. -- 成都：四川民族出版社，2023.11
ISBN 978-7-5733-1724-7

Ⅰ.①大… Ⅱ.①舒… ②卢… ③曾… Ⅲ.①大熊猫—国家公园—体育—旅游业发展—研究 Ⅳ.①S759.992②F590.75

中国国家版本馆 CIP 数据核字（2024）第 013966 号

大熊猫国家公园体育旅游开发路径研究
DAXIONGMAO GUOJIA GONGYUAN TIYU LÜYOU KAIFA LUJING YANJIU

舒建平　卢　军　曾　旻　著

责任编辑	央　金
责任印制	谢孟豪
出　版	四川民族出版社
地　址	成都市敬业路 108 号
邮政编码	610091
联系电话	（028）80640532
印　刷	四川煤田地质制图印务有限责任公司
成品尺寸	185mm×260mm
印　张	13.25
字　数	250 千
版　次	2023 年 11 月第 1 版
印　次	2023 年 11 月第 1 次印刷
书　号	ISBN 978-7-5733-1724-7
定　价	58 元

2017年，中共中央办公厅、国务院办公厅先后印发的《大熊猫国家公园体制试点方案》与《建立国家公园体制总体方案》都明确了国家公园自然资源科学保护与合理利用并重的核心理念。至今，大熊猫国家公园在管理机构建设、人为活动管控、区划调整优化与大熊猫常态保护等方面进行了积极的探索，并取得了显著的成效。2023年，国家林业和草原局（国家公园管理局）批复印发的《大熊猫国家公园总体规划（2023—2030年）》明确提出，完善提升生态体验系统，塑造大熊猫国家公园文化，构建大熊猫国家公园和谐社区，旨在推动其内部生产生活方式转变、经济结构转型、文化培育与形象宣传等。

国家体育总局发布的《"十四五"体育发展规划》中鼓励生态绿色体育旅游融合示范区的建设，不断丰富体育旅游产品。体育旅游的开发与针对性管理能够促进大熊猫国家公园人与自然和谐共生，推动其体育产业生态化与生态产业化发展，助力其生态、科普教育以及国际形象的树立。不过，大熊猫国家公园资源禀赋高但限制性因素多，是一个极为特殊而复杂的体育旅游空间，开展体育旅游是一项重要的生态、经济与文化探索。

因此，本研究从空间布局、产业协同、产品转化、市场开发、制度保障与智慧加持六大方面探究大熊猫国家公园体育旅游开发的路径，通过体育旅游的和谐价值、经济价值与文化价值，促进大熊猫国家公园生态保护与社会、经济、文化建设协调发展，推动国家公园生态保护与服务社会并行，助力旗舰物种保护示范区、生态价值实现先行区、世界自然教育展示样板区、人与自然和谐共处典范区目标的实现。

目 录

第一章 研究的理论基础

第一节　国家公园理论

一、国家公园内涵辨析

19世纪30年代，美国艺术家乔治·卡特林（George Catin）在旅行的路上，看到美国西部大开发对印第安文明、野生动植物和荒野造成了严重的破坏，于是向政府建议可以通过建立一个大的公园，把这些原生状态保护起来。早期的国家公园理念便是萌生于这一保护自然、保护原生态的朴素理想。该提议受到当时政府的高度重视，1872年，美国建立了世界上第一个国家公园——黄石国家公园，以此为标志，美国兴起了一场国家公园运动，其旨在保护自然生态系统的原始状态，同时又具有科学研究、教育和游憩的功能。国家公园理念逐渐被世界各国所认同，澳大利亚、加拿大、新西兰、南非、日本等国家紧随其后，分别建立了各自的国家公园，并根据各国家实际情况不断完善相应的体制与机制。

国家公园在长达150年的世界历史发展进程中，不同的国家与组织就国家公园的内涵阐释仍然存在不同的见解。1969年，世界自然保护联盟（IUCN）提出，国家公园是一个土地所有或地理区域系统，该系统的主要目的是保护国家或者国际生物地理或生态资源的重要性，使其自然进化并最小地受到人类社会的影响；1916年，《美国国家公园管理局组建法》中提出，为了保护自然、景观、历史遗产和其中的野生动植物，用这种手段及方式为人们提供快乐并保证它们不受破坏，确保子孙后代的福祉；1933年，伦敦会议提出，国家公园设置的目的是繁衍和保护野生动物，同时保存在美观、地质、史前、史后、考古或其他科学上有价值的事物，以供公共之利益享用；1942年，华盛顿泛美会议提出，国家公园是为保护全国重要的自然风景及区内的动植物而设，公园由政府管理、供民众享用、杜绝商业开发；美国《国家公园事业法》提出，国家公园是具有广泛多样性特征的大片自然区域，有时也包含一些重要的历史资产，打猎、开矿和其他资源消耗型活动不被允许在区域内开展。尽管各国对国家公园的定义有所不同，但是保护和利用相结合这一本质已然形成了世界共识。

我国国家公园的探索之路与西方发达国家比起步晚，各级政府开始陆续引入国家公园理念与管理模式，主要也是为完善我国保护地体系，以期将来对现有保护地体系进行系统整合，提高保护有效性，实现保护与发展双赢[①]。尽管如此，我国对国家公园的内涵争议存在相当之久，一是对国家公园中的"国家"一词界定不明确，主要体现在由国家哪个部门负责批准和建立国家公园不明确，由中央政府还是由地方政府负责管理也尚不明确；二是许多地方政府依然将国家公园理解为传统意义的"公园"，有的称之为"国家级公园"，与国家森林公园、国家湿地公园等之间的关系没有界定清楚，部分地区还想通过取名"国家公园"来实现品牌经济效益；三是对保护自然与旅游开发的程度界定不明确，早在1994年国务院办公厅批转建设部发布的《中国风景名胜区形势与展望绿皮书》中明确指出中国风景名胜区就等同于国际上的国家公园（National Park）[②]。也就是说，我国虽然有由国家职能部门或省级政府指定的"国家公园"，但并没有以"保护第一性"和"公益性"为目标的实质意义上的国家公园，现有的风景名胜区、自然保护区等9类保护地既不是国家公园，也不构成国家公园体系，而是为了分类管理的需要建立的[③]。这一时期，学术界涌现了大量关于国家风景名胜区旅游、国家森林公园旅游、国家湿地公园旅游、国家海洋公园旅游、国家地质公园旅游等方面的研究。其中也不乏体育旅游的相关研究，但是鉴于我国国家公园内涵模糊，其并不能算是国家公园体育旅游方面的研究。

因此，在开展大熊猫国家公园体育旅游开发路径研究之前，有必要对国家公园的内涵进行辨析。2017年9月26日，中共中央办公厅和国务院办公厅印发的《建立国家公园体制总体方案》明确提出科学界定国家公园内涵：坚持生态保护第一、坚持国家代表性、坚持全民公益性的国家公园理念[④]。

---

① 杨士龙.国家公园理念和发展模式辨析[C].2009年中国法学会环境资源法学研究会年会论文集,2009:06.

② 白长虹总主编;李春晓,于海波主编.国家公园探索中国之路[M].北京:中国旅游出版社,2015:88.

③ 彭红松,章锦河,陆林,韩娅,曹晶晶.中国国家公园体制建立的若干思考[J].安徽师范大学学报（自然科学版）,2016,39(06):575-579+612.

④ 中共中央办公厅和国务院办公厅.建立国家公园体制总体方案.[EB/OL].[2017-09-26].
http://www.gov.cn/zhengce/2017-09/26/content_5227713.htm.

从坚持生态保护第一与全民公益性方面来看，严格意义上的自然保护区的保护对象自然性较强、科学价值较高，其核心区通常是呈绝对保护状态的保护区域；而风景名胜区指具有观赏、文化或者科学价值，自然景观、人文景观比较集中，环境优美，可供人们游览或者进行科学、文化活动的区域；不同类型的国家级公园拥有完整生态系统的保护地，但是过于注重经济效益而非生态效益。因此，以大熊猫国家公园为案例进行比较，国家公园在范围上是包含自然保护区、风景名胜区以及各类国家级公园的，其功能、价值是保护与利用并重（如表1-1）。基于这一内涵，大熊猫国家公园体育旅游开发需要统筹相关的自然保护区、风景名胜区、各类国家级公园以及周边的入口社区、小镇等。

表1-1 国家公园与各类保护地的关系

类型	范围	功能与价值	案例
国家公园	大	保护与利用并重	大熊猫国家公园
自然保护区	小	重保护	唐家河国家级自然保护区
风景名胜区	小	重利用	西岭雪山风景名胜区
国家级公园	小	重利用	龙苍沟国家森林公园

从坚持国家代表性方面来看，一定要明确其资源属性为"国家"所有，主要由"中央政府"承担事权，保障公众对于文化和自然遗产地资源的需要；通过"国家"级机构采取分区管理形式，旅游等相关产业的开发和游客可及范围限于某些功能区；在经营方面有严格规定，管经分离和特许经营制度既利用了市场经济体制的高效率，也易于把握利用的"度"[1]。基于这一内涵，大熊猫国家公园体育旅游开发需要严格遵守国家公园相关的体制、机制、法律、法规。

二、国家公园若干问题

尽管世界众多国家和地区的国家公园起步较早，发展基本趋于成熟，但是还会面临许多共性问题，Yu-Fai Leung（2011）[2]、S Nandya（2015）[3]、Valeska Scharsich

① 苏杨，王蕾. 中国国家公园体制试点的相关概念、政策背景和技术难点[J]. 环境保护，2015，43（14）：17-23.

② LEUNG Y F，NEWBURGER T，JONES M，KUHN B，WOIDERSKI B. Developing a Monitoring Protocol for Visitor-Created Informal Trails in Yosemite National Park，USA[J]. Environmental Management，2011，47（1）：93-106.

③ NANDYA S，SINGHA C，DASA K K，KINGMAB N C，KUSHWAHAA S P S. Environmental vulnerability assessment of eco-development zone of Great Himalayan National Park，Himachal Pradesh，India[J]. Ecological Indicators，2015，（57）：182-195.

（2019）①等学者在研究中提到：（1）资源开发与生态保育间的平衡问题仍是国家公园的首要问题：一方面，许多国家公园的开发和利用，在建筑师和商家的功利化、商业化的激进主义指挥下，人们开始无视生态承载力和公园的原真性，盲目扩建，过分索取，致使国家公园环境污染，生态破坏、自然灾害等频繁增加；另一方面，游客对自然的探索和征服的需求膨胀，使其不满足于园区内提供的既定服务、路线、产品、项目等，游客需求和产品供应不平衡之间的问题激发；（2）国家公园各利益主体之间存在着利益分配、价值观念等方面的矛盾；（3）国家政府和园区相关管理部门资金投入不足，缺乏社会各界、各行业的投资和融资，出现国家公园"自我造血"功能较弱等问题；（4）国家公园法律体系不健全，地方政府监督管理体系不完善，各部门缺乏有效的管控规章制度，造成一些违背国家公园理念的开发活动投机取巧，对国家公园造成不必要的意外和损失。因此，大熊猫国家公园发展过程中不可避免的会面临这些世界共性问题，一方面体育旅游开发就是为解决这些问题提供一个思路，另一方面在体育旅游开发的过程中要避免在这些问题上重蹈覆辙，否则就会沦为商业化的傀儡。

三、国家公园持续发展

国家公园坚持世代传承，给子孙后代留下珍贵的自然遗产，这就要求世界各个国家公园管理部门必须坚持可持续的发展理念，推进国家公园可持续发展。Weiler Betty（2013）②、Smith（2015）③、Grislayne（2017）④、Gianluca Grilli（2017）⑤等学者认为国家公园的可持续发展需要：（1）兼顾环境保护与经济利益平衡、国家和地方利益均衡，做到公园保护与开发关系的互补性、合理性和平衡性；（2）多维度、多方向促进国家公园绿色协调可持续发展，推行可持续的发展模式，改善生态旅游基础设施；（3）加强国家公园资源的合理开发，促进文化的深度挖掘，完善品牌文化宣传，还要

① SCHARSICH V，MTATA K，HAUHS M，LANGE H，DOGNER C. Analysing land cover and land use change in the Matobo National Park and surroundings in Zimbabwe[J]. Remote Sensing of Environment，2017，（194）：278-286.

② WEILER B，MOORE S A，MOYLE B D. Building and Sustaining Support for National Parks in the 21st Century：Why and How to Save the National Park Experience from Extinction[J]. Journal of Park & Recreation Administration，2013，31（2）：115-131.

③ SMITH L，KAROSIC L，SMITH E. Greening U. S. National Parks：Expanding Traditional Roles to Address Climate Change. Professional Geographer，2015，67（3）：438－446.

④ LOPES G G，CORREA C H W. Online promotion of the values of sustainable development in national parks[J]. Revista Internacional de Organizaciones，2017，79（19）：163-183.

⑤ GRILLI G，CIOLLI M，GAREGNANI G，GERI F，SACCHELLI S，POLJANEC A，VETTORATO D，PALETTO A. A method to assess the economic impacts of forest biomass use on ecosystem services in a National Park[J]. Biomass and Bioenergy，2017（98）：252-263.

强化救援保障、优化公园服务、开拓游憩项目、优化产品质量与强化监督管理；（4）国家公园允许涉足的区域内，可通过加强国家公园及周边社区的互动，实现社区自然和文化资源的资本化，从而可有效促进社区与国家公园之间协调发展；（6）国家公园可借助互联网等信息技术完善管理部门的管理方式和力度，从而推进资源的合理开发，促进国家公园的可持续发展。

大熊猫国家公园体育旅游开发需要坚持可持续发展的理念，上述国家公园可持续发展的思路与对策对本研究提供了一定的参考借鉴。

第二节 体育旅游理论

20世纪末是我国体育旅游研究的起始阶段，2001年至2011年是其爆发式增长阶段，2012年迅速下降，至今处于平缓阶段（如图1-1）。30多年的研究历程中，我国体育旅游在基础理论研究与应用对策研究方面都获得了丰厚的研究成果，对于本研究"大熊猫国家公园体育旅游开发路径"具有重要的指导意义。鉴于本研究的理论应用需求，研究从以下四个方面展开综述：

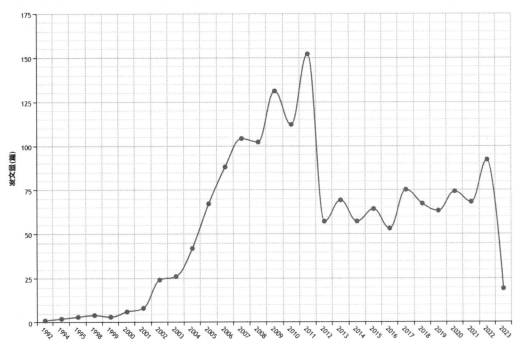

图1-1 "体育旅游"相关论文发表年度趋势

（数据来源：CNKI；注：包括1573篇北大核心期刊论文、950篇CSSCI期刊论文、127篇AMI期刊论文）

第一，在"体育旅游的发展现状、问题与对策"方面，常华军（2003）[①]、陈远航（2013）[②]、孙忠利（2018）[③]、聂涛（2019）[④]等学者对当前体育旅游的发展现状进行梳理，针对相关问题提出了相应的建议，核心研究内容包括：（1）主要从健康中国、休闲时代、乡村振兴、全域旅游、新农村建设等视角对体育旅游的发展现状进行了研究，认为当前我国体育旅游的发展仍然存在配套设施落后，服务专业程度低，专业人才匮乏，项目形式单一，深层次开发不够等问题，并从人才培养、文化内涵挖掘、体育旅游市场结构优化等角度提出了相应的建议。（2）认为我国体育旅游的发展主要存在三大矛盾，分别是大众消费实际需求与公共及私人服务存在缺位的矛盾、大众需求个性化服务需求供给不足的矛盾、我国体育旅游产业地域化与国际化之间存在竞争矛盾，并针对以上矛盾从政府治理、市场治理、社会治理三个层面提出要加大人才培养，建立法治体系、完善公共供给服务等解决方案。（3）从市场供给的角度，提出体育旅游发展的问题主要集中在资源整合不合理、体育旅游产品单一、相关企业规模小、专业人才缺乏、宣传力度不够等方面，从而提出丰富体育旅游产品供给，提供多元化体育旅游项目、培养体育旅游专业人才、丰富宣传渠道等对策。

第二，在"体育旅游资源"方面，袁书琪（2003）[⑤]、邓凤莲（2008）[⑥]、郑业刚（2010）[⑦]、胡军（2010）[⑧]、宛霞（2012）[⑨]、胡冬临（2014）[⑩]、肖秀显（2015）[⑪]、黄佺（2016）[⑫]、王洪兵（2019）[⑬]等学者主要对体育旅游资源开发（分类、调查与评价）等进行研究，核心内容包括：（1）从不同角度对体育旅游资源进行了分类，有的以"色系"为研究视角，将体育旅游资源划分为绿色、蓝色、白色、红色、黄色五大类体育旅游资源；有的依据旅游资源性质将体育旅游资源分为体育旅游自然资源和体育旅游人文资源两大类型；有的按照体育旅游资源的属性将体育旅游资源分为自然体

① 常华军,韩晓燕.我国体育旅游现状及前景浅探[J].体育文化导刊,2003(01):33-34.
② 陈远航.张家界市体育旅游现状及发展策略研究[J].吉首大学学报(社会科学版),2013,34(S1):30-33.
③ 孙忠利.中国体育旅游现状、矛盾与治理研究[J].广州体育学院学报,2018,38(04):37-40.
④ 聂涛.四川民族地区体育旅游现状及发展模式探析[J].广州体育学院学报,2019,39(05):80-83.
⑤ 袁书琪,郑耀星.体育旅游资源的特征、涵义和分类体系[J].体育学刊,2003(02):33-36.
⑥ 邓凤莲,于素梅,刘笑舫.中国体育旅游资源分类和开发支持系统及影响因素研究[J].北京体育大学学报,2008(08):1048-1050.
⑦ 郑业刚.我国体育旅游资源整合探析[J].中国商贸,2010(10):151-152.
⑧ 胡军.基于体验视角下的体育旅游资源开发——以四川省为例[J].人民论坛,2010(29):104-105.
⑨ 宛霞.体育旅游资源分类新论[J].体育文化导刊,2012(07):86-89.
⑩ 胡冬临.我国体育旅游资源开发分析[J].体育文化导刊,2014(11):92-94+134.
⑪ 肖秀显,陈华胜.体育旅游资源开发的要素分析——基于大众视角[J].沈阳体育学院学报,2015,34(04):74-79+85.
⑫ 黄佺,谭奇余.体育旅游资源普查及地图表达研究[J].体育文化导刊,2016(07):113-117.
⑬ 王洪兵,汤卫东,范飞虎.体育旅游资源开发的代际公平内涵[J].成都体育学院学报,2019,45(06):33-38.

育旅游资源和人文体育旅游资源两大类，具体划分为文体育旅游资源、水域体育旅游资源、体育旅游生物资源、自然现象体育旅游资源、体育遗迹旅游资源、体育建筑与设施旅游资源、体育旅游商品、人文活动体育旅游资源8个主类，34种亚类，105种基本类型。（2）从体育旅游资源分布的视角进行研究，认为当前我国对体育旅游资源的开发存在整体开发不足，产品缺乏特色等问题，对此提出加强体育旅游自然资源的综合利用、加强体育资源与自然资源的整合、加强地方文化与体育旅游资源的整合等体育旅游资源整合路径。（3）从体育旅游资源开发影响因素的角度，提出我国体育旅游资源开发的影响因素主要有资金投入不足；社会对体育旅游文化的理解存在偏差；缺乏宏观调控和协调发展；注重观赏性而忽视参与性；体育旅游法规、管理和安全保障体系不健全等问题；（4）从体育旅游资源开发的角度，认为体育旅游资源开发支持系统主要包括政府政策支持、旅游经济环境支持、旅游社会文化环境支持、体育旅游资源支持、体育旅游客源支持、体育旅游人才支持等。

第三，在"体育旅游产业发展"方面，杨明（2009）[①]、张卉（2010）[②]、郝国栋（2011）[③]、李萍（2014）[④]、刘晓明（2014）[⑤]、王峰（2016）[⑥]、彭迪（2017）[⑦]、方永恒（2018）[⑧]、许万林（2019）[⑨]、袁建伟（2021）[⑩]、周铭扬（2021）[⑪]等学者从宏观、中观和微观三个层面展开研究，核心内容包括：（1）当前我国体育旅游产业发展面临"拐点"，体育旅游产业发展陷入"比较优势陷阱"，体育旅游产业驱动要素的跃升，体育旅游需求的多样化，使我国体育旅游产业集群发展具有必要性，并提出全面提升体育旅游产业集群的竞争力，应采取非均衡的发展战略，从而促进体育旅游产业集聚发展；（2）从市场结构、市场行为、市场绩效、制度安排等方面对体育旅游产业进行深入分析，并提出通过深化改革形成体育旅游企业发展的良好环境，加强体育旅游法规制定、重视体育旅游的法律建设，实施有效的产业调控政策、积极提供公共服务等促进体育旅游产业发展等对策；（3）以生态学、人类学、全媒体、全民健身、产业整合为研究视角，探讨了民族传统体育与文化旅游产业融合、民族传统体育旅游产业发展

① 杨明,王新平,王龙飞.中国体育旅游产业集群研究[J].武汉体育学院学报,2009,43(01):37-42.
② 张卉,朱永亮.基于SCP分析框架的我国体育旅游产业分析[J].武汉体育学院学报,2010,44(08):54-60.
③ 郝国栋.消费社会视域下贵州体育旅游产业发展问题分析[J].商业时代,2011(25):144-145.
④ 李萍.基于PCA和AHP的中外城市体育旅游产业竞争力评价研究[J].沈阳体育学院学报,2014,33(01):28-31+36.
⑤ 刘晓明.产业融合视角下我国体育旅游产业的发展研究[J].经济地理,2014,34(05):187-192.
⑥ 王峰,王永刚,赵海燕.我国体育旅游产业创新驱动与路径研究[J].沈阳体育学院学报,2016,35(04):22-26.
⑦ 彭迪,连洪业,张亚荣.基于钻石模型的内蒙古体育旅游产业探析[J].体育文化导刊,2017(08):115-119.
⑧ 方永恒,周家羽.体育旅游产业与文化创意产业融合发展模式研究[J].体育文化导刊,2018(02):93-98.
⑨ 许万林,许燕.全域旅游视角下陕西体育旅游产业发展研究[J].体育文化导刊,2019(11):97-103.
⑩ 袁建伟,谢翔.全域旅游视域下体育旅游产业发展模式建构[J].体育文化导刊,2021(03):74-80.
⑪ 周铭扬,缪律,严鑫.我国体育旅游产业高质量发展研究[J].体育文化导刊,2021(04):8-13.

策略、民族传统体育旅游市场定位及营销等内容；（4）从体育消费、产业融合、体验经济、"互联网+"、耗散结构理论、钻石模型理论、产业集群理论、产业关联理论为支撑，主要研究冰雪体育旅游发展路径及策略、冰雪体育旅游发展影响因素、冰雪体育旅游产业管理与营销、冰雪体育旅游产业开发策略、冰雪体育旅游产业发展模式等内容；（5）以全域旅游和海洋经济为出发点，对海洋体育与旅游产业融合发展研究进行深入剖析和探讨；（6）从全域旅游、企业成长、生态视角为出发点，并运用产业融合理论对赛事体育旅游产业融合进行研究分析，赛事主要以马拉松比赛、国际帆船比赛、奥运会、冬奥会等大型赛事为主。

第四，在"体育旅游市场、产品与服务"方面，汪德根（2002）①、龚明波（2005）②、杨东明（2009）③、钟运健（2009）④、任建慧（2011）⑤、陈同先（2012）⑥、文斌（2016）⑦、陈远莉（2017）⑧、朱亚成（2020）⑨等学者的核心研究内容包括：（1）从市场细分的角度，将体育旅游市场划分为了休闲、健身、观战、刺激、竞技和其他等细分市场，认为体育旅游市场具有潜力大、大众性强、市场面广、年轻化和前景好等特征。（2）从区域发展的视角，认为影响我国东部经济发达地区体育旅游市场发展的因素主要有体育赛事水平不高，市场开发与经营力度不够，以及对体育旅游产业市场的培育不够等方面；而制约我国西部经济欠发达地区以及民族区域体育旅游市场发展的因素主要有地区经济落后，硬件基础设施陈旧，体育旅游产品质量不高，开发体育旅游资源的理念落后，缺乏专业的体育旅游人才等。（3）从市场开发的角度，认为当前我国体育旅游市场发展中存在体育旅游资源开发利用程度不够，居民收入水平较低、体育旅游需求不足，缺乏完善的体育旅游政策扶持等问题，提出了加强规范管理并开展积极的产业导向，培养专业的体育旅游人才，加大体育旅游的宣传营销力度等策略。（4）从产品转化的视角，认为我国体育旅游产品的定制处于发展初期，并存在以赛事型为主、类型单一、价格较高、定制流程效率低等问题；提出了丰富产品类型、完善定制服务、增加赛事的附加产品、打造景区特色体育旅游路线、加强旅游网站的深度推广等建议。（5）从体育旅游服务的角度，指出影响体育旅游服务质量的因

① 汪德根,陆林,刘昌雪.体育旅游市场特征及产品开发[J].旅游学刊,2002(01):49-53.

② 龚明波,李仲坤.我国体育旅游市场的区域发展特征及其制约因素[J].山东体育学院学报,2005(03):46-47.

③ 杨东明.我国体育旅游市场的开发策略研究[J].中国商贸,2009(09):50+59.

④ 钟运健,刘冬梅.体育旅游市场信息不对称问题及对策研究[J].中国商贸,2009(21):140-141.

⑤ 任建慧,王维,李亚龙,封彬.假日经济下我国体育旅游市场分析[J].中国商贸,2011(20):138-139.

⑥ 陈同先,谢忠萍.体育旅游市场开发的功效探析[J].体育与科学,2012,33(02):88-90.

⑦ 文斌,张小雷,杨兆萍,熊黑钢.基于ASEB栅格分析的新疆民族体育旅游产品开发研究[J].河南师范大学学报(自然科学版),2016,44(01):180-183.

⑧ 陈远莉.论消费升级背景下体育旅游产品的定制与推广[J].体育文化导刊,2017(10):115-118+154.

⑨ 朱亚成,季浏.西藏体育旅游市场开发的PEST分析[J].西藏民族大学学报(哲学社会科学版),2020,41(06):205-212.

素主要有交通状况、住宿条件、场馆设施、体育赛事等方面。

综上所述、"资源开发、空间布局、产业协同、产品转化、市场开发"等是我国体育旅游研究的核心论题，同时也间接反映出我国体育旅游发展的基本情况。因此，本研究将会在大熊猫国家公园这一特殊的空间领域对上述5个方面进行深入探讨。

第三节　国家公园体育旅游开发理论

一、国家公园户外游憩

国外并没有"体育旅游"这一专有词汇，但是经过大量的文献梳理与论证，国外"户外游憩"与国内的"体育旅游"具有高度的关联性，在参与主体、参与形式、参与内容与参与目的等方面具有一致性。因此，国外国家公园户外游憩的相关研究能够为本研究提供相应的理论支撑或是借鉴意义。美国黄石国家公园主张将户外游憩嵌入国家公园的建设当中，这逐渐成为全球国家公园发展的趋势，当前欧美国家公园的户外游憩发展较为成熟，形成了诸多经营管理思路，Aasetre，J（2012）[1]、Mark Orams（2013）[2]、Hassell（2015）[3]、De Castro（2015）[4]、Mavri，R（2018）[5]、Renata Mavri（2019）[6]等学者认为：（1）国家公园户外游憩的开发和运营，是政治、经济、生态、资源、社会、技术等的综合体现。（2）国家公园户外游憩地的管理实则是对其整合资源管理，兼顾考虑游憩资源与游客间的各种关系。（3）在国家公园开展游憩活动，应充分考虑公园的承载力、园内自然和文化资源的特性、地理和生物特点、季节性差异、游客访问量等。（4）国家及国家公园相关管理部门应站在顶层设计的高度，制定和出台相应的国家公园游憩管理规章制度，健全园区游憩的战略规划，明确游憩管理区域，制定管理模式与方法等。（5）对于国家公园户外游憩项目的开发，应做到以人为本，因地制宜；科学指导，加强监管；制定全面的游憩项目评价体系等。

① AASETRE J, GUNDERSEN V. Outdoor recreation research：Different approaches, different values?[J]. Norwegian Journal of Geography, 2012, 66(4)：193 - 203.

② ORAMS M. Managing Outdoor Recreation：Case Studies in National Parks[J]. Tourism Management, 2013, (37)：25-26.

③ HASSELL S, MOORE S A, MACBETH J. Exploring the Motivations, Experiences and Meanings of Camping in National Parks. [J]. Leisure Sciences. 2015, 37(3)：269-287.

④ DE CASTRO E V, SOUZA T B, THAPA B. Determinants of tourism attractiveness in the national parks of Brazil[J]. Parks. 2015, 21(2)：51-62.

⑤ MAVRI R. Recommendations for sustainable planning of outdoor recreation in the protected areas in Slovenia[J]. Geografski Vestnik, 2018, 90(1)：45-59.

⑥ MAVRI R. Sustainable planning of outdoor recreation in the Triglav National Park with emphasis on social carrying capacity[J]. Dela, 2019(50)：129-148.

二、国家公园旅游

早期基于中国的特殊国情，特别是在自然资源保护方面我国具有自己惯有的管理体制，使得国家公园理念在中国难以植根，对于国家公园的概念和内涵也难以得到确认，长期以来也没有完善的国家公园体制机制。因此，在国内国家公园内涵模糊的背景下，仅有部分学者对"国家公园旅游"有着前瞻性的见解。

直到我国国家公园体制改革启动之际，"国家公园旅游"的相关研究才日益增加，张朝枝（2015）认为国家公园体制试点对遗产旅游产生重大影响：景区开发性项目进一步受到约束，遗产旅游的可进入性将面临挑战，国家公园与周边区域关系将复杂化，游客生态教育、可持续旅游影响监测将日益受到重视[1]；于海波和徐虹（2015）认为国家公园是景区旅游变革的期待，并提出旅游公共管理在国家公园建设中的责任以及旅游公共管理视角下的国家公园体制建设行动策略[2]；张朝枝（2017）在国家公园体制改革中涉及的旅游定位、旅游企业与公园建设矛盾分析的基础上，探讨了国家公园体制中经营机制改革的问题[3]；李宏和石金莲（2017）从距离国家公园出入口较远的社区到国家公园严格保护区之外的区域，根据自然化程度、偏远程度等的不同，划分为五个区域，梯级设计了中国国家公园的游憩活动类型，分别就中央集权型、综合管理型经营模式，指明了这五个区域适宜的旅游经营模式[4]；宋立和卢雨等（2017）通过梳理欧美国家公园旅游利用与生态保育平衡机制研究的趋势、重点、实践经验，在此基础上提出我国现阶段国家公园试点区域旅游监管机制研究的若干主题，对于刚刚起步的我国国家公园制度建构和管理实践具有重要的指导意义[5]；马勇和李丽霞（2017）综合分析了美国、英国、新西兰、日本等国国家公园在旅游发展定位、旅游开发策略、旅游管理体制和旅游经营机制等方面的建设经验，分析了我国国家公园的发展现状和所关注的焦点问题，并从旅游发展目标定位、旅游管理体制建设、旅游经营模式选择和旅游规划与开发等方面提出了我国国家公园旅游发展的对策建议[6]；钟林生和周睿（2017）从社区旅游发展条件和国家公园空间管理目标的一致性入手，构建了国家公园社区旅游发展的空间适宜性评价框架，并运用层次分析法构建了社区旅游发展条件评价模型，并以钱江源国家公园体制试点功能区管理目标提出了社区旅游发展的分类

---

[1] 张朝枝.国家公园体制试点及其对遗产旅游的影响[J].旅游学刊,2015,30(05):1-3.

[2] 于海波,徐虹.国家公园体制建设中的旅游公共管理[J].旅游学刊,2015,30(06):10-11.

[3] 张朝枝.基于旅游视角的国家公园经营机制改革[J].环境保护,2017,45(14):28-33.

[4] 李宏,石金莲.基于游憩机会谱(ROS)的中国国家公园经营模式研究[J].环境保护,2017,45(14):45-50.

[5] 宋立中,卢雨,严ington荣,张伟贤.欧美国家公园游憩利用与生态保育协调机制研究及启示[J].福建论坛(人文社会科学版),2017(08):155-164.

[6] 马勇,李丽霞.国家公园旅游发展:国际经验与中国实践[J].旅游科学,2017,31(03):33-50.

引导途径[①]；向宝惠和曾瑜晰（2017）构建三江源国家公园体制试点区生态旅游系统以及探讨其运行机制[②]；程绍文和张晓梅等（2018）利用因子分析和聚类分析法分析神农架国家公园内居民的旅游影响感知及旅游满意度，并采用结构方程模型检验居民旅游影响感知对其旅游满意度和旅游参与意愿的影响[③]；黄德林和李明起等（2019）以生态重点保护区神农架国家公园为研究对象，采用SWOT分析方法，从优势、劣势、机遇和风险四个维度对神农架国家公园的生态旅游开发现状进行全面分析[④]；郭进辉和林开淼等（2019）基于社会规范理论视角探讨了武夷山国家公园热点旅游区的旅游承载量管理[⑤]；刘军和岳梦婷（2019）以武夷山国家公园为例，对游客涉入、地方依恋与旅游生态补偿支付意愿的相关性与结构性关系进行研究，进一步明确旅游生态补偿机制[⑥]；何思源和苏杨等（2019）探讨国家公园试点建设中如何优化旅游，促进保护和公益性功能实现，提出武夷山国家公园体制试点建设中，需要积极探索协同多种文化服务供给，大力推动社会参与理念，从根本上提高受益者对生态系统的认知，从受益者需求入手推进国家公园公益性功能的实现[⑦]；赵西君和李佐军（2019）结合国家公园的资源环境承载能力，生态环境脆弱性，珍贵物种的珍稀程度、种类和规模，将国家公园的旅游发展模式总结为深度融合型、适度游憩型、研学科教型、生态管控型等四种类型[⑧]；童碧莎和陈光璞（2020）研究了我国国家公园试点单位旅游形象感知[⑨]；杨子江和谢兵等（2020）探索了社会-生态系统视角下的中国国家公园可持续旅游新范式[⑩]；陈荣义和韩百川等（2020）分析了国家公园游憩利用区游客满意度影响因素[⑪]；林秀治（2020）构建了武夷山国家公园游憩机会谱[⑫]；林开淼和郭进辉等

① 钟林生,周睿.国家公园社区旅游发展的空间适宜性评价与引导途径研究——以钱江源国家公园体制试点区为例[J].旅游科学,2017,31(03):1-13.
② 向宝惠,曾瑜晰.三江源国家公园体制试点区生态旅游系统构建与运行机制探讨[J].资源科学,2017,39(01):50-60.
③ 程绍文,张晓梅,胡静.神农架国家公园社区居民旅游感知与旅游参与意愿研究[J].中国园林,2018,34(10):103-107.
④ 黄德林,李明起,李千惠,刘芳璐.神农架国家公园生态旅游SWOT分析与发展战略[J].安全与环境工程,2019,26(06):50-55.
⑤ 郭进辉,林开淼,彭夏岁,陈秋华,邹莉玲.武夷山国家公园热点旅游区的旅游承载量管理——基于社会规范理论视角[J].林业经济,2019,41(04):58-62.
⑥ 刘军,岳梦婷.游客涉入、地方依恋与旅游生态补偿支付意愿——以武夷山国家公园为例[J].地域研究与开发,2019,38(02):112-116+128.
⑦ 何思源,苏杨,王蕾,程红光.国家公园游憩功能的实现——武夷山国家公园试点区游客生态系统服务需求和支付意愿[J].自然资源学报,2019,34(01):40-53.
⑧ 赵西君,李佐军.国家公园管理体制下的旅游发展模式研究[J].江淮论坛,2019(01):31-36.
⑨ 童碧莎,陈光璞.我国国家公园试点单位旅游形象感知研究[J].林业经济,2020,42(10):85-96.
⑩ 杨子江,谢兵,何雄.社会-生态系统视角下的中国国家公园可持续旅游新范式探索[J].四川师范大学学报(社会科学版),2020,47(04):65-71.
⑪ 陈荣义,韩百川,吕梁,马添姿,潘辉.国家公园游憩利用区游客满意度影响因素分析[J].林业经济问题,2020,40(04):427-433.
⑫ 林秀治.武夷山国家公园游憩机会谱的构建研究[J].林业经济问题,2020,40(03):244-251.

（2020）分析了大数据环境下国家公园游憩空间管理研究范式[1]；龚箭和刘畅等（2021）研究了神农架国家公园居民可持续旅游感知空间分异及影响机理[2]；沈兴菊和刘韫（2021）探究了国家公园门户社区旅游发展与民族地区乡村振兴[3]；薛芮和阎景娟（2021）探究了国家公园游憩利用与社区协调的空间重构机理与联动逻辑[4]；崔庆江和赵敏燕等（2021）以大熊猫国家公园为例，基于国家公园生态体验机会谱系评估公众体验意向[5]；罗伊玲（2021）研究了普达措国家公园社区生态旅游脱贫致富成效[6]；刘思源和唐晓岚等（2021）以湖北神农架国家公园为例，基于生态敏感性评价及景观格局分析探究国家公园风景资源保育[7]；胡立和葛健等（2022）以神农架国家公园为例，探究了国家公园游客重游意愿的影响机制[8]；柴健和唐仲霞等（2022）以祁连山国家公园青海片区为例，研究了国家公园背景下旅游地居民参与旅游的能力和意愿关系[9]。

除了上述"国家公园旅游"研究之外，剩下的研究主要集中于国家自然保护区旅游、风景名胜区旅游以及海洋公园、地质公园、湿地公园、森林公园等国家级公园旅游等，研究数量众多。其中还包括体育旅游方面的研究，如：周运瑜，袁正新与尹华光探析了武陵山区民族体育旅游资源的开发[10]，王春生与杨跃青研究了体育旅游景点开发与文化渊源结合[11]，宋杰与董杰探讨了旅游景区体育环境优化策略[12]，樊西娜，刘青与柳伯力等调查了峨眉山体育旅游现状并提出市场开发对策[13]，邵长生与沙丽娃基于SWOT分析了长白山体育旅游发展的现状及对策[14]，李培奇与傅云新以广州流溪河国家

① 林开森,郭进辉,林育彬,付来侠,孟芳,郭伟锋.大数据环境下国家公园游憩空间管理研究范式与展望[J].林业经济,2020,42(01):28-35.
② 龚箭,刘畅,David Knight.神农架国家公园居民可持续旅游感知空间分异及影响机理研究[J].长江流域资源与环境,2021,30(12):2854-2865.
③ 沈兴菊,刘韫.国家公园门户社区旅游发展与民族地区乡村振兴——美国的经验教训对我国的启示[J].民族学刊,2021,12(12):23-29+126.
④ 薛芮,阎景娟.国家公园游憩利用与社区协调的空间重构机理与联动逻辑[J].热带地理,2021,41(06):1303-1312.
⑤ 崔庆江,赵敏燕,唐甜甜,王丹,陈武强.基于国家公园生态体验机会谱系的公众体验意向评估研究——以大熊猫国家公园为例[J].生态经济,2021,37(07):132-139.
⑥ 罗伊玲.普达措国家公园社区生态旅游脱贫致富成效研究[J].社会科学家,2021(06):61-66.
⑦ 刘思源,唐晓岚,孙彦斐,李迪强.基于生态敏感性评价及景观格局分析的国家公园风景资源保育研究——以湖北神农架国家公园为例[J].地域研究与开发,2021,40(01):161-167.
⑧ 胡立,葛健,龚箭.国家公园游客重游意愿的影响机制研究——以神农架国家公园为例[J].林业经济,2022,44(12):59-76.
⑨ 柴健,唐仲霞,白嘉奇,管芸.国家公园背景下旅游地居民参与旅游的能力和意愿关系研究——以祁连山国家公园青海片区为例[J].干旱区资源与环境,2022,36(04):192-199.
⑩ 周运瑜,袁正新,尹华光.试析武陵山区民族体育旅游资源的开发[J].北京体育大学学报,2005(03):328-329+366.
⑪ 王春生,杨跃青.体育旅游景点开发与文化渊源结合之研究[J].武汉体育学院学报,2006(05):22-24.
⑫ 宋杰,董杰.旅游景区体育环境优化策略探讨[J].体育文化导刊,2008(06):91-93.
⑬ 樊西娜,刘青,柳伯力,杨雪清.峨眉山体育旅游现状调查与市场开发研究[J].成都体育学院学报,2010,36(06):36-39.
⑭ 邵长生,沙丽娃.基于SWOT分析长白山体育旅游发展现状及对策研究[J].中国商贸,2010(20):161-162.

森林公园为例，探究了生态体育旅游游客行为特征[1]，王鹿分析了森林公园在发展体育旅游中面临的机遇与挑战[2]，翁慧健与李琴进行了森林公园生态体育旅游开发研究[3]，孙红梅与窦彦丽研究了森林公园生态环境承载力与体育旅游的发展[4]；钟华探究了开发苏州太湖体育旅游资源优势与对策[5]，张世威与宋成刚构建了三峡库区"两江四岸"体育旅游长廊的设想[6]，舒宗礼，李志宏与石岩研究了环洞庭湖体育旅游开发[7]，余丽华与吴京彦探讨了环鄱阳湖区域体育旅游SWOT分析与发展路径选择[8]。

但是，当前还没有真正意义上的"国家公园体育旅游"相关研究，上述研究一是没有遵循国家公园的相关内涵与理念，二是并没有考虑到国家公园的相关体制机制。因此，研究有必要对"国家公园体育旅游开发"的合理性进行论证。

三、国家公园嵌入体育旅游的耦合分析

党的十九大报告明确要求：积极推进国家公园体制试点，建立以国家公园为主体的自然保护地体系；2017年国家在《建立国家公园体制总体方案》中就明确国家公园的首要功能是自然生态系统的原真性、完整性保护，同时兼具科研、教育、游憩等综合功能。而国家公园合理开展体育旅游，能够促进人与自然的和谐相处，推动体育产业生态化与生态产业化发展，助力生态、科普教育以及国际形象的树立，契合国家公园生态保护与社会、经济、文化建设协调发展。大熊猫国家公园体制试点改革任务全面完成[9]，在管理体制、运行机制、生态保护、社区发展、试点保障、宣传推广形成了重要的阶段性成果，开辟了"探索调动地方政府积极性的方式和途径、破解集体所有自然资源管理的难题"等特色创新[10]。后期，大熊猫国家公园建设开展体育旅游将是一个潮流与趋势。

① 李培奇，傅云新. 生态体育旅游游客行为特征研究——以广州流溪河国家森林公园为例[J]. 林业经济问题，2017，37(04)：57-62+106.
② 王鹿. 森林公园在发展体育旅游中面临的机遇与挑战——评《2018中国森林公园与森林旅游研究进展——森林公园建设与乡村振兴》[J]. 林业经济，2021，43(02)：102.
③ 翁慧健，李琴. 森林公园生态体育旅游开发研究——评《森林公园旅游品牌塑造研究》[J]. 林业经济，2021，43(12)：99.
④ 孙红梅，窦彦丽. 森林公园生态环境承载力与体育旅游的发展研究——评《我国森林公园生态旅游开发与发展》[J]. 林业经济，2022，44(10)：97.
⑤ 钟华. 开发苏州太湖体育旅游资源优势与对策[J]. 体育与科学，2007(06)：62-64.
⑥ 张世威，宋成刚. 构建三峡库区"两江四岸"体育旅游长廊的设想[J]. 体育学刊，2008(04)：44-47.
⑦ 舒宗礼，李志宏，石岩. 环洞庭湖体育旅游开发研究[J]. 体育文化导刊，2013(12)：77-80.
⑧ 余丽华，吴京彦. 环鄱阳湖区域体育旅游SWOT分析与发展路径选择[J]. 南京体育学院学报(社会科学版)，2010，24(06)：61-64.
⑨ 四川省人民政府网. 大熊猫国家公园体制试点改革任务全面完成[EB/OL]. [2020-08-26]. http://www.sc.gov.cn/10462/10464/13183/13184/2020/8/26/a7e4dda9512f4bc9b68d91a4a0cf3d75.shtml.
⑩ 中华人民共和国国家发展和改革委员会. 国家公园体制试点进展情况之三——大熊猫国家公园. [EB/OL]. [2021-04-22]. https://www.ndrc.gov.cn/fzggw/jgsj/shs/sjdt/202104/t20210422_1276985_ext.html.

第一章　研究的理论基础

（一）国家公园嵌入体育旅游的耦合动力

"国家公园嵌入体育旅游"是指以国家公园的建设与发展作为一个系统，在运行过程中植入体育旅游这一要素。对国家公园嵌入体育旅游的耦合动力分析，主要包括时间、空间、利益主体与目标效益四个方面，其驱动体育旅游与国家公园形成耦合发展的趋势。

1. 时间耦合

国家公园建设嵌入体育旅游的时间耦合具体体现在"时机契合"与"时序吻合"。从时机来看，我国国家公园2020年基本完成试点任务，已在理顺管理体制、创新运营机制、健全法制保障、强化监督管理、加强生态保护等方面取得实质性进展，基本完成顶层设计[①]。因此，完善国家公园科研、游憩与教育等功能逐步提上日程，成为国家公园建设的重要任务。而体育旅游作为一项低碳的健身健心休闲娱乐活动，对丰富人民的幸福美好生活，促进绿色经济转型发展的作用举足轻重[②]，契合了国家公园生态服务功能建设的基本要求。从时序来看，国家公园的建设是要构建一个永续发展的生态文明体系，要求可进入的行业必须具备可持续发展的特性。而体育旅游产业与国家公园内原有的采林、开矿等产业相比，是绿色生态的产业，能够为国家公园的永续发展提供源源不断的动力。

2. 空间耦合

体育旅游是一种结合地区体育资源而打造出来的绿色健康旅游方式，这种独具广阔发展前景的生态旅游模式备受青睐[③]，对各个地区生态文明建设与旅游产业发展起到了推波助澜的作用。我国首批的十大国家公园体制试点通过严谨细致的规划，划分出一定区域供人们生活、生产、游憩、休闲等，这就为体育旅游资源开发提供了充足的空间以及丰富的自然资源与人文资源（如表1-2）。因此，国家公园建设嵌入体育旅游具有空间耦合性。

---

① 搜狐网. 国家林草局：年内基本完成国家公园体制试点任务[EB/OL]. [2020-05-15]. https://www.sohu.com/a/395427604_114986.

② 秦琴,黄佺,黄瑞祥,李超. 生态文明背景下滇西北体育旅游资源开发潜力评价及空间特征[J]. 生态经济,2020,36(07):131-139.

③ 巴玉峰. 乡村振兴背景下农村生态体育旅游环境融合发展研究——评《体育旅游发展新论》[J]. 人民长江,2021,52(08):246-247.

表1-2　首批十大国家公园体制试点可利用区域

国家公园	三江源国家公园	大熊猫国家公园	东北虎豹国家公园	神农架国家公园	钱江源国家公园	南山国家公园	武夷山国家公园	海南热带雨林国家公园	普达措国家公园	祁连山国家公园
可利用区域	266416km²	4112km²	715.63km²	80.73km²	44.25km²	78.21km²	484.86km²	1654.3km²	暂未公开	22700km²
比例	21.65%	15%	4.79%	6.9%	17.53%	11.66%	48.42%	37.57%	暂未公开	45%

数据来源：各个国家公园体制试点官方网站、官方微信公众号

3. 利益主体耦合

建立国家公园旨在保护生态系统完整性并为民众提供多样化的使用机会，保障利益相关者利益分享的公平与可持续性[①]。体育旅游参与者通过积极向上的体育旅游参与行为，既是国家公园游憩机会的享用者，又是国家公园生态保护践行者；体育旅游企业通过合理的体育旅游开发行为，既是国家公园生态经济的引领者，又是国家公园文明行为的倡导者；国家公园管理局（政府）通过严格的国家公园管理行为，既是国家公园生态保护的管理者，又是国家公园体育旅游机会提供者；国家公园社区居民通过积极的社区参与，既是国家公园生态保护的守护者，又是国家公园民生建设的受益者。因此，国家公园管理局（政府）、国家公园社区居民、体育旅游企业、体育旅游参与者之间形成了相互联系、相互作用、相互制约的耦合关系，并共建共享国家公园。

4. 目标效益耦合

国家公园建设最直接的目标是生态效益，即国家重要自然生态系统原真性、完整性得到有效保护。除此之外，国家公园建设还注重社区居民的民生改善、经济发展以及国家公园的形象建立与文化建设等目标。体育旅游产业的植入能够取代国家公园高消耗、高污染的产业，有利于国家公园的生态修复工作，并且能够促进国家公园的绿色经济发展以及民生工作；另外，体育旅游组织方式与参与方式有利于国家公园形象与文化的传播，有利于更多的人民群众了解、认知、认同国家公园。（如图1-2）

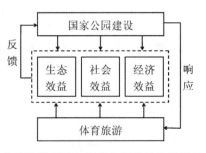

图1-2　体育旅游开发与国家公园建设的目标效益耦合

（二）大熊猫国家公园嵌入体育旅游的耦合矩阵的构建与耦合点识别

1. 理论基础：耦合理论和嵌入式系统

耦合最初源于物理学，是指两个或两个以上运动形式或系统通过相互作用、相互制约的关系而彼此影响的现象[①]，是在各个要素之间的良性互动下，彼此依存、互为协调、共同促进的动态关联关系。随着各类科学研究系统以及科学思维的建立与普及，耦合的概念与外延不断延伸，其应用范围也拓展到生态学、环境学、地理学、经济学、农业学与旅游学等各个学科领域。体育旅游与国家公园的耦合关系主要是将体育旅游开发嵌入国家公园的发展中，并在国家自然地生态保护过程中相互作用而彼此影响，两大系统通过重新组织、结构调整、整体优化，形成一个共建共享的镶嵌体系。

嵌入式系统是系统论思想和理念在工程技术领域的运用和实践，旨在满足特定领域的应用需求、执行特定的功能，该模型可以很好地描述两个不对等要素所构成的系统关系及结构[②]。从规模和范围上看，体育旅游开发与国家公园发展是两个不对等的系统，前者的规模和范围远远小于后者，因此两者的耦合关系能够通过嵌入式系统模型更为具体、明晰的诠释。

2. 体育旅游开发嵌入国家公园的耦合系统

嵌入式系统主要由计算机系统和被控系统两部分组成，计算机系统主导整个系统的运行，被控系统完成整个系统某一特定任务和功能，但不能脱离计算机系统自成体系[③]。国家公园建设的核心是促进自然资源科学保护与合理利用实现最佳的、持续的、稳定的平衡状态，该过程包括资源保护、生态修复与环境治理等任务，以及科研、教育与游憩等功能。国家公园建设作为嵌入式系统的计算机系统，影响了若干被控系统（如图1-3）。

---

① 韩冬芳著. 创新驱动下的山西经济转型发展与生态系统保护耦合政策措施研究[M]. 太原:山西经济出版社. 2017（09）:11.

② 苏永波. 旅游开发与生态文明建设耦合路径研究——基于主辅嵌入视角[J]. 系统科学学报,2019,27(03):86-91.

③ 李鹏,杨桂华. 旅游融合发展——旅游产业与生态文明[M]. 北京:中国环境出版社,2016(03):6-7,45-63.

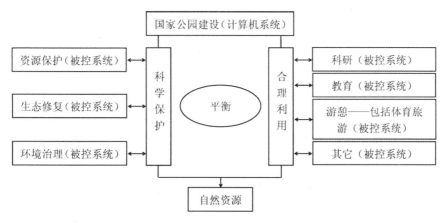

图1-3　嵌入式系统模型

从整个系统中可以看出，体育旅游开发是作为嵌入单元嵌入在国家公园建设中，而国家公园建设是整个系统的控制核心。二者在耦合发展过程中，国家公园建设起主导作用，体育旅游开发起辅助作用，两者构成主辅嵌入系统，保持协调运转。理想状态下，体育旅游的发展及运行自觉融入国家公园建设的主系统之中，且必须要遵循和适应国家公园建设的要求，这个系统才能良好运行；如果体育旅游开发不能遵循国家公园建设的系统要求，脱离国家公园建设的主系统，国家公园体育旅游的开展将会面临严重阻碍。

3. 耦合矩阵构建

耦合维度划分是构建耦合矩阵的基本前提[1]。国家公园建设的主要内容包括生态环境保护、绿色经济转型、社区安康建设与文化科学建设四个方面[2]。陈巧玉，刘中强与王定宣的《中国体育旅游研究领域分析——基于科学计量与知识元的描述》研究认为：体育旅游研究高频词为"体育旅游""策略""资源""SWOT""发展""现状""体育经济""体育产业""旅游产业""产业融合"；频次≥20次的词语为"生态""休闲体育""体育赛事""体验经济""冰雪体育""少数民族""全域旅游""品牌建设""体育特色小镇"等，基本覆盖了我国体育旅游研究领域近10年的研究主题及热点；在关联性上，我国体育旅游研究广泛注重与生态文化的关联研究，涵盖不同民族、不同时期的文化特色；地域文化社会的维度和产业经济走向的维度代表了我国体育旅游研究的两大范式，两种维度相互渗透[3]。研究认为，上述体育旅游研究热点以及研究总体的结构及内容特点中突出"体育旅游未来发展趋势与国家公园建设较为密切"的内

---

① 许黎,曹诗图,柳德才. 乡村旅游开发与生态文明建设融合发展探讨[J]. 地理与地理信息科学. 2017,33(6):106-111,124.

② 何思源,王宇飞,魏钰,苏杨. 中国国家公园体制建设研究[M]. 北京:社会科学文献出版社. 2018(02):170-182.

③ 陈巧玉,刘中强,王定宣. 中国体育旅游研究领域分析——基于科学计量与知识元的描述[J]. 出版广角,2020(19):82-84.

容包括资源开发、产业升级、区域发展与生态文化四个方面。

通过分别提炼国家公园建设的四个维度与体育旅游开发的四个维度，构建国家公园建设嵌入体育旅游开发的耦合矩阵（如表1-3）。该矩阵涵盖了两者耦合关联的具体内容，为两者之间耦合点的识别奠定了基础。矩阵中体育旅游开发的资源开发、产业升级、区域发展、生态文化与国家公园建设中的生态环境保护、绿色经济转型、社区安康建设、文化科学建设相耦合，就可能产生不同的耦合点，形成耦合发展的抓手，为国家公园建设嵌入体育旅游开发的耦合路径提供依据。

表1-3　国家公园建设嵌入体育旅游开发的耦合矩阵

国家公园建设		生态环境保护	绿色经济转型	社区安康建设	文化科学建设
体育旅游开发	资源开发	生态意识耦合	…	…	…
	产业升级	…	空间演化耦合	…	…
	区域发展	…	…	功能需求耦合	…
	生态文化	…	…	…	人文建设耦合

4. 耦合点识别

耦合点是耦合体系的基本构成要素，也是两个耦合单元构成一体的结合点[①]，耦合点识别能够较为准确地反映出国家公园开展体育旅游需要解决的重要问题。通过"国家公园建设嵌入体育旅游开发的耦合矩阵"能够识别出两者耦合发展的四个耦合点。

（1）生态意识耦合点

国家公园建设的目的是保护自然生态系统的原真性、完整性，始终突出自然生态系统的严格、整体、系统保护，其已经上升到维护国家生态安全的战略高度，是国家生态文明制度建设的重要内容，是承载生态文明的绿色基础设施[②]，对于构建人与自然的生命共同体以及世界命运共同体都具有跨时代意义。因此，"坚持生态保护第一"的理念在国家公园建设中处于首要且不可动摇的地位。

生态文明建设对我国体育旅游资源开发与环境保护提出了更高的要求，赋予我国体育旅游资源开发与环境保护前所未有的历史使命。体育旅游的全球影响力、地缘特殊性以及参与者全球化等特点，决定了体育旅游必然与自然环境有着更为密切的联系[③]。然而，体育旅游实践中过度追求经济效益，生态资源、体育旅游资源成为人们的掘金对象，形成了体育旅游粗放型的数量扩张，旅游经济活动与生态保护目的存在一

---

① 许黎,曹诗图,柳德才. 乡村旅游开发与生态文明建设融合发展探讨[J]. 地理与地理信息科学. 2017,33(6):106-111,124.

② 杨锐. 生态保护第一、国家代表性、全民公益性——中国国家公园体制建设的三大理念[J]. 生物多样性,2017,25(10):1040-1041.

③ 王洪兵,汤卫东,范飞虎. 体育旅游资源开发的代际公平内涵[J].成都体育学院学报,2019,45(06):33-38.

18

定程度的背离①。该问题将严重制约我国体育旅游的发展，并决定着行业未来的走向与趋势。因此，体育旅游资源的开发需要服务国家战略大局，牢固树立尊重自然、顺应自然、保护自然的文明理念、以及实现我国体育旅游资源开发的生态环境、经济效益、社会效益和谐统一，"推进体育旅游生态治理，挽救体育旅游生态价值"俨然成为该领域的普遍共识。

体育旅游开发与国家公园建设在生态意识方面形成了耦合点。国家公园开展体育旅游需要发挥体育旅游的生态功能与价值，颠覆高消耗、高污染与高破坏的休闲与旅游方式，突出国家公园资源合理利用的硬性要求，并且反作用于国家公园资源的科学保护；另外，国家公园开展体育旅游需要依赖国家公园建设所形成的体制机制与法律法规等，来约束体育旅游的资源开发行为，推进体育旅游的生态治理及生态文明建设，促进体育旅游形成可持续发展的模式。

（2）空间演化耦合点

国家公园建设的空间演化主要表现为生活空间与生产空间的人口迁移以及经济流动等现象。其中，社区生产空间不足的问题较为突出：居民的山林采伐和更新、无序拓耕种植苗木等行为打破了生产和生态空间平衡的关系②。异地搬迁、生态补偿、社区共管、社区扶贫对国家公园的生态保育产生了积极的效应，但是对国家公园社区居民的民生改善仍然存在着一定的局限性。因此，大熊猫国家公园建设将倒逼各个地区对其自然资源依赖型经济发展模式进行转型升级，投入产出效率低下的行业将被逐步淘汰，县域经济发展和产业转型升级尤为迫切。绿色经济转型必然是国家公园社区空间演化的核心任务，需要生态产业的输入来淘汰传统的生产模式。

体育旅游是体育产业与旅游产业经历了产业布局、产业集聚与产业融合等一系列产业演变形成的新型产业形态。《国家旅游局和国家体育总局关于大力发展体育旅游的指导意见》（旅发〔2016〕172号）提出，大力发展体育旅游是丰富旅游产品体系、拓展旅游消费空间、促进旅游业转型升级的必然要求，是盘活体育资源、实现全民健身和全民健康深度融合、推动体育产业提质增效的必然选择，对于培育经济发展新动能、拓展经济发展新空间具有十分重要的意义③。在"健康中国""体育强国"建设背景下，处于快速发展起步阶段的体育旅游面临产业转型升级乏力、动能转换不畅、支撑能力欠缺、创新动力不足、发展驱动力不够等诸多现实困境④。因此，当前我国体育旅游发展的根本目的就在于深化体育旅游产业供给侧改革，适应、引领和满足居民多

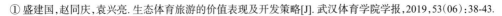

① 盛建国,赵同庆,袁兴亮. 生态体育旅游的价值表现及开发策略[J]. 武汉体育学院学报,2019,53(06):38-43.
② 周睿,曾瑜皙,钟林生. 中国国家公园社区管理研究[J]. 林业经济问题,2017,37(04):45-50+104.
③ 国家体育总局. 国家旅游局 国家体育总局关于大力发展体育旅游的指导意见[EB/OL]. [2016-12-22].
　 http://www.sport.gov.cn/jjs/n5039/c781833/content.html.
④ 张晓磊,李海. 推动我国体育旅游产业发展的若干问题探析[J]. 中州学刊,2021(04):21-26.

元化、个性化体育旅游消费需求。体育旅游机会供给对资源进行深入解读、有序组合与合理利用，进行体育旅游的空间布局与活动组织，资源集聚所形成的生产空间为体育旅游产业的技术创新、产品创新与模式创提供了基础条件。因此，体育旅游的产业升级需要必要的生产空间作为保障。

体育旅游开发与国家公园建设在空间演化方面形成了耦合点。在相关政策的驱动下，体育旅游产业在发展中将发挥产业带动效应与区域辐射效应，一是引发旅游、健康、休闲等产业联动并相应进驻国家公园社区，二是引导国家公园关联区域农业、林业与畜牧业等产业转型，进而带动国家公园社区内经济的发展。两者的耦合，既可以解决体育旅游产业发展中的生产空间需求，又可以为国家公园社区建设带来新的经济增长点。

（3）功能需求耦合点

游憩利用区是国家公园主要功能分区之一，由于不同国家公园自然资源分布差异、保护差异，自然要素和经济社会发展环境等原因，游憩利用区也称"居住与游憩区"或"科普游憩区"等，具体功能也略有差异。国家公园游憩利用区的设置主要是对国家公园的自然生态资源进行适度的游憩利用，是展示国家资源景观和形象的重要路径①，也是显示国家公园全民公益性理念的重要手段。因此，国家公园游憩利用功能区的项目空间布局为各类休闲游憩产业的进驻提供了契机，同时也是人民群众对国家公园建设的功能诉求。

体育旅游休闲空间除了满足大众消费和休闲理念革新的需求外，对于当地的产业转型与功能提升等都有着重要作用。体育旅游开发通过利用自然和人文优势建设体育旅游基础设施，开展具有地方特色的体育旅游项目，不断吸引体育旅游消费者进入，逐渐形成体育旅游产业集聚，带动区域经济发展；与此同时，随着区域经济的发展，产业集聚所催动的交通、餐饮、信息服务等基础设施迅速增加，进一步催动地方公共服务体系的形成，促进生产生活方式转变和经济结构转型，形成生态保护与经济社会协调发展、人与自然和谐共生的新局面。

体育旅游开发与国家公园建设在功能需求方面形成了耦合点。国家公园游憩利用功能区开展体育旅游，满足体育旅游参与者探索国家公园的需求，促进国家公园休闲游憩的功能与价值更加全面落实；另外，国家公园游憩利用功能区开展体育旅游还能够带动国家公园社区配套生态产业的发展，推进社区经济发展，增加社区就业人数，在一定程度上有助于国家公园社区扶贫与乡村振兴工作等，同时促进了国家公园社区基础设施建设，完善国家公园社区公共服务体系等，助力国家公园社区安康建设。

①虞虎,陈田,钟林生,周睿.钱江源国家公园体制试点区功能分区研究[J].资源科学,2017,39(01):20-29.

（4）人文建设耦合点

从文化层面来看，国家公园具有国家象征、代表国家形象、彰显中华文明，而国民对国家公园的文化认同需要充分的、切实的实践活动来实现，其是国家公园文化建设的不可或缺的组成部分，有助于改善与提升社区居民与游客对于国家公园的认知与态度。从教育层面来看，教育功能是国家公园设立的主要功能之一，当前主要以自然科学知识普及与生态环境保护宣教为主，国家公园的教育内容、教育方式与教育对象都需要丰富与拓展，从而全面实现国家公园的教育理念与意义。

体育旅游的开发广泛注重与生态文化的关联，涵盖不同的地域文化、民族文化、民俗文化以及不同时期的文化特色。从产业经济学的角度来看，体育旅游产业的发展不仅能够促进体育产业与旅游产业的转型升级，同时能够带动关联文化产业的蓬勃发展；从文化传播的角度来看，形式多样的体育旅游活动是生命与健康教育、地域特色文化传播与交流的有效途径。

体育旅游开发与国家公园建设在人文建设方面形成了耦合点。国家公园利用体育旅游休闲体验性强、消费引领性高的优势，能够带动更多人群关注与了解国家公园，提升人们对于国家公园的参与感与获得感，促进国家公园国家代表性与全面公益性理念的实现；另外，国家公园以其独特的自然景观和丰富的科学内涵，为体育旅游教育提供了全新的场所以及资源，对体育旅游教育的理念创新、内容创新、课程创新有着重要的意义。

第二章 大熊猫国家公园体育旅游开发的基础

第一节 资源丰富

一、大熊猫国家公园区域范围

大熊猫国家公园横跨四川、陕西和甘肃三省，总体空间布局为"一园四区"，四川省境内涉及岷山、邛崃山-大相岭两个片区，陕西省境内涉及秦岭片区，甘肃省境内涉及白水江片区，整个公园自西南向东北呈廊块状分布；地理坐标为东经102°11'10"～108°30'52"，北纬28°51'03"～34°10'07"。（如图2-1）

大熊猫国家公园总面积为27134平方公里，涉及3个省12个市（州）30个县（市、区）。其中，四川片区20177平方公里，占总面积的74.36%，涉及7个市（州）20个县（市、区）；陕西省4386平方公里，占总面积的16.16%，涉及4个市8个县（市、区）；甘肃省2571平方公里，占总面积的9.48%，涉及1个市2个县（区）。（如表2-1）

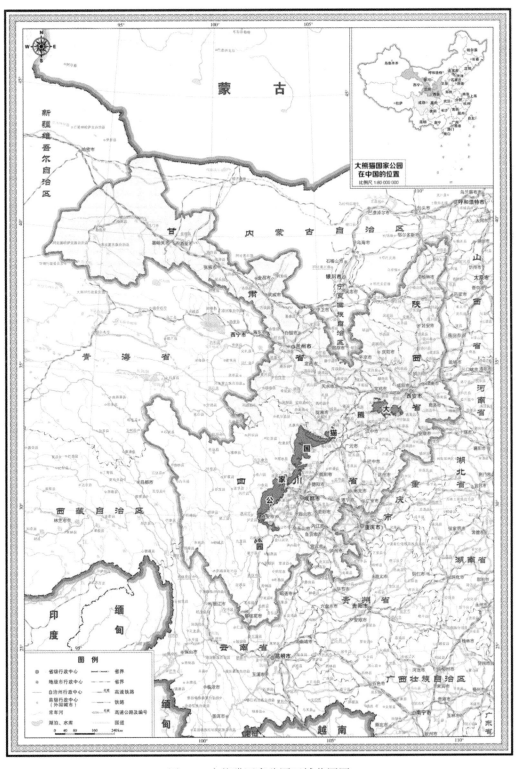

图2-1 大熊猫国家公园区域范围图
[审图号:GS(2019)4457号](来源:《大熊猫国家公园总体规划》)

表 2-1　大熊猫国家公园涉及地区

省份	涉及市（州）	纳入国家公园面积（平方公里）	涉及县（市、区）
四川省	眉山市	512	洪雅
	阿坝州	5964	汶川、茂县、松潘、九寨沟
	成都市	1459	崇州、大邑、彭州、都江堰
	雅安市	6219	天全、宝兴、芦山、荥经、石棉
	绵阳市	4560	平武、安州、北川
	德阳市	595	绵竹、什邡
	广元市	868	青川
陕西省	宝鸡市	1709	太白、眉县
	汉中市	936	佛坪、洋县、留坝
	安康市	910	宁陕
	西安市	831	周至、鄠邑
甘肃省	陇南市	2571	文县、武都

　　按照原真性原则、完整性原则、协调性原则、可操作性原则，综合考虑管理强度、管理目标、资源特征差异、生态搬迁等工程管控措施，将大熊猫国家公园试点区分为核心保护区与一般控制区，核心保护区占总面积的 74.22%，一般控制区占25.78%。

　　将大熊猫野生种群的高密度分布区以及其他重点保护栖息地等优先划入核心保护区，基本包括现有自然保护区核心区和部分缓冲区、世界自然遗产地核心保护区、森林公园生态保育区、风景名胜区受保护区域、国家一级公益林中的大熊猫适宜栖息地。核心保护区是维护现有大熊猫种群正常繁衍、迁移的关键区域，也是采取最严格管控措施的区域。因此，20140 平方公里的大熊猫国家公园核心保护区是不允许任何体育旅游开发的。

　　一般控制区是实施生态修复、改善栖息地质量和建设生态廊道的重点区域，也是国家公园内森工企业、林场职工、社区居民居住、生产、生活的主要区域，是开展与国家公园保护管理目标相一致的自然教育、生态体验服务的主要场所。6994 平方公里的大熊猫国家公园一般控制区是体育旅游开发的主要区域。（如表 2-2）

表2-2 大熊猫国家公园一般控制区范围

区域	范围
岷山片区	白羊、宝顶沟、龙滴水、白水河、勿角、龙溪虹口、九顶山、东阳沟、毛寨、小河沟、千佛山、小寨子沟、王朗、雪宝顶、唐家河、黄龙等自然保护区的部分实验区;鎣华山、千佛山、黄龙、九顶山、龙门山、青城山都江堰、阴平古道、九鼎山等风景名胜区的部分区域;土地岭、千佛山、都江堰、龙池坪、北川、白水河等森林公园部分区域;黄龙世界自然遗产地的部分保护区;安县生物礁、黄龙、龙门山地质公园部分区域;关坝自然保护小区的部分区域;核心保护区外的大熊猫栖息地、栖息地斑块之间的空缺地带、人口密集区周边遭到不同程度破坏而需要恢复的区域;其他重要体验与自然教育资源;以及居民聚居区、居民传统利用的交通通道,以集体权属为主的成片非栖息地的经济林、薪炭林、耕地和传统牧场。
邛崃山-大相岭片区	草坡、卧龙、黑水河、瓦屋山、大相岭、蜂桶寨、喇叭河、宝兴河、栗子坪等自然保护区的部分实验区;二郎山、三江、鸡冠山、灵鹫山、西岭雪山等风景名胜区的部分区域;二郎山、龙苍沟、鸡冠山、西岭、瓦屋山等森林公园部分区域;四川大熊猫栖息地世界自然遗产地的部分保护区和缓冲区;洪雅瓦屋山地质公园部分区域;汶川水墨藏寨和宝兴硗碛湖水利风景区的部分区域;核心保护区外的大熊猫栖息地、栖息地斑块之间的空缺地带、人口密集区周边遭到不同程度破坏而需要恢复的区域;其他重要体验与自然教育资源;以及居民聚居区、居民传统利用的交通通道,以集体权属为主的成片非栖息地的经济林、薪炭林、耕地和传统牧场。
秦岭片区	桑园、黄柏塬、周至、长青、观音山、天华山、湑水河、皇冠山、牛尾河自然保护区的小部分核心区和缓冲区;桑园、老县城、太白山、长青、周至、观音山、天华山皇冠山保护区的部分实验区;天华山和青峰峡森林公园的部分区域;太白县青峰峡和黄柏塬水利风景区的部分区域;以及其他核心保护区外的大熊猫栖息地、栖息地斑块之间连接通道;宁西林业局菜子坪林场;宁陕县新场镇、宁陕县皇冠镇、太白县黄柏塬镇、佛坪县岳坝乡大古坪、佛坪县长角坝乡北庙子和东河口、部分居民聚居区和耕地及集体权属非大熊猫栖息地经济林、薪炭林;周至保护区和桑园保护区实验区内的居民点、集体权属的非大熊猫栖息地经济林等。
白水江片区	裕河、白水江自然保护区的极小部分核心区、部分缓冲区和大部分实验区;自然保护区外文县岷堡沟等大熊猫栖息地,武都区枫相院、余家河和张家院等栖息地斑块之间的关键廊道;其他核心保护区外其他需要恢复的区域;邱家坝、李子坝和阳坝等地重要生态体验与自然体验教育资源;阴平古道、石龙沟、碧峰沟、曹家沟和沟园坝等其他核心保护区外的体验区域及通道;文县铁楼、李子坝和马家山,武都区黄坪坝、阳坝、五房沟和曲家庵等地居民聚居区、居民传统利用的交通通道;以及文县岷堡沟、白马河,武都区枫相院、欧家山和滴水崖等地以集体权属为主的成片非栖息地的经济林、薪炭林、耕地和传统牧场。

二、体育旅游资源种类丰富

(一)资源分类依据

体育旅游资源分类,是为了更好的调查、评价、开发和保护体育旅游资源。当

第二章 大熊猫国家公园体育旅游开发的基础

前，国家分类标准《旅游资源分类、调查与评价》（GB/T 18972-2003）广泛应用于旅游资源分类中，该标准具有权威性、普遍适用性和可操作性，具有一定的指导意义。但由于该分类标准只凸显了旅游资源的特征，没有体现体育资源的特点，所以国家旅游资源分类标准不完全适用于体育旅游资源分类，但极具参考价值。

随着体育旅游资源内涵和范围的不断扩大和延伸，专家学者们纷纷从不同角度对体育旅游资源进行分类，袁书琪（2003）按照体育旅游资源的属性将体育旅游资源分为自然体育旅游资源和人文体育旅游资源2个大类，地文体育旅游资源、水域体育旅游资源、体育旅游生物资源、自然现象体育旅游资源、体育遗迹旅游资源、体育建筑与设施旅游资源、体育旅游商品、人文活动体育旅游资源8个主类，以及34种亚类，105种基本类型。该分类体系填补了国内体育旅游资源分类体系的空白，体现了体育旅游资源的参与价值，突出了体育旅游资源的功能价值，有利于对体育旅游资源的界定和评价。本研究主要以袁书琪《体育旅游资源的特征、涵义和分类体系》中的分类体系为基础。

通过前期对大熊猫国家公园所涉及的大邑县、石棉县、平武县、青川县、荥经县部分区域进行预调研，初步考察了现有大熊猫国家公园体育旅游资源的性状、种类；再根据文献资料，收集大熊猫国家公园四川片区主要体育旅游资源，分析其资源的属性、特点。基于以上几点，本研究参照属性基础原则、系统性原则、一致性与差异性原则、国标衔接原则、可操作性原则对大熊猫国家公园体育旅游资源进行如下划分。（如表2-3）

表2-3　大熊猫国家公园体育旅游资源分类

主类	亚类	基础类
自然体育旅游资源	山地体育旅游资源	山体、洞穴
	水域体育旅游资源	河流、湖泊、沼泽和人工库塘
	体育旅游生物资源(动物、植物)	森林、草地、狩猎场
	自然现象体育旅游资源	暖热气候、寒冷气候、有风天气、反季节天气
人文体育旅游资源	体育设施旅游资源	人工建造的体育旅游设施
	民间体育习俗	民族、民俗活动
	现代体育节庆	体育赛事、节庆（旅游节、文化节）

（二）资源分类考察

大熊猫国家公园四川片区凭借得天独厚的地理优势、气候条件以及生态环境，结合悠久的文化底蕴、独特的民族民俗风情、完善的设施设备，形成了独具特色的大熊猫国家公园体育旅游资源。（如表2-4）

表 2-4　大熊猫国家公园体育旅游资源

主类	亚类	基础类	大熊猫国家公园体育旅游资源
自然体育旅游资源	山地体育旅游资源	山体、洞穴	龙门山,丹景山,葛仙山,九顶山,九鼎山,飞来峰,九峰山,蟠龙谷,彭州宝山,虹口光光山,龙溪尖尖山,青城后山,红岩,狮子王峰,鸡公山,立立爬(驴驴爬)山,九顶山高山洞穴,銮华山,红枫岭,雪宝顶,杜鹃山,九皇山,北山,千佛山,鹰嘴岩,仙女峰,罗浮山,龙泉砾宫溶洞,摩天岭,鸡公山,雪山梁,红星岩,杜鹃山,鸡冠山峰,石头山,六顶山,西岭雪山后山,雾中山,瓦屋山,二郎山,红灵山,喇叭河焦山,灵鹫山,锅巴岩,牛背山,巴郎山等。
	水域体育旅游资源	河流、湖泊、沼泽和人工库塘	白水河,回龙沟,银厂沟,龙溪河,白沙河,深溪沟,流石滩,大水沟,阎王片峡谷,虹口峡谷,大水沟梯级瀑布,龙池,都江堰鱼嘴,马尾河,绵远河,九顶山文镇大峡谷,红峡谷,神瀑沟峡谷,小河沟,黄羊河,白马天母湖,色尔大峡谷,虎牙大峡谷,虎牙河,小寨子沟,通口河,青片河,白草河,千佛山金溪湖,白水湖,沸水泉,东阳沟,唐家河,红石河,叠溪海子,宝顶沟,黄龙沟,丹云峡,牟尼沟,西沟,鞍子河,九龙沟,黑水河,出江河和斜江河,花水湾,西岭雪山峡谷,花石溪,飞水溪,雅女湖,月亮湖,喇叭河,白沙河龙门峡,金鸡峡,猴山飞瀑草米溪,大川河,赶羊沟,硗碛湖,硗碛湖水库,嘎日沟,泥巴沟,人参沟,龙苍沟,马草河,荥河,水乡藏寨水利工程,寿溪河,三江乡水乡,银龙峡谷,草坡河、金波河等。
	体育旅游生物资源	森林、草地、狩猎场	白水河森林公园,太阳湾森林公园,都江堰龙池森林公园,九顶山花海,泗耳林区,虎牙林区,俄若草地,泗耳草地,北川森林公园,千佛山杜鹃林,千佛山森林公园,罗浮山峰林,汶江石林,毛寨自然保护区,唐家河紫荆花谷,宝顶沟自然保护区,土地岭森林公园,甲勾池生态旅游区,勿角大熊猫保护区,鸡冠山森林公园,鸡冠蜂山脚高山草甸,西岭森林公园,熊猫林,瓦屋山国家森林公园,玉屏山野鸡坪,二郎山森林公园,灵鹫山苗溪茶场狩猎场,夹金山公园,蜂蛹寨原始森林,扑鸡沟风景区原始森林,龙苍沟森林公园,大相岭自然保护区,大相岭野化大熊猫放归基地,栗子坪生态旅游度假区,孟获城高山生态草甸,公益海森林公园,潘达尔生态旅游区,邓生原始森林等。
	自然现象体育旅游资源	暖热气候、寒冷气候、有风天气、反季节天气	西岭雪山冰雪气候、可开展热气球有风天气,雾中山可开展滑翔伞有风天气,玉坪山可开展滑翔伞有风天气,都江堰鱼嘴可开展滑翔伞有风气候,九龙山可开展滑翔伞有风气候,王朗自然保护区冰雪气候,雪宝顶自然保护区冰雪气候,千佛山冰雪气候,太子岭冰雪气候,雪山梁冰雪气候,鸡冠山风景名胜区冰雪气候,瓦屋山地质公园冰雪气候,二郎山冰雪气候,灵鹫山冰雪气候,夹金山冰雪气候,神木垒冰雪气候,泥巴沟冰雪气候等。

主类	亚类	基础类	大熊猫国家公园体育旅游资源
人文体育旅游资源	体育设施旅游资源	人工建造的体育旅游设施	九顶山鸡爪棚露营地,白鹿中法传统风情小镇,龙溪虹口自然保护区水上乐园,泰安古镇,九龙山滑草场、攀岩、滑翔伞基地,白马王朗冰雪童话小镇及滑雪场,太子岭滑雪场,鸡冠山风景名胜区高山滑雪场,西岭雪山滑雪场,瓦屋山地质公园滑雪场,神木垒滑雪场,泥巴沟滑雪场,马家园度假村,茶马古道,千佛老街,千佛山水上乐园,唐家河步道与漫游径,唐家河野外自行车道与自驾景观道,青溪—阴平绿道,青溪自驾车营地,唐家河全国中小学生研学教育实践基地,阴平村生态农业体验观光休闲基地,九鼎山露营俱乐部,坪头羌寨,中国古羌城,黄龙古寺,甲勿海休闲度假区白马乐园、帐篷营地,鸡冠山麻柳沟生态步道、探险步道,玉屏山野鸡坪营地,玉屏山森林体验基地玻璃栈道、丛林穿越、森林溜索,玉屏山野鸡坪一号营地滑翔伞航空运动基地、户外拓展运动基地、山地自行车赛道、游泳池、健身场、康体步道、垂钓俱乐部,玉屏山长板速降基地、二郎山户外拓展训练场、汽车摩托车越野、环山自行车场、二郎山特色山地越野赛道、灵鹫山户外运动拓展基地、丛林野战游乐场、山地马术场、泥巴沟室外攀岩场、赛马场、山地自行车越野赛场、儿童运动沙地广场、飞碟靶场,龙苍沟大包顶野营地,牛背山星座星空帐篷区、自然亲子生态营、野外生存训练营,蓥华山水世界,西岭雪山风景名胜区滑草场,大川河景区彩色滑草区、森林户外运动区,泥巴沟滑草场,栗子坪民族特色小镇,水磨古镇,茶马古道驿站老街,汶川古道,中国卧龙大熊猫博物馆,小熊猫生态馆,大熊猫苑,正河(栈道),卧龙自然保护区(草坡区)高山体能训练基地等。
	民间体育习俗	民族、民俗活动	骑马走阴平,摩朗节,黄龙庙会,重走长征路登山旅游节,神木垒藏族民间体育运动比赛、歌舞比赛,彝族火把节,水磨小镇羌汉风情习俗等。
	现代体育节庆	体育赛事、节庆(旅游节、文化节)	龙门山国际山地户外挑战赛,龙门山国际户外生态三项赛,都江堰龙池森林公园龙池冰雪节,都江堰虹口国际漂流节,青城山都江堰风景名胜区自行车赛,青城山马拉松赛,中国自行车联赛四川·绵竹站,九顶山户外体育运动节,全国滑翔伞定点联赛四川绵竹站,绵竹九龙山定向赛,《红枫岭杯》自行车挑战赛,龙门山健身操绿道赛,虎牙冰雪节,药王谷森林露营节,安州区环山环湖自行车公开赛,青川国际半程马拉松赛,"保护大熊猫,建好国家公园——徒步静语·守护竹林隐士"公益活动,九鼎山全球越野挑战赛,川西海子超级山地马拉松,阿坝·红色长征汽摩拉力赛,高山滑雪公开赛太子岭站,国际熊猫节,黄龙极限耐力赛,中国自驾游集结赛——长征之路松潘站,西岭雪山风景名胜区"南国冰雪节",瓦屋山2020四川冰雪和温泉旅游节,玉屏山国际长板速降公开赛,玉屏山滑翔伞锦标赛,二郎山冰雪节,二郎山文创旅游节,二郎山红叶节,环茶马古道雅安国际公路自行车赛芦山段,芦山大川河道越野T3赛,中国长征汽车拉力赛(宝兴站),宝兴环硗碛湖山地自行车邀请赛,中国宝兴大熊猫文化旅游节,中国夹金山南国冰雪节,龙苍沟森林马拉松,四川2020年环茶马古道雅安(国际)公路自行车赛(荥经段),四川森林文化旅游节,四川红叶生态旅游节等。

1. 自然体育旅游资源

（1）山地体育旅游资源

大熊猫国家公园四川片区地处我国著名的横断山区，涵盖岷山、邛崃山、大相岭和小相岭山系，地势呈西北高、东南低，地形呈现山大峰高、河谷深切、高低悬殊、地势地表崎岖等特点，地形复杂、景观奇特。山峰主要包含岷山片区的雪宝顶、摩天岭、九顶山、九鼎山、青城山、鸡冠山、千佛山、鎏华山等著名山峰、邛崃山-大相岭片区的夹金山、二郎山、巴郎山、牛背山、灵鹫山、瓦屋山、西岭雪山等诸山。在一般控制区内可开展的山地体育旅游类项目有登山、徒步、越野、骑行、攀岩、探险、定向、露营、高山滑草等。

（2）水域体育旅游资源

大熊猫国家公园四川片区内水系发达、水资源丰沛，有河流、湖泊、沼泽和人工库塘等。其人工库塘以中、小型水库为主；河流属长江流域的嘉陵江、岷江、沱江等水系，以短、直为主要特征，多瀑布、急流和险滩，山高坡陡，河道自然落差大。其主要包含嘉陵江水系的凯河、青片河、泗耳沟河、涪江、夺补河、虎牙河、清漪江、磨刀河、白水江、大团鱼河、让水河、丹堡河、白马河，岷江水系的周公河、祁家沟河、雅雀河、宝兴河（东河、西河）、天全河、荥经河、青衣江、黑水河、烧汤河、正河、二河，沱江水系的白水河、清水河。在一般控制区可开展的水域体育旅游类项目有温泉、垂钓、漂流、溯溪、速降、瀑降、皮艇、溜索、游艇、划船等。

（3）体育旅游生物资源

大熊猫国家公园四川片区生态系统结构完整，包括森林生态系统、草地生态系统等，其中以横断山区山地森林生态系统为主体。区域内森林面积19556平方公里，森林覆盖率72.07%，植被带分布明显，除了茂县、汶川境内岷江河谷为干旱河谷灌丛外，海拔由低到高分别分布着常绿阔叶林带、常绿落叶阔叶混交林带、温性针阔叶混交林带、寒温性针叶林带；草地面积1809平方公里，占总面积的6.67%，以高山灌丛草甸草原为主。区域内共有各类自然保护地77个，总面积21347平方公里，占试点区总面积的78.67%，包括国家级/省级/市县级自然保护区、自然保护小区、国家级/省级森林公园、国家级/省级地质公园、国家级/省级风景名胜区、世界自然遗产地等。其著名的有卧龙、王朗、佛坪、唐家河、蜂桶寨等自然保护区；关坝自然保护小区；千佛山、都江堰、龙池坪、北川、龙苍沟、鸡冠山等森林公园；瓦屋山、黄龙、龙门山等地质公园；九顶山、龙门山、二郎山、青城山都江堰、西岭雪山等风景名胜区；黄龙世界自然遗产地、四川大熊猫栖息地世界自然遗产地等。在所划分的一般控制区内可开展的体育旅游项目有露营、滑草、狩猎骑马、丛林穿越、户外拓展、研学、养身康养类等。

（4）自然现象体育旅游资源

大熊猫国家公园四川片区位于我国中纬度地区，受东亚季风环流影响明显，处在大陆性北亚热带向暖温带过渡的季风气候区内，由东南向西北，随着海拔的升高，依次从河谷亚热带湿润气候，经暖温带湿润气候过渡到温带半湿润和高寒湿润气候。由于山脉纵横、地势复杂，形成多种复杂的小气候，暖热气候、寒冷气候、有风天气、反季节天气在不同海拔地区错时出现，典型代表有西岭雪山冰雪气候、雾中山可开展滑翔伞有风天气、玉坪山可开展滑翔伞有风天气、都江堰鱼嘴可开展滑翔伞有风气候、九龙山可开展滑翔伞有风气候、王朗自然保护区冰雪气候、雪宝顶自然保护区冰雪气候、千佛山冰雪气候、太子岭冰雪气候、二郎山冰雪气候、灵鹫山冰雪气候、夹金山冰雪气候、泥巴沟冰雪气候等。在一般控制区内可开展的体育旅游项目有滑翔伞、热气球、风筝以及冰雪类等。

2. 人文体育旅游资源

（1）体育旅游设施资源

大熊猫国家公园四川片区体育旅游设施主要集中在周边乡镇政府所在地以及国家公园入口社区和各保护区的外围区域，主要以人工建设为主。通过建立生态体验小区、户外体验设施和自然教育基地，依托现有城镇公共服务设施和现有或改造新建体育旅游设施，结合区域内自然景观点，开展生态体验活动，发挥生态体验服务功能单元。主要体育旅游设施包含露营地、水上乐园、游乐场、古城镇、驿站古道、野外拓展训练基地、研学教育基地、博物馆、健身步道、户外运动场、健身俱乐部等。典型代表有唐家河全国中小学生研学教育实践基地、中国卧龙大熊猫博物馆、龙溪虹口自然保护区水上乐园、阴平村生态农业体验观光休闲基地、玉屏山营地和户外拓展运动基地、二郎山户外拓展训练场、泥巴沟室外攀岩场和赛马场以及山地自行车越野赛场、九顶山鸡爪棚露营地、茶马古道驿站老街等。

（2）民间习俗体育旅游资源

大熊猫国家公园四川片区内有藏族、羌族、彝族、回族、土家族等19个少数民族。其中，阿坝藏族羌族自治州是四川省第二大藏区和主要羌族的聚居区，北川羌族自治县是我国唯一的羌族自治县。民族风俗习惯、宗教信仰多元化，民族文化、传统习俗绚丽多彩。有广元女儿节、中国（成都）森林文化旅游节、白马藏族文化、白石崇拜、集贤古乐、周至锣鼓、厚畛子山歌、南坪曲羌笛演奏及制作技艺、㑇舞、羌族羊皮鼓舞、绵竹木版年画、斗牦牛、平武剪纸、擀毡帽、花腰带制作、硗碛多声部民歌、硗碛上九节、硗碛锅庄、抬菩萨、和平藏寨中国传统村落、硗碛塔子会、复兴耍锣鼓、瓦屋山青羌民俗、羌族刺绣、跳曹盖、羌戈大战、羌年、汉调桄桄、洋县悬台社火、洋县杆架花焰火、石鸡坝琵琶弹唱、玉垒花鼓戏、刘家坪三国文化等物质与非物质文化资源。

（3）现代节庆体育旅游资源

大熊猫国家公园四川片区依托丰富的景观资源，开展了形式多样的体育旅游活动。区域内体育旅游资源聚集较为丰富的有王朗、虎牙、牛背山、龙苍沟、瓦屋山、唐家河、西岭雪山、喇叭河、红灵山、白水河、光头山、神木垒（达瓦更扎）、东拉山、邓池沟、空石林、太白山、青峰峡、佛坪熊猫谷、农博园、老县城、李子坝茶园和让水河等，较为知名的赛事活动有虎牙冰雪节、四川森林文化旅游节、四川红叶生态旅游节、龙苍沟森林马拉松、瓦屋山冰雪和温泉旅游节、玉屏山国际长板速降公开赛、西岭雪山风景名胜区"南国冰雪节"、中国·青川国际半程马拉松赛、"保护大熊猫，建好国家公园——徒步静语·守护竹林隐士"公益活动、国际熊猫节、龙门山国际山地户外挑战赛、龙门山国际户外生态三项赛、都江堰龙池森林公园龙池冰雪节、都江堰虹口国际漂流节、高山滑雪公开赛太子岭站、宝兴环硗碛湖山地自行车邀请赛、中国宝兴大熊猫文化旅游节、中国夹金山南国冰雪节等。

三、体育旅游资源分布广泛

从外延上讲，体育旅游资源既可以是具体形态的物质实体，也可以是非物质形态的文化因素；既包括为体育的产生、生存和发展所需要的自然风景、气候、天象等自然空间与自然存在，也包括以体育为载体的体育赛事、体育文化交流、体育民俗、体育运动参与、体育医疗养生等各种各样的人文活动，也包括与体育或旅游相关的体育场馆设施、体育建筑遗迹、体育主题公园、酒店、露营设施等人工创造物[①]。从宏观层面来看，大熊猫国家公园资源禀赋高但限制性因素多，是一个极为特殊而复杂的体育旅游空间，很难掌握上文所有细化体育旅游资源的分布情况；而且由于大熊猫国家公园空间范围大、地缘相接、文化一脉，细化体育旅游资源跨区域同质性较强（如西岭雪山的冰雪气候资源与瓦屋山的冰雪气候资源单从自然属性上看并没有太大区别），导致无法进行有效的体育旅游资源评价。因此，对于大熊猫国家公园体育旅游资源的分布与评价需要上升一个维度。

本研究在前文的论述中认为，基于"坚持生态保护第一与全民公益性"这一国家公园内涵，大熊猫国家公园体育旅游开发需要统筹相关的自然保护区、风景名胜区、水利风景区、各类国家级公园以及周边的入口社区、小镇等。大熊猫国家公园中的风景名胜区等是自然空间与自然存在、人文活动以及人工创造物的聚集地，既包含物质

---

① 姜付高，曹莉，孙晋海，邰鹏飞，李兆进. 我国滨海地区体育旅游资源禀赋、丰度与绩效评价研究[J]. 天津体育学院学报，2016，31（04）：277-282.

实体的体育旅游资源，又涵盖非物质形态的体育旅游资源，是体育旅游客流、资金流、技术流的集散地，对大熊猫国家公园入口社区及小镇具有带动作用。因此，本研究可以把大熊猫国家公园中的风景名胜区等自然保护地作为体育旅游资源单体，以此来分析大熊猫国家公园体育旅游资源的分布情况以及评价资源禀赋。

（一）类型分布

大熊猫国家公园体育旅游资源丰富多样，其涉及的自然保护地类型有自然保护区、风景名胜区、森林公园、地质公园、水利风景区、世界自然遗产地和自然保护小区等7种类型（如表2-5）。其中自然保护区数量最多，拥有25个，占比约43%；风景名胜区次之，有13个，占比约23%；排名第三的是森林公园，有11个，占比约19%；地质公园、水利风景区、世界自然遗产地和自然保护小区拥有的数量较少，分别是4个、2个、2个和1个，所占比重也较低。根据大熊猫国家公园自然保护地类型数量分布上来看，较为熟知的自然保护区、风景名胜区和森林公园数量较多，自然保护区内有自然生态系统、珍稀濒危野生动植物物种以及有特殊意义的自然遗迹等，需要大家共同来保护；风景名胜区自然和人文景观比较集中，具有观赏、文化和科学价值，可供人们游览，进行科学文化活动；森林公园以大面积人工林或天然林为主体而建设的公园，在以保护为前提的基础上可提供旅游服务。地质公园、水利风景区、世界自然遗产地和自然保护小区数量较少，地质公园具有特殊地质科学意义，具有地质遗迹景观；水利风景区以水域（水体）或水利工程为依托，具有风景资源和环境条件，可供人们休闲旅游；世界自然遗产地内具有人类罕见的、突出意义和普遍价值的文物古迹及自然景观；自然保护小区是自然保护区以外的一个生物多样性保护区域。总体上来看，大熊猫国家公园自然资源类型丰富多样，具有良好的体育旅游资源开发基础。

表2-5　大熊猫国家公园四川片区一般控制区自然保护地类型和数量

自然保护地类型	数量	占比（≈）
自然保护区	25	43%
风景名胜区	13	23%
森林公园	11	19%
地质公园	4	7%
水利风景区	2	3%
世界自然遗产地	2	3%
自然保护小区	1	2%
总计	58	100%

（二）地域分布

大熊猫国家公园四川片区共涉及7个市20个县（市、区），分别是成都市的大邑县、崇州市、彭州市、都江堰市；德阳市的绵竹市、什邡市；广元市的青川县；阿坝州的汶川县、茂县、松潘县、九寨沟县；雅安市的石棉县、芦山县、荥经县、宝兴县、天全县；绵阳市的平武县、北川县、安州区；眉山市的洪雅县。

从各县（市、区）拥有的自然保护地数量上来看，松潘县拥有6个，排名第一；平武县拥有5个，排名第二；青川县、彭州市、安州区和汶川县都拥有4个；洪雅县、都江堰市、什邡市、宝兴县、茂县、绵竹市、崇州市、大邑县、天全县都拥有3个；荥经县、北川县拥有2个；九寨沟县、芦山县、石棉县最少，只拥有1个。总体上来看，绝大多数县（市、区）都拥有3～4个自然保护地。从各县（市、区）拥有的自然保护地类型上来看，松潘县、彭州市、安州区、汶川县拥有4种类型的自然保护地，类型丰富；平武县、洪雅县、都江堰市、什邡市、茂县、绵竹市、崇州市、大邑县、天全县都拥有3种类型的自然保护地；荥经县、北川县拥有2种类型的自然保护地；九寨沟县、芦山县和石棉县只拥有1种类型自然保护地，类型最少，相对单一。（如表2-6）

综上，可以看出每个区县在拥有自然保护地上都有各自优势和劣势，有的地区自然保护地数量多但类型丰富度不够，有的地区自然保护地类型丰富但数量上不多，有少部分地区种类和数量或者都多，或者都少。各地在体育旅游资源分布上表现出差异性，在进行体育旅游资源开发时，要突出特色，差异化发展。

表2-6 大熊猫国家公园四川片区一般控制区自然保护地涉及区县数量及种类

自然保护地涉及区县	数量	类型
松潘县	6	世界自然遗产地、自然保护区、风景名胜区、地质公园
平武县	5	自然保护区、森林公园、自然保护小区
青川县	4	自然保护区、风景名胜区
彭州市	4	自然保护区、风景名胜区、森林公园、地质公园
安州区	4	自然保护区、风景名胜区、森林公园、地质公园
汶川县	4	世界自然遗产地、自然保护区、风景名胜区、水利风景区
洪雅县	3	自然保护区、森林公园、地质公园
都江堰市	3	世界自然遗产地、自然保护区、森林公园
什邡市	3	自然保护区、风景名胜区、地质公园
宝兴县	3	自然保护区、水利风景区
茂县	3	自然保护区、风景名胜区、森林公园
绵竹市	3	自然保护区、风景名胜区、地质公园
崇州市	3	世界自然遗产地、风景名胜区、森林公园

自然保护地涉及区县	数量	类型
大邑县	3	自然保护区、风景名胜区、森林公园
天全县	3	自然保护区、风景名胜区、森林公园
荥经县	2	自然保护区、森林公园
北川县	2	自然保护区、森林公园
九寨沟县	1	自然保护区
芦山县	1	风景名胜区
石棉县	1	自然保护区
总计	61	(注:一个自然保护地覆盖多个地区,从地区划分层面重复计数)

（三）等级分布

大熊猫国家公园体育旅游资源禀赋高且极具价值，在涉及的自然保护地中包含世界自然遗产地，国家级自然保护区、风景名胜区、森林公园、地质公园，省级自然保护区、风景名胜区、森林公园、地质公园，还有少数县级或未排等级的自然保护区、自然保护小区、水利风景区。其中，世界级的自然保护地有两个，占比3%，分别是四川大熊猫栖息地世界自然遗产地、黄龙世界自然遗产地；国家级和省级自然保护地数量最多，分别占比43%和45%；县级或未排等级的自然保护地较少，有5个，占比9%。总体上来看，国家级和省级自然保护地相对较多，市县级自然保护地非常少，除此之外，还拥有2个世界级的自然保护地，说明国家公园体育旅游资源的知名度很高，吸引力大，从整体上提高了国家公园体育旅游资源的质量，提升了其影响力。（如表2-7）

表2-7　大熊猫国家公园四川片区一般控制区自然保护地等级

自然保护地等级	数量	占比(≈)	类型
世界级	2	3%	世界自然遗产地
国家级	25	43%	自然保护区、风景名胜区、森林公园、地质公园
省级	26	45%	自然保护区、风景名胜区、森林公园、地质公园
县级/未排等级	5	9%	自然保护区、自然保护小区、水利风景区
总计	58	100%	——

第二节　政策支持

2017年，中共中央办公厅与国务院办公厅印发的《建立国家公园体制总体方案》明确指出：坚持全民公益性的国家公园理念，国家公园坚持全民共享，着眼于提升生态系统服务功能，开展自然环境教育，为公众提供亲近自然、体验自然、了解自然以及作为国民福利的游憩机会；明确国家公园定位，国家公园的首要功能是重要自然生态系统的原真性、完整性保护，同时兼具科研、教育、游憩等综合功能。随后，《大熊猫国家公园体制试点实施方案（2017—2020年）》《大熊猫国家公园总体规划》《大熊猫国家公园四川试点区建设空间发展规划》《大熊猫国家公园四川试点区绿色产业发展专项规划》《大熊猫国家公园四川试点区自然教育与生态体验建设专项规划》《四川省人民政府关于加强大熊猫国家公园四川片区建设的意见》等政策相继发布，指出在大熊猫国家公园一般控制区开展一定的科普游憩活动，发展绿色生态产业，促进区域产业转型升级，带动区域经济发展。这些政策都为大熊猫国家公园开展体育旅游提供了政策依据。

2009至2022年间，国家相关部门发布了大量推动体育旅游发展的相关政策，主要目的在于拓展体育旅游空间、推动体育旅游产业融合发展以及加强体育旅游产品的供给（如表2-8）。2016年，《国务院办公厅关于加快发展健身休闲产业的指导意见》《"十三五"旅游业发展规划》《国家旅游局 国家体育总局关于大力发展体育旅游的指导意见》陆续发布，旨在实施体育旅游精品示范工程，建成一批具有影响力的体育旅游目的地和一批体育旅游示范基地，这表明我国体育旅游市场需求急剧扩大，"拓展体育旅游空间"成为后期大部分政策中的重要内容之一。2022年，国家体育总局、国家发展和改革委员会、国家林草局等七部委联合发布了《户外运动产业发展规划（2022—2025年）》，旨在实施自然资源向户外运动开放试点工程：在符合国家公园分区管控要求和国家公园总体规划的基础上，指导、支持在三江源国家公园、大熊猫国家公园、海南热带雨林国家公园、武夷山国家公园等自然保护地一般控制区内，因地制宜开展登山、徒步、越野跑、自行车、攀岩、漂流、定向等户外运动项目试点；鼓励在严格保护的基础上，通过划分活动区域、设置运动线路、限制参与人数、加强监督管理等措施探索自然保护地开展户外运动赛事活动的有效做法；总结试点经验，明确自然保护地开展户外运动赛事活动的申请条件和程序，研制自然保护地开展户外运动的管理制度。该政策首次提出鼓励在大熊国家公园开展"户外运动"为主的体育旅游活动，为大熊猫国家公园体育旅游开发提供了坚实的政策支持。

表2-8　2009—2022年国家推动体育旅游发展的相关政策

发布时间	发布单位	政策名称	涉及的相关内容
2009.12	国务院	《国务院关于加快发展旅游业的意见》	培养新的旅游消费热点，支持有条件的地区发展体育旅游。
2011.06	国务院	《中国旅游业"十二五"规划纲要》	适应游客出游目的的多样化和个性化，深入进行市场细分，有针对性地进行产品开发和市场营销，加强以文化、体育、探险等为主题的专项旅游市场开发。

发布时间	发布单位	政策名称	涉及的相关内容
2013.02	国务院办公厅	《国务院办公厅关于印发国民旅游休闲纲要（2013—2020年）的通知》	加强国民旅游休闲产品开发与活动组织：鼓励开展城市周边乡村度假，积极发展自行车旅游、自驾车旅游、体育健身旅游、医疗养生旅游、温泉冰雪旅游、邮轮游艇旅游等旅游休闲产品。
2014.08	国务院	《国务院关于促进旅游业改革发展的若干意见》	积极推动体育旅游，加强竞赛表演、健身休闲与旅游活动的融合发展，支持和引导有条件的体育运动场所面向游客开展体育旅游服务。
2014.10	国务院	《国务院关于加快体育产业促进体育消费的若干意见》	丰富体育产业内容，推动体育与养老服务、文化创意和设计服务、教育培训等融合，促进体育旅游、体育传媒、体育会展、体育广告、体育影视等相关业态的发展。
2015.08	国务院办公厅	《国务院办公厅关于进一步促进旅游投资和消费的若干意见》	鼓励社会资本大力开发温泉、滑雪、滨海、海岛、山地、养生等休闲度假旅游产品。
2016.06	国务院	《国务院关于印发全民健身计划（2016—2020年）的通知》	大力发展健身跑、健步走、骑行、登山、徒步、游泳、球类、广场舞等群众喜闻乐见的运动项目，积极培育帆船、击剑、赛车、马术、极限运动、航空等具有消费引领特征的时尚休闲运动项目。
2016.10	国务院办公厅	《国务院办公厅关于加快发展健身休闲产业的指导意见》	大力发展体育旅游，制定体育旅游发展纲要，实施体育旅游精品示范工程，编制国家体育旅游重点项目名录。支持和引导有条件的旅游景区拓展体育旅游项目，鼓励国内旅行社结合健身休闲项目和体育赛事活动设计开发旅游产品和路线。
2016.11	国务院办公厅	《国务院办公厅关于进一步扩大旅游文化体育健康养老教育培训等领域消费的意见》	制定实施冰雪运动、山地户外运动、水上运动、航空运动等专项运动产业发展规划。
2016.12	国务院	《"十三五"旅游业发展规划》	提出建成一批具有影响力的体育旅游目的地和一批体育旅游示范基地。
2016.12	前国家旅游局、国家体育总局	《国家旅游局 国家体育总局关于大力发展体育旅游的指导意见》	引领健身休闲旅游发展，培育赛事活动旅游市场，培育体育旅游市场主体，提升体育旅游装备制造水平，加强体育旅游公共服务设施建设。
2017.01	国务院	《"健康中国2030"规划纲要》	积极培育冰雪、山地、水上、汽摩、航空、极限、马术等具有消费引领特征的时尚休闲运动项目，打造具有区域特色的健身休闲示范区、健身休闲产业带。

发布时间	发布单位	政策名称	涉及的相关内容
2018.03	国务院办公厅	《国务院办公厅关于促进全城旅游发展的指导意见》	推动旅游与科技、教育、文化、卫生、体育融合发展；大力发展冰雪运动、山地户外运动、水上运动、汽车摩托车运动、航空运动、健身气功养生等体育旅游，将城市大型商场、有条件景区、开发区闲置空间、体育场馆、运动休闲特色小镇、连片美丽乡村打造成体育旅游综合体。
2019.01	国家体育总局、国家发展和改革委员会	《进一步促进体育消费的行动计划（2019—2020年）》	积极实施"体育+"工程。推进体育与文化、旅游、养老、健康、教育、互联网、金融等产业融合发展，打造体育消费新业态；支持旅游景区引入体育资源，增设体育消费项目，升级成体育与旅游高度融合的体育综合体。
2019.09	国务院办公厅	《国务院办公厅关于印发体育强国建设纲要的通知》	拓展体育健身、体育观赛、体育培训、体育旅游等消费新空间，促进健身休闲、竞赛表演产业发展。
2019.09	国务院办公厅	《国务院办公厅关于促进全民健身和体育消费推动体育产业高质量发展的意见》	探索将体育旅游纳入旅游度假区等国家和行业标准；实施体育旅游精品示范工程，打造一批有影响力的体育旅游精品线路、精品赛事和示范基地；规范和引导体育旅游示范区建设；将登山、徒步、越野跑等体育运动项目作为发展森林旅游的重要方向。
2021.04	文化和旅游部	《"十四五"文化和旅游发展规划》	结合传统体育、现代赛事、户外运动，拓展文旅融合新空间。
2021.08	国务院	《国务院关于印发全民健身计划（2021—2025年）的通知》	促进体旅融合。通过普及推广冰雪、山地户外、航空、水上、马拉松、自行车、汽车摩托车等户外运动项目，建设完善相关设施，拓展体育旅游产品和服务供给；打造一批有影响力的体育旅游精品线路、精品赛事和示范基地，引导国家体育旅游示范区建设，助力乡村振兴。
2021.10	国家体育总局	《"十四五"体育发展规划》	大力发展体育运动技能培训、运动健康服务、体育旅游等产业；打造100个国家体育旅游示范基地。
2022.10	国家体育总局、国家发展和改革委员会等七部委	《户外运动产业发展规划（2022—2025年）》	推动自然资源向户外运动开放。围绕可利用的森林、草原、沙漠、湖泊、海滩海域等自然资源，在符合自然保护地、生态保护红线相关法律法规、管控要求和项目准入制度的前提下，在部分有条件的国家公园、自然保护区、自然公园等自然保护地划定合理区域开展自然资源向户外运动开放试点，建立健全自然保护地开展户外运动的监管制度。

第二章 大熊猫国家公园体育旅游开发的基础

第三节　社会需求

一、生态保护需求

自然生态保护是构建人与自然生命共同体的重要任务，良好的生态环境是人类社会长期发展过程中的必然需求。大熊猫国家公园这个以大熊猫命名的生物多样性"王国"，是中国国家生态安全战略格局"两屏三带"的黄土高原生态屏障——川滇生态屏障的重要组成部分，发挥着重要生态屏障作用。四川片区在中低山区仍保留了许多第三纪以来的古老稀有孑遗类群植物，不仅是第三纪植物区系的"避难所"，还可能是温带植物区系分化、发展和集散的重要地区之一。这里是长江黄河重要支流的水系分界线，发挥着水源涵养、水土保持、气候调节、减少温室效应等多重生态功能。复杂多样的地貌特征和垂直自然带类型，孕育了森林、草地、高山流石滩等多样生态系统，这里是全球生物多样性最为丰富的地区之一，具有全球意义的保护价值，虽然它仅占国土面积 0.3%，却是中国最重要的资源储备宝库，维护着全国生态平衡。

（一）植被覆盖情况

大熊猫国家公园内植被垂直分布明显。随着海拔升高，依次是"典型亚热带常绿阔叶林—常绿落叶阔叶混交林—温性针叶林—寒温性针叶林—灌丛和灌草丛—草甸"。

岷山西侧和白水江一侧为干旱河谷灌丛；海拔 1700~2200 米为常绿落叶阔叶混交林 2400~3600 米为亚高山常绿针阔叶混交林，主要有高山松、油松和川滇高山栎；海拔 3900 米以上以高山灌丛草甸为主，建群种多为紫丁杜鹃、金露梅、窄叶鲜卑花、四川蒿草等。

邛崃山、大小相岭海拔 1300~2200 米有山地常绿、落叶阔叶混交林；海拔 2200~2500 米有针阔叶混交林，主要为铁杉、槭树和多种桦木；海拔 2500~3200 米阴坡有高山针叶林，阳坡有高山栎林；海拔 3200 米以上为高山灌丛，主要建群种为多种杜鹃和箭竹。

秦岭海拔 500~1100 米主要有栓皮栎+苦槠林、橿子栎+鹅耳枥林、青冈+铜钱树林等；海拔 1100~1800 米主要有麻栎林、栓皮栎林、枹栎林等；海拔 2600~2800 米有油松林、华山松林、云杉林、冷杉林等，并有山顶杜鹃和箭竹灌丛。

根据现有资料统计，大熊猫国家公园内有种子植物 197 科 1007 属 3446 种，其中，国家重点保护野生植物 35 种，国家一级重点保护野生植物有红豆杉、南方红豆杉、独叶草、珙桐 4 种，国家二级重点保护野生植物有 31 种。

（二）动物栖息情况

大熊猫目前主要栖息于我国秦岭、岷山、邛崃山、大小相岭和凉山山系，根据全国第四次大熊猫调查报告，全国野生大熊猫种群数量1864只，大熊猫栖息地面积25766平方公里，试点区内有野生大熊猫1631只，占全国野生大熊猫总量的87.50%；大熊猫栖息地面积18056平方公里，占全国大熊猫栖息地面积的70.08%。大熊猫栖息地被山脉和河流等自然地形、植被和竹子分布、居民点和耕地以及交通道路等隔离成33个斑块，其中，试点区内涉及18个斑块，面积最小的不到100平方公里。因栖息地隔离形成了33个大熊猫局域种群，其中，试点区内涉及18个局域种群，种群数量大于100只的种群6个，主要分布在岷山中部、邛崃山中北部和秦岭中部；种群数量30~100只的种群有2个；种群数量小于30只的种群有10个。从种群规模分析，种群规模小于30只的种群具有灭绝风险。此外，大于30只的局域种群中，有大相岭中部大相岭B种群和岷山南部岷山L种群。

大熊猫国家公园位于我国动物地理区划的东洋界西南区，是东洋界和古北界的过渡带。据初步统计，有脊椎动物641种，其中兽类141种、鸟类338种、两栖和爬行类动物77种、鱼类85种，其中，有国家重点保护野生动物116种，国家一级重点保护野生动物有大熊猫、川金丝猴、云豹、金钱豹、雪豹、林麝、马麝、羚牛、中华秋沙鸭、玉带海雕、金雕、白尾海雕、白肩雕、胡兀鹫、绿尾虹雉、雉鹑、斑尾榛鸡、黑鹳、东方白鹳、黑颈鹤、朱鹮22种，国家二级重点保护野生动物94种。

（三）水文分布特征

大熊猫国家公园内水系发达，水资源丰沛。河流属长江流域的嘉陵江、岷江、沱江、汉江和黄河流域的渭河等5个水系，以短、直为主要特征，多瀑布、急流和险滩。山高坡陡，河道自然落差大，水能资源蕴藏量十分丰富，其中以涪江干流水能资源最为丰富。（如表2-9）

表2-9　大熊猫国家公园主要河流一览表

主要水系	次级水系	主要河流
嘉陵江水系	涪江水系	凯河、青片河、泗耳沟河、涪江、夺补河、虎牙河、清漪江、磨刀河
	白龙江水系	白水江、大团鱼河、让水河、丹堡河、白马河
岷江水系	青衣江水系	周公河、祁家沟河、雅雀河、宝兴河（东河、西河）、天全河、荥经河、青衣江、黑水河
	岷江水系	烧汤河、正河、二河
沱江水系	沱江水系	白水河、清水河

主要水系	次级水系	主要河流
汉江水系	湑水河水系	红崖河、大箭沟
	酉水河水系	九池河、核桃坝河
	金水河水系	吕关河、西河
	子午河水系	蒲河、椒溪河、汶水河
	褒河水系	太白河、红岩河
渭河水系	黑河水系	王家河、清水河、太平河、红水河、花儿坪河

人类生存和发展所依赖的环境所能承载的能力是有限的，自然资源也是有限的，其中许多资源都是不可再生的。人类的生活和生产不可避免地要从自然攫取资源，不可避免地向自然界排放废物，从而对自然生态环境造成损害。大熊猫国家公园涉及的许多地区受路网、矿山、水电站和景区等的阻隔，以及人类放牧、耕种和大面积栽种经济作物等生产经营活动干扰越来越频繁，大熊猫栖息地范围逐渐缩小，一些珍稀物种面临严峻的生存问题。大熊猫国家公园以加强自然生态系统原真性、完整性保护为基础，维护一个范围更大更整体的生态平衡。鉴于对生物多样性和核心自然资源的保护，大熊猫国家公园有必要对园区内的任何人类活动进行规范与治理，体育旅游活动相较于其他人类活动对自然生态环境的影响更小，更适合于大熊猫国家公园游憩价值的体现。

二、经济发展需求

（一）区域经济水平总体较低

据2020年四川省公布的贫困县名单中显示，大熊猫国家公园四川园区所包含的19个县中有11个为贫困县，其中包括：绵阳市的平武县、北川县；广元市的青川县；阿坝州的九寨沟县、松潘县、茂县以及汶川县；雅安市的宝兴县、芦山县、天全县以及荥经县。这些多为老少边穷地区，自我发展能力较弱，经济发展落后。

国家公园范围内农民生活、生产、生计与森林、动物等自然资源息息相关，无法分割，严格的用途管控措施给农户生计造成的消极影响主要包括：①减少了本地务工的机会，务工收入减少；②林木采伐受限，营林收入减少；③自然采集被禁，补充收入减少；④房屋修缮被限，生活质量提升困难；⑤人兽冲突风险增加，农户承担了动物致害的主要成本[①]。

---

① 陈雅如,张茜,严中成,韦锋. 国家公园建设背景下县域产业转型优化路径分析:以四川省宝兴县为例[J/OL]. 北京林业大学学报(社会科学版):1-7[2021-10-05]. https://doi. org/10. 13931/j. cnki. bjfuss. 2021100.

（二）地方产业结构较为单一

大熊猫国家公园社区居民经济来源以传统种植收入为主，部分居民还从事矿山开采和加工劳务。大熊猫国家公园成立之前，许多辖区以矿山开采、水力发电等资源开发型产业为主，是地方财政收入的主要来源。大熊猫国家公园涉及区域共有矿业权263处（含采矿权和探矿权），其中四川238处、陕西25处。大熊猫国家公园体制建立后，随着工矿企业退出和退耕还林还草的实施（如表2-10），以及禁止新建水电站和关停核心保护区内部分小水电站，当地经济收入受到严重的冲击，企业下岗职工面临再就业等问题。

表2-10 大熊猫国家公园目标指标体系（部分）

序号	指标名称	单位	2017年	2020年	2025年
9	矿业权	处	263	依法查处取缔违法违规工矿企业	核心区域全部退出,其他区域逐步退出
10	耕地面积	平方公里	214	有所减少	逐年减少
11	土地开发强度	%	0.68	不增加	有所下降

（三）传统旅游产业效益低下

大熊猫国家公园内依托丰富的景观资源，部分区域开展了形式多样的旅游活动。成规模的有王朗、虎牙、牛背山、龙苍沟、瓦屋山、唐家河、西岭雪山、喇叭河、红灵山、白水河、光头山、神木垒（达瓦更扎）、东拉山、邓池沟、空石林、太白山、青峰峡、佛坪熊猫谷、农博园、老县城、李子坝茶园和让水河等22处，主要开展观光游览、民族文化探秘、探险体验等活动，年访客量约4620万人次。服务设施主要集中分布在国家公园周边的乡镇政府所在地。但总体上成规模、知名度高的体验点少，大部分设施零散、小。大熊猫国家公园建立之前，当地社区就已经存在旅游开发的情况，只是以乡村休闲度假居多，但是规模经济效应与生态环境效应并不显著。大熊猫国家公园建立后，主要旅游业态全部叫停，只有部分农家乐和乡村民宿保留下来，但规模显著压缩，客流量急剧下降，当地社区的产业收入明显下降①。

综上所述，大熊猫国家公园所涉及的辖区以往都是依靠传统农业、传统林业（包含乱砍滥伐、烧炭炒茶等破坏性经济）、传统旅游业、工矿业、水力发电等来支撑地方的经济发展。大熊猫国家公园社区安康建设主要包括生产和生活两个方面，生产主要是指大熊猫国家公园社区经济发展，包括居民的就业以及稳定收入等内容；生活主要是指大熊猫国家公园体制下对居民生活内容与方式的影响。因此，大熊猫国家公园既面临着绿色经济转型的重要任务，同时也承担着社区居民以及社会群众追求美好幸福生活的重要使命。大熊猫国家公园建设期间，核心保护区需搬迁的社区居民，也面临

① 李碧莹,李怀瑜,昌宇玺,魏诗毓,黄金平,熊若汐,邓维杰. 大熊猫国家公园内社区的乡村振兴策略研究[J]. 农村经济与科技,2020,31(15):291-292.

第二章 大熊猫国家公园体育旅游开发的基础

适应新的生活环境和再就业等问题。大熊猫国家公园当地居民较多，对自然资源的依赖程度较高，实行严格管控后，短期内顺利实现传统生产生活方式转型有一定困难。因此，体育旅游的可持续发展可以为实现大熊猫国家公园各个社区乡村振兴的愿景贡献力量，体育旅游的开展可以作为新时代贫困治理的有效手段[①]，带动落后地区实现经济的发展，最终实现美好生活的愿景。

三、文化建设需求

从文化层面来看，大熊猫国家公园具有国家象征、代表国家形象、彰显中华文明，而国民对国家公园的文化认同需要充分的、切实的实践活动来实现，是大熊猫国家公园文化建设的不可或缺的组成部分，有助于改善与提升社区居民与游客对于大熊猫国家公园的认知与态度。大熊猫国家公园是一个自然与文化资源都极为丰富的区域，四川园区更是生活着众多少数民族，体育旅游作为一种参与度高的旅游活动，在开展体育旅游活动的过程中，能够更好地将其优秀文化带到大众面前，使其得到更长远的发展，在为参与者提供了新的感悟和体验的同时，让其更加的亲近和近距离的接触大熊猫国家公园，还能够使参与者更加深刻地认识与了解大熊猫国家公园，从意识上形成保护的心理，从行动上规范自己的言行，从而更好地为建设大熊猫国家公园贡献个人微薄的力量，由此以来，对于大熊猫国家公园的保护有一定的积极作用。

四、个体发展需求

个人精神和身体发展的需求：随着社会的快速发展，人们的生活节奏和工作节奏都在加快，伴随着生活和工作的压力的增加，使得很多人的身心时常处于紧绷状态，长久以来，各种精神以及身体问题困扰着他们的学习、工作和生活，同时对于体育运动的需求也大大地增加。其次，智慧化、网络化、数字化的不断深入发展以及群众物质水平的提升、消费能力的提高，对旅游的需求也不只停留在以往的层面，而是提出了更高的要求，除了旅游原有的吃、住、行、娱、购外，又增加了分享、咨询、投诉等需求[②]。另外，群众闲暇时间的增加，人们参与体育运动以及休闲活动的时间越来越多，同时和体育运动相关的旅游产品也受到众多消费者的追捧，例如：近些年来的"马拉松热"以及"自行车热"等，这都是人们在满足物质生活之后，对于精神层面以及美好生活的追求和向往的表现。大熊猫国家公园作为独具中国特色的国家公园，其优美的自然环境，多元的文化特色等都有别于很多体育旅游目的地，具有其独特的吸引力，打造这一特色的体育旅游目的地，对于人们满足更高层次的需求也有着重要的意义。

---

① 李金容,陈元欣.创新推进民族地区体育旅游产业的策略：基于恩施土家族苗族自治州的调查与思考[J].中南民族大学学报(人文社会科学版),2020(3):140-144.
② 张华,李凌主编.智慧旅游管理与实务[M].北京:北京理工大学出版社,2017:7.

第三章 大熊猫国家公园体育旅游开发的障碍

第一节 缺乏空间规划的顶层设计

从宏观层面来看，大熊猫国家公园从陕西省，横穿甘肃省，再到四川省，东北至西南方向整体呈带状分布，但是局部又展现出片状、点状、段点式分布，加之核心保护区与一般控制区的划分在空间上更是毫无规律可循，其体育旅游开发需要面对这一空间复杂的现实；从微观层面来看，大熊猫国家公园体育旅游整体开发规划需要统筹园区内各个自然保护区、风景名胜区、水利风景区、森林公园等各级各类公园以及周边所涉及的入口社区、小镇的地理空间关系，这些体育旅游资源单体蕴含了最为典型的自然地理特色和人文历史风貌，形成了多元景观生态系统，因此体育旅游资源开发不可能将其中的资源单独割裂进行规划开发，而应该以体育旅游资源为核心，以整体优化原则为指导，统筹兼顾，全面考虑。

另外，大熊猫国家公园整个区域范围涉及了12个市（州）30个县（市、区），它们是消费者前往大熊猫国家公园各个体育旅游目的地参与体育旅游行为的主要集散地或中转站，在虚拟空间方面担任了资金流、信息流等传播的重要桥梁角色，在现实空间方面承担了交通流、物流等运输的重要纽带任务，通过对中转城市的空间规划，可以把这些城市串联起来，能够充分发挥各城市体育旅游基础设施服务的合力作用。

最后，任何经济的空间发展过程总是先在某一地域聚集，然后再向其他地域扩散。在发展的低级阶段，经济一般表现出集中发展的极核发展形态；在发展的高级阶段，经济一般表现出缩小地区间经济发展差距的全面发展形态。体育旅游在进行空间布局时应该以经济空间发展的自然规律为基础。因此，当经济水平处于低级阶段时，大熊猫国家公园体育旅游空间布局应该考虑优先发展某些具有自然、经济和社会条件优势的区域；而当经济发展到高级阶段时，其体育旅游空间布局应考虑重点发展具有竞争力的体育旅游项目，以形成扩散效应带动那些经济落后的区域，以缩小区域间经济差距。效率和协调是大熊猫国家公园体育旅游空间布局所必须考虑的问题，这是一个问题的两个方面，其目的都是为了保证大熊猫国家公园体育旅游持续稳定的发展。

但是，无论是从上述哪个出发点与落脚点来考虑，都表明目前大熊猫国家公园体育旅游开发缺乏从空间管理的角度进行顶层设计。

第二节　体育旅游产业协调度不高

一、体育旅游产业集聚效应低下

虽然大熊猫国家公园体育旅游资源禀赋极高，但是，由于园区内体育旅游产业起步晚、缺乏一批具有核心竞争力的本土体育旅游企业，导致目前大熊猫国家公园现有的体育旅游目的地、体育旅游示范基地、体育旅游精品赛事和精品线路等总量较少、影响力较弱；当前大熊猫国家公园仅有的体育旅游主产业规模较小，与园区内第一产业（农业、林业、渔业、畜牧业等）、第二产业（制造业等）、第三产业（文体娱乐业、商业、教育行业、康养业等）的产业间边界较为清晰，尚未形成大熊猫国家公园体育旅游产业协同发展的长效机制与高效模式，产业集聚效应低下，辐射带动效应都未形成。

二、体育旅游多产联动规模较小

社会化大生产要求劳动必须在广阔地域上进行分工和协作，大熊猫国家公园体育旅游开发也不例外，各区域需要根据自身特点形成专门化的体育旅游产业部门。大熊猫国家公园各区域不仅要聚焦于发展体育旅游专门化生产部门，还要围绕专门化生产部门发展一些相关产业（如辅助性产业部门或生活配套服务部门），以形成更为合理的大熊猫国家公园区域体育旅游产业结构，只有这样才能确保专业化生产部门的良好运行。随着分工的深化，区域生产专门化的提高，区域之间的协作自然也就越发重要，因此在进行大熊猫国家公园体育旅游产业发展的时候必须考虑到区域间的协作条件。

一方面，大熊猫国家公园体育旅游主产业自身动力不足，在资源利用、产品转化、市场开发等上都具有较大的局限性，主要表现为：（1）通过大型体育赛事及体育节庆活动带动观赛游的热潮，以推动竞赛表演业的发展，但是带动人群数量有限，行业对政府支持依赖度强。（2）在参与体育健身休闲活动方面，登山、徒步、骑行等体验度和参与度高，涉及人群广泛，但平均花费较低、产业经济效益较小；跳伞、滑翔、滑雪、自驾露营、高尔夫等专业化程度较高，受到中高端人群的青睐、市场规模较小。

另一方面，大熊猫国家公园体育旅游延伸产业后劲不足，尽管其山地运动、水上运动、冰雪运动等体育旅游主产业极具特色，但是，在体育平台产业、关联产业、要素产业和辅助产业方面的发展相对滞后。在体育平台产业方面，体育场地设施和景区在体育内容植入和选择方面缺乏专业化的指导，导致大熊猫国家公园内体育旅游景区、入口社区、特色小镇、体育场地设施、环境与服务等都未形成统一、协调；大熊猫国家公园体育旅游主产业与相关要素产业（餐饮、住宿、交通、商业、文娱）和关联产业（健康、教育、文化、销售、农业、制造业及特色产业）的融合度低，导致产业附加值较低，影响了体育旅游产业发展的规模和质量；同时，由于缺乏金融、地产、通信、物流、会展、中介、传媒等辅助产业的支撑，大熊猫国家公园体育旅游在统一管理、整合营销、商业运作、品牌打造、撬动融资、提质扩容等方面不能互联互通。

第三节　体育旅游产品转化不充分

一、产品体系较为模糊

由于大熊猫国家公园体育旅游产业协调度不高，协同发展中组织、市场、管理、协调尚未实现一体化，导致其在体育旅游产品转化方面尚未形成完善的产品体系。一是没有遵循大熊猫国家公园的整体性，忽略了体育旅游产品转化的综合性、分区性、层次性与多样性，主要表现为园区内风景名胜区、各级各类公园等没有对体育旅游线路进行合理科学性规划，体育旅游产品间的线路格局不明确、景点间的衔接不流畅，新建设的入口社区、特色小镇与各个风景名胜区、各级各类公园之间的互动不够，体育旅游的功能与价值定位尚未明确；二是大熊猫国家公园体育旅游空间发展定位不够清晰，产品资源优势没有得到充分体现，统一的体育旅游吸引物与服务设施等产品体系难以形成，一方面依托于科技、资本、人才要素的创意型大熊猫国家公园体育旅游项目匮乏，与体育旅游相关的"商、养、学、闲、情、奇"等产品元素转化缓慢，品质化体育旅游有待提高，另一方面大熊猫国家公园体育旅游公共服务基础设施、场地还达不到游客的要求，与国际先进标准还有差距，美誉度和满意度还有待提升。

二、产品转化深度不够

从体育旅游资源开发的角度来看，大熊猫国家公园体育旅游资源极为丰富，但是体育旅游资源纵深开发利用不够，尤其是自然旅游资源、人文旅游资源与体育旅游的融合度不够，体育旅游产品区域转化盲目模仿其他地域的项目，未能突显大熊猫国家公园体育旅游资源的区域性差异及地域特色优势，出现不同程度的体育旅游产品转化空泛化现象。从体育旅游活动组织的角度来看，大熊猫国家公园观赏性体育旅游产品的深层次开发力度不够，参与性体育旅游产品出现低水平重复性现象差异化和特色化明显不足，如大熊猫国家公园体育旅游节庆活动少且形式单调、民俗文化内涵深度挖掘不够、民俗活动与体育的有机融合欠缺等，出现较为显著的体育旅游产品转化空心化现象。大熊猫国家公园体育旅游产品转化深度不够势必会抑制其体育旅游产品的升级提档。

三、产品转化雷同频发

早在2016年，前国家旅游局与国家体育总局联合发布了《关于大力发展体育旅游的指导意见》旅发[2016]172号，该文提出以群众基础、市场发育较好的户外运动旅游为突破口，重点发展冰雪运动旅游、山地户外旅游、水上运动旅游、汽车摩托车旅游、航空运动旅游、健身气功养生旅游等体育旅游新产品。因此，我国国家公园体制确立之前，大熊猫国家公园体制试点探索之际，早期的体育旅游开发都是放权于各个区县、放责任于各个协会、放事于各个市场，缺乏统一的体育旅游资源统筹规划和体育旅游合作机构和议事制度，导致体育旅游开发整合跨区域资源受阻，错位发展受限，在地缘相接、文化一脉的区域环境下，未能突出重点、充分挖掘各自比较优势、强化功能互补性，各地雷同项目频发，体育旅游同质化和低端化现象普遍，未能形成差异化体育旅游发展的格局。对于当前的大熊猫国家公园来说，园区内各个区域产品同质化现象会缩小消费人群和辐射空间，造成大熊猫国家公园资源的浪费和产业效益低下，不利于全面提升大熊猫国家公园体育旅游的整体竞争力。

第四节 体育旅游市场开发效率低

大熊猫国家公园大部分区域体育旅游市场开发效率低下，尚未形成有效的盈利模式。从供给侧来看，大熊猫国家公园各个体育旅游景区中的大部分体育旅游产品是以观赏低水平开发的自然资源为主线，拥有享受性、参与性、娱乐性等特点的高质量体育旅游产品开发严重不足，而且旅游住宿、交通、餐饮等服务设施和大熊猫国家公园品牌严重脱节，缺乏体验内涵与延伸价值，尚未形成体育旅游产品品牌与国家公园、体育旅游企业品牌有机结合，以及国家公园、体育旅游企业、体育旅游产品的整合营销；从需求侧来看，大熊猫国家公园体育旅游细分市场单一，体育旅游精准营销欠缺，对目标客户群的培养和挖掘尚未得到充分重视，体育旅游社群营销薄弱，营销成本较高，且可持续性差，导致大熊猫国家公园大部分体育旅游产品与服务多频次、重复性的旅游消费人群不多，造成体育旅游产值不高。主要原因在于大熊猫国家公园不同体育旅游景区的体育旅游市场错综复杂，各旅游地情况也千差万别，对于体育旅游市场细分、体育旅游目标市场选择以及体育旅游市场营销策略还不能结合各地情况灵活运用。

第五节　管理体制与机制尚未理顺

大熊猫国家公园由各类保护地组成，这些保护地中，自然保护区由环境保护部门管理，风景名胜区由所在地县级以上人民政府的住房和建设部门管理，森林公园和湿地公园的管理权责口在县级以上地方人民政府的林业主管部门，国家地质公园则由国土资源部负责管理等。尽管大熊猫国家公园不断进行国家公园体制改革，但是由于归属关系复杂、管理部门众多等历史遗留或延续问题，大熊猫国家公园体育旅游的开发极易出现多头管理、执行不力、监管不到位、步调不一致等各种问题，要么过度保护、社会功能缺失，要么过度开发、环境保护不力，还没有形成国家公园建设与体育旅游发展良性循环运转模式。另一方面，大熊猫国家公园体育旅游管理的机制还不成熟，社区居民的体育旅游资源利用权力被忽略，甚至被孤立于园区的管理与活动之外，参与度较低，对于培育本地社区的获得感与主人翁意识还不够重视，不仅和国家公园的全民公益性相违背，也和生态系统保护、环境教育和参观游憩等主要社会功能这些建设初衷相违背。

第一节 美国国家公园户外游憩开发的经验

美国建立了世界上第一个国家公园，命名为"黄石国家公园"，至今为止，美国的国家公园已经发展了149个年头，其在不断地探索与发展中，已经建立了比较完善的发展模式以及管理体系。同时，美国国家公园在进行保护的同时，也开展了各种户外游憩活动和各种户外体育运动项目，打造出了众多知名旅游目的地以及经典的体育赛事。这对于我国大熊猫国家公园四川园区体育旅游的发展具有一定的借鉴意义。

一、户外游憩设施建设方面

美国国家公园在游憩方面发展取得了较好的成果，在相关设施的建设方面已经较为完善，本研究总结归纳了以下几个主要方面：

第一，国家步道系统：美国已经建立了较为完善的国家公园的步道系统，其中分为国家休闲步道、国家风景步道、国家历史步道、连接及附属步道等四个类别，美国国家公园步道与公路相连接，为游客的进入提供了便利性，在为公众提供最大户外娱乐潜力，提供观光便利，让其深入感受国家公园的魅力的同时，也能够更好地实现生态环境以及土地资源等的保护。

第二，信息解说设施：包括向导式解说系统和自导式解说系统，前者主要是人员解说，后者涵盖标志、指示牌、提示牌、多媒体、印刷品等多种类型，从入口处、游客中心、步道周边、表演看台等多个地方进行图片文字及语音的解说和提示，用于帮助游客欣赏和享受公园。此外还积极利用现代技术，建立虚拟教育中心，通过动画、影像制品等多种形式，增强游客体验感的同时，丰富其教育的手段。

第三，完善的预订网络系统：美国国家公园为游客提供了便捷的网络预定网站，其中包括比价网站、总价网站等等，在上边可进行景区门票、酒店餐饮、交通出行、抵达后的游玩项目等相关的预定，在为游客提供便利的同时，还能够为其更好地节约出行费用，提高出行的性价比。

第四，在住宿和餐饮方面：实行特许经营权，避免国家公园管理局和相关企业产生利益牵连。除了在园区外提供食宿之外，还在园区内建立了露营地、帐篷、小木屋、房车和遮阳棚等，并对该类设施的建设提出了严格的要求。此外，部分旅馆还配备了游泳池、健身房等供人们休闲娱乐的场所，让游客能够更加深入地融入国家公园之中，休养生息的同时，感受人文及自然景色的魅力，同时也实现了保护第一的理念。

二、户外游憩活动开展方面

美国国家公园在游憩活动开展方面，依托其所有的特色资源，在充分保护自然环境的前提下，制定了相关的活动规划以及规则，对于国家公园的保护和发展具有重要意义，本研究总结归纳了以下几个方面：

第一，美国国家公园依托其不同的自然资源，例如：湖滨、河流、森林、山脉、峡谷、雪域、沙漠、蔓草等，借助景观休闲道、游憩休闲区、观光步道等，积极鼓励在合理利用的前提下，开展划船、露营、滑雪、滑草、沙漠越野、徒步、探洞、攀岩等体育活动，实时对其进行检测和管控，还借助园内的自然和文化等多种元素开展不同形式的特色活动。例如：约塞米蒂国家公园的"印第安人田野活动日""火瀑布"、默塞德河的冬季体育运动狂欢节等。

第二，美国国家公园对于游憩线路和区域具有一定划分，对于设备的使用也提出了具体要求，例如：在特定的一些线路和区域，为参与者提供游憩活动所需的设备禁止个人私自携带，但若经过认定，也可携带进入，在这个过程中，国家公园管理局可收取适当场地和设备使用金。

第三，美国国家公园注重"寓教于游"，在国家公园之中，有着丰富的自然景观、人文景观以及珍稀的动植物等，这些都是开展教育的良好资源，在吸引着成年人进行游憩的同时，更能够吸引青少年的目光，将自然地理、环境保护、历史文化、民风民俗等贯穿其中，例如美国黄石国家公园开展了初级护林员、探险-黄石、野生动物教育-探险、寄宿和学习、现场研讨会等多种活动项目。

三、户外游憩活动管理方面

美国国家公园在众多国家公园游憩活动发展中具有领军性，在这一百多年探索和建设中，已经形成了较为成熟的管理机制，本研究总结归纳了以下几个方面：

第一，管理模式：美国国家公园是垂直管理的非营利机构，并有许多志愿者的参加；管理、规划等方面均由内务部国家公园管理局丹佛规划中心统一编制，并积极接受大众提出的合理化意见与建议、注重公共参与的能力；建设资金除了由政府直接拨款之外，还接受社会公益捐款；其监督机制是由上级主管部门与社会大众共同组成的。在管理中，美国国家公园重视公众的参与，听取公众的建议并且接受公众的监督。

第二，法律保障：美国国家公园管理部门对公园生态旅游活动管理的依据是一系列的国家公园法律法规，形成了以《国家公园基本法》为框架，以《原野法》《国家环境政策法》《原生自然与风景河流法》《清洁空气法》《清洁水资源法》《国家风景与历史游路法》等单行法为支撑的法律体系①。

第三，游客管理：其一，游客的安全管理，美国国家公园与商业搜救组织或机构合作，向参与者提供免费的搜救服务、配备紧急救护的药物以及伤员运输工具，为参与者提供了人身安全的保障。其二，游客流量的管理，美国国家公园对于游客流量进行严苛把控，一旦超出承载量，立即采取控制措施；其三，游客思维意识的培养，美国注重对游客自身的文化素养以及道德素质的培养，从孩童时代开始灌输，从而减少不良行为的发生。其四，积极运用现代科技对游客进行管理，运用GIS技术预测休闲机会、监测控制游客量、缓解游客和动植物冲突以及满意度调查等；运用GPS对游客以及动物的行为跟踪；运用大数据技术补充游客监测并为其提供相关信息等。

第二节 "美国经验"对大熊猫国家公园体育旅游开发的启示

一、紧跟政策导向，明确发展原则和目标

从美国国家公园游憩的有序发展中可以看出，坚持国家政策导向是根本，其保护第一的原则也与我国的发展理念不谋而合，只有在优先保护生态环境的前提下，才能使体育旅游得到长足的发展，只顾眼前利益是极其不明智的选择，因此我国国家公园在发展体育旅游时也应明确发展的目标及原则：

坚持保护优先的原则：《总体方案》中重点强调了"科学定位，整体保护"的原则，《试点方案》中也强调大熊猫国家公园的首要任务即加强以大熊猫为核心的生物多样性保护。在此基础上发展体育旅游，更应始终坚持保护优先的原则，在做足一切准

---

① 郭振.三江源国家公园生态旅游业发展路径分析[D].青海师范大学,2017.

备的同时，不断地摸索更好地开发方式和开发策略。合理的使用绿水青山，在可控的范围内开展体育旅游活动，为参与者提供体育旅游服务的同时，丰富环境教育的手段，使参与者形成尊重自然的理念和养成坚持负责任的行为。

树立可持续发展的目标：不论是针对大熊猫国家公园的发展，还是智慧旅游和体育旅游的发展，"可持续"的发展目标都是贯穿始终的。《总体方案》中提到，建立国家公园以实现"国家所有、全民共享、世代传承"为目标[①]。在《试点方案》中提出探索可持续的发展机制。可见，可持续发展在国家公园发展战略上是一个至关重要的目标。《中国智慧旅游城市（镇）建设指标体系》和《关于促进智慧旅游发展的指导意见》等文件都为引导和推动我国智慧旅游持续健康发展提出了一系列意见。习总书记曾言，"绿水青山就是金山银山"，那么只有保护好我们的绿水青山，金山银山才能常在，因此，大熊猫国家公园中发展体育旅游更要注重可持续发展的重要性，坚持保护优先，合理利用，才能够得到更加持续稳定的发展。

二、考虑多方需求，明确发展方向和策略

美国国家公园不论是在相关设施的建设，还是在活动开展等方面，都积极地考虑到参与者、企业、政府、社区居民等多方面的需求，并且有着浓厚的"人文主义"情怀。在我国，也讲究"以人为本"，人具有主观能动性，抓住人的心理、培养人的意识、发展人的技能等，都有助于国家公园体育旅游可持续的发展。

因需而制：明确发展的方向和策略的制定，要积极的探寻多个主体的需求。首先，相关政府和企业要通过互联网、各种信息平台、大数据等，搜集、整理、分析体育旅游市场的发展趋势以及广大参与者的需求，结合当地自然以及人文资源优势，精准定位环保、生态、低碳、健康的体育旅游发展方向和策略，让消费者在充分享受优质服务的同时，也能够从意识上形成绿色理念，可借助园区中的自然教育基地、研究中心、露营地等场所，开展数字虚拟体育旅游，例如：虚拟赛车、虚拟飞翔、虚拟漂流、虚拟滑雪等。既能让参与者在大熊猫国家公园的场景中体验不同体育运动的乐趣，又可以降低对生态环境的威胁；其次，还要考虑到当地社区居民的需求，一方面，在发展体育旅游时，要能够带动和促进当地经济的发展，实现脱贫与乡村振兴的愿景，另一方面，要注重将各种特色文化融入其中，打造"体育+文化"的体育旅游项目，在实现产品差异化的同时，也将当地特色文化进行传播，实现传承和创新优秀文化，可以通过大熊猫国家公园各层管理局等政府平台研发"大熊猫国家公园体育旅游一卡通"，此卡将大熊猫国家公园内及周边社区的各个景区进行串联，参与者在一个

① 中共中央办公厅国务院办公厅. 建立国家公园体制总体方案[EB/OL]. [2017-09-26]. http://www.gov.cn/zhengce/2017-09/26/content_5227713.htm.

第四章　美国国家公园户外游憩的经验与启示

区域进行体育旅游活动之后，可以低价或者免费浏览其他景区，从而带动多个区域协调发展。最后，要满足政府部门的需求和原则，在发展体育旅游的同时，注重相关教育类知识的融入。例如：科学文化知识、环境保护知识、安全防范知识等，可以设计积分制度，通过线上线下学习教育获得积分，可以兑换周边景点门票、纪念品、农副产品等，不仅对参与者进行知识传递，更要对当地居民进行知识的传授，从而实现保护与开发相统一的目标。

三、强化产业融合，明确发展方式和机制

美国国家公园在游憩发展中，设立了特许经营权，为企业的参与与发展提供了可能，同时也积极与科研机构和智慧人才合作。美国国家公园对公益性的注重，以及全民参与机制都值得我国借鉴，在结合我国国情的基础上，运用相关的理念，探索符合我国的发展方式和机制。

相比于美国国家公园而言，我国大熊猫国家公园四川园区不同区域发展不均衡，多数区域存在基础设施不完善、专业人才不充足、交通不便利、宣传不到位、管理不完善等问题，从而导致了这些区域内众多景点知名度不高，吸引力不强，同时原有的生态旅游、康养旅游等发展较为缓慢，导致了各方投资谨慎，资金融入困难。而要在四川园区中发展体育旅游，资金充足是十分必要，但是单靠政府的支持是远远不够的。当前，互联网、物联网等的迅猛发展，各种网站、APP、官方渠道、网络公益组织涌现，这都为四川园区发展体育旅游融资提供了更多的形式，并且人们的网络参与能力与环保意识也得到了很大的提升。在这样的大背景下，要充分利用智慧技术，加强区域联动，创新合作形式，打造网络公益，加强区域发展自信力，从而实现多渠道融资。加强互联网产业和实体产业融合，打造线上线下虚拟体验产品，虚拟现实以及人工智能的应用也为体育旅游增添了更多类型的产品，开发网络体育旅游项目或者附加产品，让参与者首先能够在手机或者平板电脑等进行虚拟产品的体验，同时形成一定认知。

第五章　大熊猫国家公园体育旅游开发的路径

　　广义的体育旅游开发则是指以发展体育旅游业为目的，以市场需求为导向，以体育旅游资源为核心，以发挥、改善和提高旅游资源对游客吸引力为着力点，在体育旅游资源调查与评价的基础之上，有组织、有计划地对体育旅游加以利用的综合性工程。研究从广义的体育旅游开发视角切入，提出大熊猫国家公园体育旅游开发路径主要包括空间布局、产业协同、产品转化、市场开发、制度保障与技术支持6个方面。空间布局是大熊猫国家公园体育旅游开发的逻辑起点，产业协同是大熊猫国家公园体育旅游开发的必由之路，产品转化是大熊猫国家公园体育旅游开发的核心任务，市场开发是大熊猫国家公园体育旅游开发的首要目的，制度保障与技术支持是大熊猫国家公园体育旅游开发的重要条件。（如图5-1）

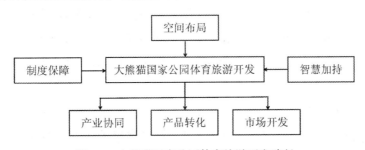

图5-1　大熊猫国家公园体育旅游开发路径

第一节 空间布局

一、大熊猫国家公园体育旅游空间布局的依据

（一）理论基础

从空间结构的视角来看，大熊猫国家公园是一个大范围的、不规整的、复杂化的自然资源管理区域，这决定了体育旅游资源开发具有显著的复杂性与限制性。但是，大熊猫国家公园在"试点—成立—建设"期间体现出了一定的"节点化"空间规律性：一是管理空间更加细化，如大熊猫国家公园成都片区细分为大邑片区、都江堰片区等；二是旅游景区改造升级，如西岭雪山景区引进"大熊猫国家公园品牌"、打造相关旅游基础设施等；三是入口社区（小镇）精细建设，如"大熊猫国家公园龙苍沟入口社区""卧龙熊猫生态特色小镇"等。因此，研究认为大熊猫国家公园体育旅游的发展符合"点—线—面"的空间结构生成与演变规律。

1. 增长极理论

增长极理论是由法国经济学家佩鲁在1950年首次提出，该理论认为经济增长以不同的强度首先出现于一些增长点或增长极上，然后通过不同的渠道向外扩散，并对整个经济产生不同的影响[①]。在区域经济增长过程中，某些主导部门或者有创新力的企业在特定区域聚集，从而形成一种资本和技术高度集中，增长迅速并且有显著经济效益的经济发展机制，由于其对临近地区经济发展同时有着强大的辐射作用，因此被称为"增长极"。增长极理论应用极为广泛，就体育旅游而言，主要应用于其空间结构、产业布局、发展模式和体育旅游业各相关部门不均衡发展等方面的研究，如姜付高和曹莉运用该理论研究全域体育旅游的内涵特征、空间结构与发展模式等[②]。

2. 点—轴理论

点—轴理论最初由波兰的萨伦巴和马利士提出，随后1984年我国著名学者陆大道先生基于中国宏观区域发展战略的研究，创造性地提出了"点轴渐进式扩散模式"[③]。从区域经济发展的过程看，经济中心总是首先集中在少数条件较好的区位，成斑点状分布。这种经济中心既可称为区域增长极，也是点轴开发模式的点。随着经济的发展，大大小小的经济中心（点）沿交通线路向不发达区域纵深地发展推移，并产生新的增长点，从而实现由点到轴，由轴带面，最终促进整个区域经济的发展。可以认为

---

① 杨公朴,夏大慰,龚仰军.产业经济学教程[M].上海:上海财经大学出版社,2008:250.

② 姜付高,曹莉.全域体育旅游:内涵特征、空间结构与发展模式[J].上海体育学院学报,2020,44(09):12-23+33.

③ 陆大道.我国区域开发的宏观战略[J].地理学报,1987,42(2):97-105.

点—轴理论是增长极理论聚点突破与梯度转移理论线性推进的完美结合。当前，已有许多学者运用"点-轴"理论探讨体育旅游资源空间分布特征、体育旅游产业布局等，如李燕和骆秉全运用该理论构建京津冀地区"一核、双城、三轴、四区、多节点"的体育旅游空间布局[①]；王灵恩和李浚硕等运用该理论研究了京张体育文化旅游带资源空间分布特征与产品转化路径等[②]。

（二）空间结构

大熊猫国家公园体育旅游资源开发的思路是"增长极"理论、"点-轴"理论的融合与升华。基于此，本研究构建出大熊猫国家公园体育旅游开发的空间结构（如图5-2）。

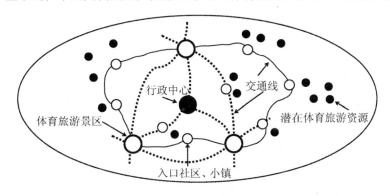

图5-2 大熊猫国家公园体育旅游开发的空间结构

增长极的作用主要表现为极化效应和扩散效应。初期，极化效应占主导，大熊猫国家公园体育旅游开发应当依托各个片区隶属的县（市、区）等行政中心，一方面，各个县（市、区）极化效应显著，资金、技术、人才、交通等生产要素聚集，另一方面，各县（市、区）从管理层面拥有丰富的体育旅游赛事、体育旅游活动等人文类体育旅游资源，体育旅游产业聚集性强；同时，大熊猫国家公园体育旅游开发应当依托现有的体育旅游景区，原因是品质较高的体育旅游景区自然资源丰富、区位条件优越、产业水平较高。当增长极发展到一定阶段后，极化效应将削弱，扩散效应将凸显。此时，大熊猫国家公园各个入口社区、小镇在行政中心以及体育旅游景区的辐射效应下，发挥中转站的功能与作用，主要提供特色住宿、特色餐饮、农副产品等附属体育旅游产品；随着扩散效应的不断加剧，各个入口社区、小镇体育旅游吸引力知名度逐步提升，资金、技术、人才大量涌入，基础设施不断完善，其逐步升级为新的体育旅游景区。随着新一轮的"极化—扩散"效应的发展，在各个入口社区、小镇的辐射效应下，潜在体育旅游资源被陆续开发，逐步渗透到大熊猫国家公园的一般控制区内，从而实现点与点之间的互动，形成点线结合、以点促面、共同发力的点轴开发模式。

① 李燕,骆秉全.京津冀全域体育旅游产业布局及协同发展路径研究[J].中国体育科技,2017,53(06):47-53+70.
② 王灵恩,李浚硕,吴小露,倪笑雯.京张体育文化旅游带资源空间分布特征与产品转化路径[J].北京体育大学学报,2021,44(04):13-24.

（三）布局依据

大熊猫国家公园体育旅游开发的空间结构能够表明，各个县（市、区）等行政中心、体育旅游景区、入口社区（小镇）和潜在体育旅游资源是大熊猫国家公园体育旅游空间布局的重要因素。由于入口社区、小镇刚刚开始规划及建设，体育旅游聚集效应尚未形成，以及潜在体育旅游资源的区域限制性较强，各个生产要素还不齐全，因此，大熊猫国家公园体育旅游空间布局只建立在大熊猫国家公园各片区隶属的县（市、区）经济概况、体育旅游产业以及园内相关体育旅游景区体育旅游资源禀赋的基础上。

二、大熊猫国家公园体育旅游景区资源评价

（一）资源评价对象的筛选

大熊猫国家公园按照管理目标、用途及管控强度，划分为核心保护区和一般控制区（如图5-3），核心保护区是大熊猫野生种群的高密度区域，严格禁止访客进入，严格禁止开发性、生产性建设活动，所以体育旅游资源开发行为只能在一般控制区进行。大熊猫国家公园是涵盖自然保护地最多的国家公园，仅四川片区就涵盖了体量巨大的自然保护地，这些自然保护地又交叉分布在各个县（市、区），范围广且区域分散，而体育旅游资源分散分布在各类自然保护地中。为了明晰大熊猫国家公园内体育旅游资源的空间关系，掌握体育旅游资源的分布格局，本研究从一般控制区范围内涵盖的自然保护地及其隶属的县（市、区）两方面对体育旅游资源进行考察与分析。

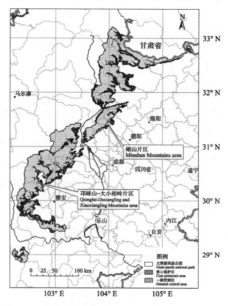

图5-3　大熊猫国家公园四川片区两区分划图

大熊猫国家公园四川片区一般控制区范围内涉及7个市（州）、20个县（市、区），自然保护地种类包括自然保护区、世界遗产地、森林公园、风景名胜区、地质公园和水利风景区等6类，涵盖58个自然保护地的保护区、实验区、缓冲区等部分区域。各个自然保护地之间交叉重叠，其中有大约三分之一的保护面积处于高度重叠状态（如图5-4）。四川大熊猫栖息地世界自然遗产地部分区域与卧龙等6个自然保护区、青城山—都江堰等5个风景名胜区重叠，黄龙世界自然遗产地部分区域与黄龙自然保护区、地质公园和风景名胜区重叠。

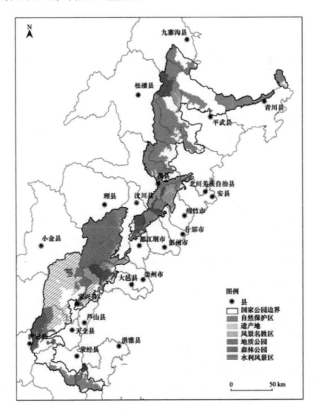

图5-4 大熊猫国家公园四川片区涉及县(市、区)涵盖的自然保护地分布
（来源：生态学报《大熊猫国家公园四川片区自然保护地空间关系对大熊猫分布的影响》）

本研究把松潘县的黄龙世界自然遗产地部分区域与黄龙国家级风景名胜区、黄龙国家地质公园、黄龙省级自然保护区归为一个自然保护地；彭州市的白水河国家级自然保护区、白水河国家森林公园归为一个自然保护地；安州区的千佛山国家自然保护区、千佛山国家级森林公园、千佛山风景名胜区归为一个自然保护地；洪雅县的瓦屋山国家森林公园、瓦屋山自然保护区、瓦屋山省级地质公园归为一个自然保护地；汶川县的四川大熊猫栖息地世界自然遗产地部分区域与卧龙国家级自然保护区归为一个自然保护地；都江堰市的四川大熊猫栖息地世界自然遗产地部分区域与青城山都江堰

风景区归为一个自然保护地；崇州市大熊猫栖息地世界自然遗产地部分区域和鸡冠山国家级森林公园、鸡冠山—九龙沟风景名胜归为一个自然保护地；大邑县西岭雪山风景名胜区、西岭国家森林公园归为一个自然保护地；天全县的二郎山国家森林公园、二郎山风景名胜区归为一个自然保护地；宝兴县的硗碛湖水利风景区、宝兴河自然保护区归为一个自然保护地。另外，把涉及绵竹市、和什邡市的九顶山自然保护区和涉及绵竹市的九顶山风景名胜区归为九顶山风景名胜区（绵竹）；把涉及彭州市、什邡市、绵竹市的龙门山国家地质公园和涉及彭州市的龙门山风景名胜区归为龙门山风景名胜（彭州）。通过筛选调整得出各县（市、区）所涉及的自然保护地数量，共43个，筛减15个。（如表5-1）

表5-1　大熊猫国家公园四川片区一般控制区各县（市、区）自然保护地

区县	自然保护地	数量
平武县	王朗国家级自然保护区、雪宝顶国家级自然保护区、小河沟省级自然保护区、龙池坪森林公园、关坝沟自然保护小区	5
青川县	唐家河国家级自然保护区、东阳沟自然保护区、毛寨自然保护区、阴平古道风景名胜区	4
汶川县	卧龙国家级自然保护区、草坡自然保护区、三江风景名胜区、汶川水墨藏寨水利风景	4
都江堰市	青城山都江堰风景名胜区、龙溪虹口国家级自然保护区、龙池国家森林公园	3
松潘县	黄龙国家级风景名胜区、白羊自然保护区、龙滴水自然保护区	3
茂县	宝顶沟自然保护区、九鼎山（茂县）风景名胜区、土地岭森林公园	3
彭州市	白水河国家级自然保护区、龙门山国家地质公园（彭州）	2
大邑县	西岭雪山风景名胜区、黑水河自然保护区	2
安州区	千佛山风景名胜区、安县生物礁国家地质公园	2
北川县	小寨子沟国家级自然保护区、北川国家森林公园	2
天全县	二郎山风景名胜区、喇叭河自然保护区	2
宝兴县	蜂桶寨国家级自然保护区、硗碛湖水利风景区	2
荥经县	龙苍沟国家森林公园、大相岭自然保护区	2
崇州市	鸡冠山国家级森林公园	1
绵竹市	九顶山风景名胜区（绵竹）	1
什邡市	蓥华山风景名胜区	1
洪雅县	瓦屋山国家森林公园	1
九寨沟县	勿角自然保护区	1
芦山县	灵鹫山风景名胜区	1
石棉县	栗子坪国家级自然保护区	1

从自然保护地数量和种类来看，平武县位居第一，其位于大熊猫国家公园四川片区的北端，纳入国家公园面积3323平方公里，占全县辖区面积55.6%，是大熊猫国家

公园建设的重点区域，素有"天下大熊猫第一县"的美誉。作为大熊猫国家公园的先行先示区，区域内拥有王朗、雪宝顶两个国家级自然保护区，小河沟省级自然保护区和龙池坪省级森林公园以及国家公园内唯一一个自然保护小区——关坝沟自然保护小区。青川县与汶川县数量并列第二，青川县是大熊猫国家公园四川片区的北入口，区域内拥有唐家河国家级自然保护区以及东阳沟、毛寨省级自然保护区、阴平古道省级风景名胜区；汶川县处于园区的中部，区域内拥有大熊猫栖息地世界自然遗产地部分区域、卧龙国家级自然保护区、草坡省级自然保护区、三江省级风景名胜区以及独具特色的水墨藏寨水利风景区。崇州、绵竹、什邡、洪雅、九寨沟、芦山、石棉都只有一个自然保护地，相对较少，但崇州的鸡冠山国家级森林公园、绵竹的九顶山风景名胜区、石棉栗子坪国家级自然保护区、洪雅的瓦屋山国家森林公园等均有相当高的知名度。其余区县仅有2~3个自然保护地。

（二）资源评价指标体系的构建

1. 评价指标体系构建的原则

（1）科学性原则

在构建大熊猫国家公园体育旅游景区资源评价指标时，要坚持科学的理论指导，将科学性原则作为构建评价指标体系的首要原则。在选取评价指标时，要采用科学的方法和态度、基于科学的分析进行准确的选取，避免指标选择的片面性。

（2）适用性原则

大熊猫国家公园体育旅游景区资源评价的目的是为了科学的认识体育旅游资源的特色、地域的分布组合状况、开发利用条件和价值等。因此，在评价指标的选择时，要根据大熊猫国家公园体育旅游资源评价的目的和区域体育旅游资源的实际情况进行有效选取，从而体现评价工作的适用性。

（3）综合性原则

一方面，体育旅游资源的价值和特性是多形式、多内容、多方面、多角度的；另一方面，体育旅游资源评价涉及市场、区位、承载力等开发条件以及会带来经济效益、社会效益、文化效益、生态效益等潜在开发价值，因此，在评价指标选取时要综合考虑价值与特性。

（4）代表性原则

在兼顾综合性原则的同时，为保证体育旅游资源评价工作切实可操作，选取的指标须具备代表性、典型性，要确保每个评价指标都能够直接准确的反应体育旅游资源的某一方面价值，避免多个指标重复评价一个因素的重叠情况。

（5）可操作性原则

在设置评价指标时，要尽量考虑到操作简单、易于实施，充分考虑数据和信息搜集的便利性，应当尽量避免使用难以获取和衡量标准不确定的指标，保证评价工作切实可行。

2. 评价指标体系构建的依据和步骤

（1）构建依据

为了更加完善旅游资源开发与保护、规划与建设等方面的工作，国家的有关部门颁布并实施了《旅游资源分类、调查与评价》（GB/T 18972-2003）这一国家标准。该标准中的旅游资源评价体系设置了"评价项目""评价因子"两个层级，主要从3个方面利用8个评价指标对旅游资源进行评分，并依据对旅游资源单体评价总分，将其划分为5个等级。其中，3个方面分别指资源的要素价值、资源的影响力、资源的附加值；8个评价指标分别指观赏游憩使用价值、历史文化科学艺术价值、珍惜奇特程度、规模丰度与概率、完整性、知名度和影响力、适游期或适用范围、环境保护与环境安全。总的来说，该国家标准并不完全适用于体育旅游资源的评价，原因在于该体系所涉及的维度对体育旅游资源的评价针对性不强，没有体现体育旅游中"体育元素"的某些特性。但在其评价体系的层次构建、因子选定和赋分方法等方面值得本研究借鉴和参考。

因此，本研究以国标为基准，以体育旅游资源的定义、价值功能为导向，总结前人对旅游资源、体育旅游资源的常用评价指标，再结合大熊猫国家公园体育旅游资源的实际情况，综合衡量选取指标。

（2）具体步骤

第一，充分遵循《旅游资源分类、调查与评价》（GB/T 18972-2003）的权威性，充分分析旅游资源评价指标体系，将其作为构建大熊猫国家公园体育旅游景区资源评价指标的重要依据。

第二，以体育旅游资源的概念、价值功能作为指标选取的宏观导向，分析体育旅游资源具备的各大要素。

第三，全面查阅文献，归纳总结前人对旅游资源、体育旅游资源评价指标的设定，对评价指标进行频度维度统计，构建经验性预选指标框。

第四，结合研究目的与大熊猫国家公园体育旅游资源的实际情况，对已归纳的指标进行筛选以及增加能够体现大熊猫国家公园体育旅游资源独特价值的指标，初步形成指标体系。

第五，制定大熊猫国家公园体育旅游景区资源评价指标筛选调查表（见附件A），通过现场调查回收和网络发放回收等形式，邀请四川地区旅游界和体育界学科领域的6位专家填写评价指标筛选调查表，结合专家意见进行反复对比和修改，最终从总目标层、评价综合层、评价项目层和评价因子层四个层面确定评价指标体系，分别构建一级指标4个，二级指标20个，三级指标50个。（如表5-2）

表 5-2　大熊猫国家公园体育旅游景区资源评价指标体系

总目标层（A）	一级指标（B）	二级指标（C）	三级指标（D）
大熊猫国家公园体育旅游景区资源评价 A	资源特性 B₁	知名度 C₁	世界知名度 D₁
			国内知名度 D₂
			区域知名度 D₃
		珍稀奇特程度 C₂	稀有性 D₄
			独特性 D₅
		规模与集聚性 C₃	规模度 D₆
			集聚度 D₇
		丰富性 C₄	资源多样性 D₈
			资源组合状况 D₉
	资源价值 B₂	游憩价值 C₅	观赏价值 D₁₀
			休闲娱乐价值 D₁₁
		科学价值 C₆	科学考察价值 D₁₂
			科普教育价值 D₁₃
		康体价值 C₇	健身价值 D₁₄
			养生价值 D₁₅
			康复治疗价值 D₁₆
		体育教育价值 C₈	D₁₇ 体育人文精神教育价值
			D₁₈ 体育文化知识教育价值
			体育运动技能教育价值 D₁₉
		文化价值 C₉	民间文化 D₂₀
			文化遗产 D₂₁
	开发条件 B₃	政策法规 C₁₀	政策导向 D₂₂
			行政法规 D₂₃
		市场需求 C₁₁	体育旅游客源市场 D₂₄
			体育旅游产品需求 D₂₅
		区位条件 C₁₂	地理位置 D₂₆
			交通条件 D₂₇
		基础设施服务 C₁₃	餐饮服务 D₂₈
			住宿服务 D₂₉
			娱乐服务 D₃₀
		施工条件 C₁₄	施工难易程度 D₃₁
			施工安全性 D₃₂
		资源容量 C₁₅	人口承载能力 D₃₃
			经济承载能力 D₃₄
			环境承载能力 D₃₅

总目标层(A)	一级指标(B)	二级指标(C)	三级指标(D)
	开发条件B_3	环境质量C_{16}	空气质量D_{36}
			气候适宜性D_{37}
			适游期D_{38}
	潜在开发价值B_4	经济效益C_{17}	景区经济收入D_{39}
			企业盈收D_{40}
			居民就业D_{41}
			相关产业的联动发展D_{42}
		社会效益C_{18}	提高社会文明程度D_{43}
			培育民众健康生活方式D_{44}
			增强社区凝聚力D_{45}
		生态环境效益C_{19}	多样性保护D_{46}
			原真性保护D_{47}
		文化效益C_{20}	文化保护D_{48}
			文化传承D_{49}
			文化创新D_{50}

3. 评价指标的确定

（1）总目标层的确定

该层为大熊猫国家公园体育旅游景区资源评价的总目标层，衡量大熊猫国家公园体育旅游资源的综合情况，所有的评价指标层都受总目标层支配，同时又服务于总目标层。

（2）评价综合层的确定

评价综合层又称宏观评价层，是大熊猫国家公园体育旅游景区资源评价指标体系的第一层。从宏观角度入手，结合体育旅游资源的概念以及体育旅游资源的价值属性，确定该层级的评价指标。体育旅游资源是指在自然界或人类社会中凡能对体育旅游者产生吸引力，并能进行体育旅游活动，为旅游业所利用且能产生经济效益、社会效益和生态效益的客体[①]。首先，体育旅游资源是否具有吸引力是旅游者出游的首要考虑因素之一，而吸引力又体现在体育旅游资源的游憩价值、康体价值、娱乐价值等多方面，所以选取资源价值作为评价综合层的指标之一。其次，体育旅游资源不仅具有内部的价值，还具有外在的一些特殊性质，且在不同的自然和社会环境下表现出不同的特性，如在区域的知名度，资源的珍稀奇特性和丰富性等，所以本研究将资源的特性纳入评价综合层。然后，体育旅游资源只有开发成体育旅游产品，具有吸引游客参

---

① 柳伯力,陶宇平. 体育旅游导论[M]. 北京:人民体育出版社,2003:66-67.

与其中的条件，使旅游者能开展体育旅游活动，才能实现其真正的价值，所以需要充分考虑是否具备相应的开发条件。最后，体育旅游资源的开发会给地方带来经济、社会、生态和文化等方面的效益，带动区域发展，所以衡量体育旅游资源是否具有潜在开发价值也很有必要。因此，本研究构建的体育旅游资源评价指标体系的综合层包含资源特性、资源价值、开发条件、潜在开发价值四个指标。

（3）评价项目层的确定

评价项目层又称中观评价层，是大熊猫国家公园体育旅游景区资源评价指标体系的第二层，是对上一层指标的推进和深化，也是从中观的角度确定大熊猫国家公园体育旅游景区资源评价指标。

A. 体育旅游资源特性

体育旅游资源特性是区别于体育旅游资源价值而具有的一些特殊的性质，是体育旅游资源的外在属性，能对体育旅游者产生吸引力，如体育旅游资源影响力、稀有性、奇特性等。另外资源的规模与集聚性、丰富性是资源的存在形态，也纳入体育旅游资源特性范畴。因此，把知名度、珍稀奇特程度、规模与集聚性、丰富性作为体育旅游资源特性的重要评价指标。

B. 体育旅游资源价值

体育旅游资源价值是指体育旅游资源自身所具有的价值属性，能对体育旅游者产生吸引力，主要体现在体育旅游资源的观光游览、科学考察、康体娱乐、体育教育、文化遗产等诸多方面，因此，把游憩价值、科学价值、康体价值、体育教育价值、文化价值作为体育旅游资源价值评价的重要评价指标。

C. 体育旅游资源开发条件

地方体育旅游资源开发需要相关的政策法规作为支撑，在开发时要充分考虑市场需求、区位条件、施工条件等基本开发条件以及周边的餐饮、住宿、娱乐等基础设施服务。另外，资源容量和环境质量也是对开发条件评价必不可少的指标，因为如果体育旅游资源的开发如果打破了资源的承载力、违背了环境保护的初衷，就不能对体育旅游资源进行利用开发。因此，把政策法规、市场需求、区位条件、基础设施服务、施工条件、资源容量、环境质量作为体育旅游资源开发条件的重要评价指标。

D. 体育旅游资源潜在开发价值

体育旅游资源潜在开发价值是指体育旅游资源开发给区域所带来的经济、社会、文化、生态方面的效益，如提高区域经济收入、促进居民就业、增强社区凝聚力、促进生态保护等。因此，把经济效益、社会效益、生态环境效益、文化效益作为体育旅游资源潜在开发价值的重要评价指标。

（4）评价因子层的确定

评价因子层指标层又称为微观评价层，是大熊猫国家公园体育旅游景区资源评价指标体系的第三层，是整个评价指标体系最细致的部分，也是大熊猫国家公园体育旅游资源评价的最终衡量指标。

A. 知名度

体育旅游资源的知名度是公众对体育旅游资源知晓及了解的程度，知名度是体育旅游者选择出游目的地的重要因素之一。体育旅游资源的知名程度体现在在世界上比较出名、在国内比较出名、在区域比较出名，因此，用世界知名度、国内知名度、区域知名度三个指标对体育旅游资源的知名度进行评价。

B. 珍稀奇特程度

珍贵的、稀少的、罕见的、独特的体育旅游资源体现出其资源特有的性质，将作为评价体育旅游资源特性的重要评价因子。珍惜奇特的体育旅游资源是吸引体育旅游者眼球的重要因素之一，例如体育旅游景观独特、体育旅游项目很少见、体育旅游活动很新颖等都会对体育旅游者产生很大吸引力。因此，选择稀有性和独特性两个指标对体育旅游资源的珍稀奇特程度进行评价。

C. 规模与集聚性

这里的规模与集聚性与传统的旅游资源中的含义不同，突出的是体育旅游资源的特性。规模是指体育旅游资源所能开展的体育旅游活动的面积或范围的大小。集聚性是指体育旅游资源与附近其他旅游资源的疏密程度，会对资源的吸引力产生影响。例如，开展漂流项目的水域资源与水域周边景观的组合、与水域附近城市特色景观的聚集度，会增加这个水域体育旅游资源的吸引力。因此，选择规模度和集聚度两个指标对体育旅游资源的规模与集聚性进行评价。

D. 丰富性

体育旅游资源的丰富性体现在区域内山地、水域、生物等体育旅游资源种类的丰富程度。体育旅游资源种类多，资源的组合越丰富，其对体育旅游者产生的吸引力越大。例如，相比于只有单一登山项目的山地体育旅游资源，体育旅游者更青睐于登山、露营、滑翔伞相结合的山地体育旅游资源以及登山、露营、温泉、漂流等山地与水域相结合的体育旅游资源。

E. 游憩价值

游憩是指人们在闲暇时间所进行的各种活动[1]，包括旅游、娱乐、运动、游戏以及具有一些文化现象的活动等[2]。体育旅游资源不仅具有旅游资源的观赏游览价值，还具有愉悦身心、休闲放松、消遣娱乐等休闲娱乐价值。观赏价值体现在参观体育游憩场所、民族、民俗体育活动、体育赛事、节庆活动以及欣赏生态美景等所带来的价值；休闲娱乐价值体现在游客在旅游的过程中参与体育类相关活动所带来得休闲娱乐、愉悦身心的价值。

---

[1] 保继刚. 旅游地理学[M]. 北京：高等教育出版社，1993：01.

[2] （加）史密斯（Smith, Stephen L. J.）著；吴必虎等译. 游憩地理学 理论与方法[M]. 北京：高等教育出版社，1992：02.

F. 科学价值

科学价值包含科学考察价值和科普教育价值。科学考察价值是指体育旅游资源是否具有科学研究功能，能否作为科教工作者、科学探索者现场研究的场所，这些场所通常是在自然保护区、自然环境区域、博物馆、纪念地等；科普教育价值是指通过科普场馆、科普教育基地、科普讲座、科普展览等方式，为体育旅游者提供了解相关历史文化、科学文化知识等方面的体育旅游活动。

G. 康体价值

康体价值是指体育旅游资源中具有健身、养生、康复治疗等功能与价值，在开展体育旅游活动时，能满足体育旅游者强身健体、康养身心以及康复、保健治疗等方面的需求。因此，用健身价值、养身价值、康复治疗价值三个指标对康体价值进行评价。

H. 体育教育价值

体育教育价值是指体育旅游资源所具备的教育功能，即通过身体活动进行的教育。体育旅游者在参与或者观赏体育旅游活动时，不仅可以掌握健身益智的知识、习得相关体育项目的运动技能，也会在一定意义上使自身的意志品质等心理素质和价值观得到增强。因此，将体育旅游资源在教育价值方面分为体育人文精神教育价值、体育文化知识教育价值、体育运动技能教育价值三个评价因子。

I. 文化价值

体育旅游文化价值是指体育旅游者在观赏体育旅游资源、参与体育旅游活动时所能感受到的，能对体育旅游者产生深远文化影响的价值。如参与少数民族民间体育运动比赛、通过体育旅游项目间接观赏世界文化遗产等。因此，将民间文化和文化遗产两项指标作为体育旅游资源文化价值的评价因子。

J. 政策法规

体育旅游资源的政策法规是体育旅游事业发展的根本依据，为体育旅游资源的开发和管理指引方向，保驾护航。体育旅游资源的政策法规主要体现在与体育旅游资源开发相关的利好政策以及相关政府部门发布的条例、办法、实施细则、规定等。因此，用政策导向和行政法规两个指标对体育旅游资源的政策法规进行评价。

K. 市场需求

体育旅游资源的开发需要以市场需求为导向，只有对目标市场进行准确定位之后才能开发出满足体育旅游者需求的体育旅游产品，稳定的客源市场是体育旅游业持续发展的动力。因此，从消费者的角度，选取体育旅游客源市场和体育旅游产品需求两个指标作为体育旅游市场需求的评价指标。

L. 区位条件

区位条件是指体育旅游资源所在区域的地理位置和交通条件。地理位置的优越性主要体现在体育旅游资源所在地方的经济发展水平、社会人文环境、体育旅游目的地群聚情况等方面；交通条件是指体育旅游资源所处地区的交通方便程度和可进入性。因此，选取地理位置和交通条件两个指标作为区位条件的评价因子。

M. 基础设施服务

基础设施服务是体育旅游者参与体育旅游活动的后勤保障，基础设施服务的质量直接影响体育旅游者的体验感，因此对基础设施服务条件进行评价显得尤为重要。基础设施服务评价主要是对餐饮服务、住宿服务和娱乐服务进行评价。餐饮服务是指餐饮质量、服务技能、服务态度、餐饮设施、就餐环境等条件；住宿服务是指住宿质量、服务技能、服务态度、酒店设施、住宿环境等条件；娱乐服务是指满足消费者需求的休闲娱乐项目及相关配套设施。

N. 施工条件

体育旅游资源开发的施工条件是决定资源能否开发的最直接因素，在体育旅游资源加工成体育旅游产品过程中需要对施工的难易程度和施工的安全性进行评价。有的体育旅游资源自身条件良好，很容易开发成体育旅游产品，如成都的九顶山具有天然的滑翔伞基地；而有些体育旅游资源开发成体育旅游产品存在极大的难度和安全隐患，当前的技术不足以指导体育旅游资源开发，则要考虑开发的可行性，如在一些悬崖开发蹦极、攀岩活动等。

O. 资源容量

资源容量是指在一定的条件下，体育旅游资源在人口、经济、环境方面的最大承载力。若超过了体育旅游资源物质和空间规模所能容纳的人口活动量、经济活动量、旅游活动量，则会对当地生态环境和经济发展以及游客体验产生影响。因此，选择人口承载能力、经济承载能力和环境承载能力三个指标作为资源容量的评价因子。

P. 环境质量

体育旅游资源存在的环境条件直接影响体育旅游者的体验感，对体育旅游者选择出游有决定性作用。主要体现在体育旅游资源空气质量的优劣、当地气候气象是否具有开展体育旅游活动的条件以及开展体育旅游活动的时间长短等方面。因此，把空气质量、气候适宜性、适游期三个指标作为环境质量的评价因子。

Q. 经济效益

体育旅游资源的开发不仅关系到景区门票、餐饮、住宿、交通、购物、娱乐等方面的收益；还关联到当地相关企业的营业收入、资产增值、利润增收所带来的效益；可以扩大居民就业机会、提供就业岗位、解决居民就业等问题；对串联和带动当地及周边地区第一、二、三产业发展带来很大价值，因此，有必要对体育旅游资源开发所带来的经济效益进行评价。将景区经济收入、企业盈收、居民就业、相关产业联动发展四个指标作为开发体育旅游资源所带来的经济效益评价因子。

R. 社会效益

体育旅游资源的开发可以培育社会文明精神、规范民众行为；培育民众健身生活意识和良好的生活习惯；增强当地社区民众自豪感、认同感和集体精神，所带来的社会效益显著。因此，有必要对体育旅游资源开发所带来的社会效益进行评价。将提高社会文明程度、培育民众健康生活方式、增强社区凝聚力三个指标作为开发体育旅游资源所带来的社会效益评价因子。

S. 生态环境效益

体育旅游资源的开发在一定程度上可以对区域内野生动植物种类、数量、质量保护以及对区域内山水林田湖草等原始自然生态环境保护发挥作用，可以激发人们对环境的保护意识。因此，有必要对体育旅游资源开发所带来的生态环境效益进行评价。将多样性保护和原真性保护两个指标作为开发体育旅游资源所带来的生态环境效益评价因子。

T. 文化效益

体育旅游资源开发可以对当地世界级、国家级、省级物质文化遗产和非物质文化遗产的挖掘与梳理、传习与继承、合理利用发挥作用。因此，有必要对体育旅游资源开发所带来的文化效益进行评价。将文化保护、文化传承、文化创新三个指标作为开发体育旅游资源所带来的文化效益评价因子。

4. 指标权重的确定

本研究确定指标权重是采用层次分析法，运用matlab软件对获取数据进行处理分析。具体步骤如下：

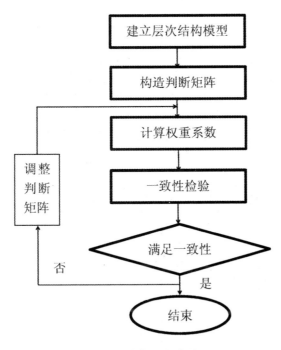

图 5-5　层次分析法的步骤

（1）构造判断矩阵

在建立的资源评价指标体系的基础上，制定了大熊猫国家公园体育旅游景区资源评价指标权重调查表（见附件B），通过发送电子邮件的形式，邀请四川地区旅游界和体育界学科领域的8位专家填写该权重调查表，进行指标之间相对重要性比较评分。在专家打分结束后，统计专家评分并计算评分值的几何平均数，作正规化处理，构造出判断矩阵A-B、B1-C、B2-C、B3-C、B4-C以及Ci-D（i=1，2，3，…，20）。（如表5-3）

表5-3　评价指标的判断矩阵

判断矩阵 A-B

A	B1	B2	B3	B4	权重 Wi	一致性检验
B1	1	1	2	3	0.3610	$l_{max} = 4.4463$, $CR = 0 < 0.1$, 通过一致性检验。
B2	1	1	3	1/2	0.2641	
B3	1/2	1/3	1	1	0.1447	
B4	1/3	2	1	1	0.2302	

判断矩阵 B1-C

B1	C1	C2	C3	C4	权重 Wi	一致性检验
C1	1	3	2	3	0.4314	$l_{max} = 4.1833$, $CR = 0.0687 < 0.1$, 通过一致性检验。
C2	1/3	1	1/4	2	0.1349	
C3	1/2	4	1	3	0.3326	
C4	1/3	1/2	1/3	1	0.1012	

判断矩阵 B2-C

B2	C5	C6	C7	C8	C9	权重 Wi	一致性检验
C5	1	4	3	4	4	0.4460	$l_{max} = 5.3771$, $CR = 0.0842 < 0.1$, 通过一致性检验。
C6	1/4	1	1/4	1/3	2	0.0788	
C7	1/3	4	1	3	4	0.2640	
C8	1/4	3	1/3	1	4	0.1529	
C9	1/4	1/2	1/4	1/4	1	0.0583	

判断矩阵 B3-C

B3	C10	C11	C12	C13	C14	C15	C16	权重 Wi	一致性检验
C10	1	3	4	5	5	5	6	0.3838	$l_{max} = 7.4520$, $CR = 0.0554 < 0.1$, 通过一致性检验。
C11	1/3	1	3	4	4	4	5	0.2353	
C12	1/4	1/3	1	4	4	4	5	0.1655	
C13	1/5	1/4	1/4	1	1	1	3	0.0612	
C14	1/5	1/4	1/4	1	1	1	3	0.0612	
C15	1/5	1/4	1/4	1	1	1	3	0.0612	
C16	1/6	1/5	1/5	1/3	1/3	1/3	1	0.0318	

判断矩阵 B4-C

B4	C17	C18	C19	C20	权重 Wi	一致性检验
C17	1	1/3	1/2	3	0.1761	$l_{max}=4.2153$, $CR=0.0806<0.1$, 通过一致性检验。
C18	3	1	3	3	0.4827	
C19	2	1/3	1	3	0.2472	
C20	1/3	1/3	1/3	1	0.0939	

判断矩阵 C1-D

C1	D1	D2	D3	权重 Wi	一致性检验
D1	1	3	5	0.6267	$l_{max}=3.0858$, $CR=0.0825<0.1$, 通过一致性检验。
D2	1/3	1	4	0.2797	
D3	1/5	1/4	1	0.0936	

判断矩阵 C2-D

C2	D4	D5	权重 Wi	一致性检验
D4	1	2	0.6667	$l_{max}=2.0000$, $CR=0.0000<0.1$, 通过一致性检验。
D5	1/2	1	0.3333	

判断矩阵 C3-D

C3	D6	D7	权重 Wi	一致性检验
D6	1	3	0.7500	$l_{max}=2.0000$, $CR=0.0000<0.1$, 通过一致性检验。
D7	1/3	1	0.2500	

判断矩阵 C4-D

C4	D8	D9	权重 Wi	一致性检验
D8	1	4	0.8000	$l_{max}=2.0000$, $CR=0.0000<0.1$, 通过一致性检验。
D9	1/4	1	0.2000	

判断矩阵 C5-D

C5	D10	D11	权重 Wi	一致性检验
D10	1	1/3	0.2500	$l_{max}=2.0000$, $CR=0.0000<0.1$, 通过一致性检验。
D11	3	1	0.7500	

判断矩阵 C6-D

C6	D12	D13	权重 Wi	一致性检验
D12	1	1/3	0.2500	$l_{max}=2.0000$, $CR=0.0000<0.1$, 通过一致性检验。
D13	3	1	0.7500	

判断矩阵 C7-D

C7	D14	D15	D16	权重 Wi	一致性检验
D14	1	3	4	0.6250	$l_{max}=3.0183$, $CR=0.0176<0.1$, 通过一致性检验。
D15	1/3	1	2	0.2385	
D16	1/4	1/2	1	0.1365	

判断矩阵 C8-D

C8	D17	D18	D19	权重 Wi	一致性检验
D17	1	2	3	0.5396	$l_{max} = 3.0092, CR = 0.0088 < 0.1$，通过一致性检验。
D18	1/2	1	2	0.2970	
D19	1/3	1/2	1	0.1634	

判断矩阵 C9-D

C9	D20	D21	权重 Wi	一致性检验
D20	1	2	0.6667	$l_{max} = 2.0000, CR = 0.0000 < 0.1$，通过一致性检验。
D21	1/2	1	0.3333	

判断矩阵 C10-D

C10	D22	D23	权重 Wi	一致性检验
D22	1	5	0.8333	$l_{max} = 2.0000, CR = 0.0000 < 0.1$，通过一致性检验。
D23	1/5	1	0.1667	

判断矩阵 C11-D

C11	D24	D25	权重 Wi	一致性检验
D24	1	3	0.7500	$l_{max} = 2.0000, CR = 0.0000 < 0.1$，通过一致性检验。
D25	1/3	1	0.2500	

判断矩阵 C12-D

C12	D26	D27	权重 Wi	一致性检验
D26	1	1/4	0.2000	$l_{max} = 2.0000, CR = 0.0000 < 0.1$，通过一致性检验。
D27	4	1	0.8000	

判断矩阵 C13-D

C13	D28	D29	D30	权重 Wi	一致性检验
D28	1	4	3	0.6250	$l_{max} = 3.0183, CR = 0.0176 < 0.1$，通过一致性检验。
D29	1/4	1	1/2	0.1365	
D30	1/3	2	1	0.2385	

判断矩阵 C14-D

C14	D31	D32	权重 Wi	一致性检验
D31	1	4	0.8000	$l_{max} = 2.0000, CR = 0.0000 < 0.1$，通过一致性检验。
D32	1/4	1	0.2000	

判断矩阵 C15-D

C15	D33	D34	D35	权重 Wi	一致性检验
D33	1	2	1/3	0.2493	$l_{max} = 3.0536, CR = 0.0516 < 0.1$，通过一致性检验。
D34	1/2	1	1/3	0.1571	
D35	3	3	1	0.5936	

判断矩阵 C16-D

C16	D36	D37	D38	权重 Wi	一致性检验
D36	1	1/5	1/3	0.1007	$l_{max}=3.0858, CR=0.0825<0.1$，通过一致性检验。
D37	5	1	4	0.6738	
D38	3	1/4	1	0.2255	

判断矩阵 C17-D

C17	D39	D40	D41	D42	权重 Wi	一致性检验
D39	1	3	1/3	4	0.2728	$l_{max}=4.2153, CR=0.0806<0.1$，通过一致性检验。
D40	1/3	1	1/3	4	0.1558	
D41	3	3	1	6	0.5116	
D42	1/4	1/4	1/6	1	0.0598	

判断矩阵 C18-D

C18	D43	D44	D45	权重 Wi	一致性检验
D43	1	3	4	0.6250	$l_{max}=3.0183, CR=0.0176<0.1$，通过一致性检验。
D44	1/3	1	2	0.2385	
D45	1/4	1/2	1	0.1365	

判断矩阵 C19-D

C19	D46	D47	权重 Wi	一致性检验
D46	1	3	0.7500	$l_{max}=2.0000, CR=0.0000<0.1$，通过一致性检验。
D47	1/3	1	0.2500	

判断矩阵 C20-D

C20	D48	D49	D50	权重 Wi	一致性检验
D48	1	1/4	3	0.2255	$l_{max}=3.0858, CR=0.0825<0.1$，通过一致性检验。
D49	4	1	5	0.6738	
D50	1/3	1/5	1	0.1007	

（2）计算权重系数

运用和积法，将判断矩阵的各列向量取几何平均，计算判断矩阵的特征根和特征向量。具体过程如下：

A.计算判断矩阵每一行元素的乘积 Mi

B.计算 Mi 的 n 次方根 $\overline{W}_i$，$\overline{W}_i = \sqrt[n]{M_i}$

C. 对向量 $W=[W_1,W_2,\cdots\cdots,W_n]^T$ 作归一化处理，$W_i = \dfrac{\overline{W}_i}{\sum\limits_{j=1}^{n}\overline{W}_j}$，则

$W = [W_1, W_2, \cdots\cdots, W_n]^T$ 即为所求的特征向量。

D. 计算判断矩阵最大特征根，$\lambda_{\max} = \sum_{i=1}^{n} \dfrac{(AW)_i}{nW_i}$，其中 $(AW)_i$ 表示向量 AW 的第 i 个元素。

上述所有公式中 i 为第 i 个元素值，n 为矩阵阶数，W 为向量即权重值。

（3）一致性检验

因为获取的数据具有一定的复杂性和主观性，因此需要对判断矩阵进行一致性检验，以避免发生太大偏差，保证分析结果的合理性。用随机一次性比率 CR 值来衡量判断矩阵是否具有一致性。如果存在着随机一致性比率 CR<0.10，就认为此判断矩阵有令人满意的一致性，否则需要进行适当调整。

计算一致性指标 CI（Consistency Index）、随机一致性指标 RI（Random Index）和一致性比例 CR（Consistency Ratio）：

计算随机一致性比率 CR 公式：

$$CR = \frac{CI}{RI}$$

计算一致性指标 CI：

$$CI = \frac{\lambda_{\max} - n}{n - 1}$$

计算随机一致性指标 RI（取值如表5-4）：

表5-4　一致性检验RI值

n	2	3	4	5	6	7	8	9	10	11
RI	0	0.58	0.90	1.12	1.24	1.32	1.41	1.45	1.49	1.51

根据表5-4可以看出，在对评价指标的判断矩阵进行一致性检验时，一致性指标 CI 的值基本都小于0.10，满足矩阵的一致性要求，因此本研究指标的权重值是有效的。

（4）权重层次排序

层次排序，可分为层次单排序和层次总排序。所谓层次单排序是指对于上层某因素而言，本层次各因素的重要性的排序。层次总排序是确定某层所有因素对于总目标相对重要性的排序权重值过程，这一过程是从最高层到最底层依次进行的。对于最高层而言，其层次单排序的结果也就是总排序的结果。大熊猫国家公园体育旅游景区资源评价指标权重层次排序。（如表5-5）

表 5-5　大熊猫国家公园体育旅游景区资源评价指标权重表

一级指标	权重	二级指标	权重	三级指标	权重	总权重
B1 资源特性	0.3610	C1 知名度	0.4314	D1	0.6267	0.0976
				D2	0.2797	0.0436
				D3	0.0936	0.0146
		C2 珍稀奇特程度	0.1349	D4	0.6667	0.0325
				D5	0.3333	0.0162
		C3 规模与集聚性	0.3326	D6	0.7500	0.0901
				D7	0.2500	0.0300
		C4 丰富性	0.1012	D8	0.8000	0.0292
				D9	0.2000	0.0073
B2 资源价值	0.2641	C5 游憩价值	0.4460	D10	0.2500	0.0294
				D11	0.7500	0.0883
		C6 科学价值	0.0788	D12	0.2500	0.0052
				D13	0.7500	0.0156
		C7 康体价值	0.2640	D14	0.6250	0.0436
				D15	0.2385	0.0166
				D16	0.1365	0.0095
		C8 体育教育价值	0.1529	D17	0.5396	0.0218
				D18	0.2970	0.0120
				D19	0.1634	0.0066
		C9 文化价值	0.0583	D20	0.6667	0.0103
				D21	0.3333	0.0051
B3 开发条件	0.1447	C10 政策法规	0.3838	D22	0.8333	0.0463
				D23	0.1667	0.0093
		C11 市场需求	0.2353	D24	0.7500	0.0255
				D25	0.2500	0.0085
		C12 区位条件	0.1655	D26	0.2000	0.0048
				D27	0.8000	0.0192
		C13 基础设施服务	0.0612	D28	0.6250	0.0055
				D29	0.1365	0.0012
				D30	0.2385	0.0021
		C14 施工条件	0.0612	D31	0.8000	0.0071
				D32	0.2000	0.0018
		C15 资源容量	0.0612	D33	0.2493	0.0022
				D34	0.1571	0.0014
				D35	0.5936	0.0053
		C16 环境质量	0.0318	D36	0.1007	0.0005
				D37	0.6738	0.0031
				D38	0.2255	0.0010

第五章　大熊猫国家公园体育旅游开发的路径

一级指标	权重	二级指标	权重	三级指标	权重	总权重
B4潜在开发价值	0.2302	C17经济效益	0.1761	D39	0.2728	0.0111
				D40	0.1558	0.0063
				D41	0.5116	0.0207
				D42	0.0598	0.0024
		C18社会效益	0.4827	D43	0.6250	0.0694
				D44	0.2385	0.0265
				D45	0.1365	0.0152
		C19生态环境效益	0.2472	D46	0.7500	0.0427
				D47	0.2500	0.0142
		C20文化效益	0.0939	D48	0.2255	0.0049
				D49	0.6738	0.0146
				D50	0.1007	0.0022

(三)资源定量评价

1. 评价指标赋分方法

采用模糊数学十分制的记分方法,以大熊猫国家公园43个景区为对象,制定模糊评价打分问卷,对其展开定量评价。根据评价因子层指标对体育旅游资源开发的影响程度,把每个评价因子指标作模糊等级划分,依次是极高、高、一般、低、极低,在此基础上对各个等级赋以不间断的实数区间表示指标分值的变化,每个等级赋以两分分值,分别是[10,8)、[8,6)、[6,4)、[4,2)、[2,0),案例如下:

表5-6 评价指标赋分

层级	评价指标	指标内涵	评分等级(分值)					评分值
			[10,8)	[8,6)	[6,4)	[4,2)	[2,0)	
综合层	资源特性	体育旅游资源所具有的知名度、珍稀奇特程度、规模与集聚性、丰富性等特有的性质	极高	高	一般	低	极低	
	资源价值	体育旅游资源自身所具有的功能和属性及其对个体产生的价值	极高	高	一般	低	极低	
	开发条件	大熊猫国家公园体育旅游资源开发的政策法规、市场需求、区位条件、基础设施服务、施工条件、资源容量、环境质量条件	极高	高	一般	低	极低	
	潜在开发价值	指大熊猫国家公园体育旅游资源开发对所在地发展潜在的经济效益、社会效益、生态环境效益和文化效益	极高	高	一般	低	极低	

2. 资源综合评价模型

每个景区的综合评分值运用以下数学模型得出:

$$C_i = \sum_{i=1}^{n} S_{ij} \cdot W_j$$

公式中: C_i 为第 i 个评价景区的综合得分, S_{ij} 为第 i 个评价景区在第 j 个评价因子的模糊系数, W_j 为第 j 个评价因子的权重值。

以青城山都江堰风景名胜区为例,计算出每位评分者对该景区每项评价指标评分值的算数平均数,然后乘以每项指标的权重值,求和即为该景区综合评价值。

3. 资源评价等级划分

将大熊猫国家公园体育旅游景区资源依照《旅游资源分类、调查与评价》(GB/T 18972-2003)中关于旅游资源评价等级的划分标准,划分为五个等级。(如表5-7)

表5-7　大熊猫国家公园体育旅游景区资源评价等级划分标准

等级	得分值域	品类
五级体育旅游资源	≥9分	特品级体育旅游资源
四级体育旅游资源	[7.5,9)分	优良级体育旅游资源
三级体育旅游资源	[6,7.5)分	优良级体育旅游资源
二级体育旅游资源	[4.5,6)分	普通级体育旅游资源
一级体育旅游资源	[3,4.5)分	普通级体育旅游资源
未获等级体育旅游资源	≤2.9分	—

其中,特品级体育旅游资源较为稀少;优良级体育旅游资源开发价值较大,可进行优先重点开发;普通级体育旅游资源的开发价值一般,可稍缓进行开发或者作为潜力资源进行培养,未获得等级体育旅游资源当前不具备开发可行性,应尽量避免开发。

4. 资源综合评价结果

采用问卷调查的方式,邀请体育和旅游领域的专家10人填写43个景区的体育旅游资源定量评价指标模糊评分表(见附件C),获得10份大熊猫国家公园体育旅游资源的模糊评分值,计算出每个景区评分值的几何平均数。根据大熊猫国家公园体育旅游景区资源综合评价模型,结合指标权重和平均评分值,计算出43个景区每项指标的综合评值。(如表5-8)

表5-8　大熊猫国家公园体育旅游景区资源定量评价综合结果

景区	分数	等级
青城山都江堰风景名胜区	9.2461	
龙池国家森林公园	9.2013	五级≥9分
卧龙国家级自然保护区	9.1382	
黄龙国家级风景名胜区	9.0254	

景区	分数	等级
西岭雪山风景名胜区	8.9325	四级[7.5,9)分
王朗国家级自然保护区	8.9256	
唐家河国家级自然保护区	8.7337	
龙溪虹口国家级自然保护区	8.6351	
雪宝顶国家级自然保护区	8.3897	
蜂桶寨国家级自然保护区	8.1464	
栗子坪国家级自然保护区	7.9725	
二郎山风景名胜区	7.7208	
三江风景名胜区	7.7012	
九鼎山(茂县)风景名胜区	7.5324	
鸡冠山国家级森林公园	7.5091	
龙苍沟国家森林公园	7.5002	
瓦屋山国家森林公园	7.3587	三级[6,7.5)分
小河沟省级自然保护区	7.1394	
千佛山风景名胜区	7.0546	
灵鹫山风景名胜区	6.8732	
九顶山风景名胜区(绵竹)	6.5473	
龙门山国家地质公园(彭州)	6.3147	
蓥华山风景名胜区	6.2326	
龙池坪森林公园	6.1751	
汶川水墨藏寨水利风景区	6.0792	
北川国家森林公园	6.0126	
毛寨自然保护区	5.9319	二级[4.5,6)分
喇叭河自然保护区	5.6972	
小寨子沟国家级自然保护区	5.6768	
硗碛湖水利风景区	5.4710	
安县生物礁国家地质公园	5.3130	
阴平古道风景名胜区	4.9462	
土地岭森林公园	4.9435	
宝顶沟自然保护区	4.7994	
大相岭自然保护区	4.6320	

景区	分数	等级
白羊自然保护区	4.3322	
白水河国家级自然保护区	4.1671	
关坝沟自然保护小区	4.0467	
东阳沟自然保护区	3.9586	
黑水河自然保护区	3.9184	一级[3,4.5)分
勿角自然保护区	3.8899	
草坡自然保护区	3.3916	
龙滴水自然保护区	3.2402	

三、大熊猫国家公园各县（市、区）产业分布

除了体育旅游景区，各县（市、区）的经济概况及体育旅游产业同样是大熊猫国家公园体育旅游空间布局的重要因素。一方面，研究需要分析各县（市、区）的体育旅游产业分布情况，其与大熊猫国家公园体育旅游空间布局有着直接的关系；另一方面，研究需要分析各县（市、区）其他相关产业的分布情况，能够通过经济概况的形式反映出各县（市、区）资金、技术、人才、交通等生产要素聚集情况，从而为大熊猫国家公园体育旅游空间布局提供参考。

（一）体育旅游产业分布

国家统计局发布的《体育产业统计分类（2019）》将体育旅游服务定义为观赏性体育旅游活动（如观赏体育赛事、体育节、体育表演等内容的旅游活动），组织体验性体育旅游活动的旅行社服务，以体育运动为目的的旅游景区服务，以及露营地、水上运动码头、体育特色小镇、体育产业园区等的管理服务。因此，本研究从"观赏性"和"体验性"两个直接层面对大熊猫国家公园各县（市、区）的体育旅游产业进行统计。（如表5-9）

表5-9　大熊猫国家公园各县（市、区）体育旅游产业分布情况

市（州）	县（市、区）	体育旅游产业分布情况
成都市	都江堰市	白沙河漂流；龙溪虹口山地运动；龙溪虹口水上乐园；青城山山地运动；龙池冰雪运动；都江堰森林公园山地运动；都江堰滑翔伞。 都江堰虹口国际自然水域漂流大赛；友格大学生帐篷节（都江堰虹口高原河谷站）；都江堰虹口国际漂流节暨国际漂流大奖赛；青城山都江堰风景名胜区 Haute Route 大青城自行车赛；青城山摇滚马拉松；青城山双遗马拉松；青城山高尔夫"会员杯"邀请赛；都江堰龙池森林公园龙池冰雪节；熊猫山径越野赛；中国短道拉力锦标赛（成都都江堰站）。

市(州)	县(市、区)	体育旅游产业分布情况
成都市	彭州市	银厂沟丛林探险;蟠龙谷徒步露营;九峰山森林探险;彭州宝山丛林穿越;太阳湾森林公园徒步观光。 彭州龙门山国际山地户外挑战赛;龙门山国际户外生态三项赛。
	崇州市	鸡冠山高山滑雪滑草;鸡冠山森岭公园户外运动;九龙峡漂流。
	大邑县	黑水河自然保护区露营;西岭雪山滑雪运动;西岭雪山滑草运动;西岭雪山峡谷漂流;西岭雪山热气球;西岭森林公园徒步露营。 西岭雪山风景名胜区"南国冰雪节";世界雪日暨国际儿童滑雪节;西岭雪山·雪搏大师邀请赛。
雅安市	石棉县	栗子坪徒步观光;栗子坪民族特色小镇-彝族火把节。
	荥经县	龙苍沟山地户外运动;茶马古道徒步越野。 龙苍沟山地车骑行活动;龙苍沟森林马拉松;龙苍沟森林国际速滑比赛;龙苍沟森林露营活动;环茶马古道雅安(国际)公路自行车赛(荥经段);四川森林文化旅游节;四川红叶生态旅游节。
	天全县	二郎山高山滑雪;二郎山森林拓展;二郎山户外运动;喇叭河漂流。 二郎山冰雪节;四川天全国际越野赛(申办中);二郎山文创旅游节;二郎山红叶节。
	芦山县	灵鹫山户外运动拓展基地;大川河生态露营区。 环茶马古道雅安(国际)公路自行车赛(芦山段);芦山大川河道越野T3赛。
	宝兴县	蜂桶寨探险旅游;蜂桶寨登山旅游;硗碛湖水利风景区徒步登山;硗碛湖水上公园;宝兴河山地户外运动;宝兴河滑雪滑草场。 中国长征汽车拉力赛(宝兴站);宝兴环硗碛湖山地自行车邀请赛;宝兴人孚杯钓鱼比赛;中国宝兴大熊猫文化旅游节;神木垒藏族民间体育运动比赛;中国夹金山南国冰雪节。
阿坝州	汶川县	三江徒步野营;甘海子徒步;卧龙自然保护区(草坡区)高山体能训练基地。 汶川半程马拉松。
	茂县	太子岭滑雪场;九鼎山滑草运动;九顶山露营俱乐部;土地岭徒步。 九鼎山全球越野挑战赛;九鼎山西南滑雪挑战赛;世界雪日暨国际儿童滑雪节;川西海子超级山地马拉松;净土阿坝·红色长征汽摩拉力赛(茂县段);九鼎山百公里全球越野挑战赛;新浪杯高山滑雪公开赛(太子岭站)。
	松潘县	奇峡沟冰雪欢乐谷;松潘上磨318自驾营地;象雄扎嘎野奢营地;大美草原镰刀坝游牧合作社骑马场。 凯乐石·川藏队雪宝顶攀登活动;"净土阿坝,红色长征"汽摩拉力赛(松潘段);大寨乡赛马活动。
	九寨沟县	九寨沟自驾游帐篷营地;九寨沟爱情海景区漂流;九寨沟天空的寨子户外营地。 黄龙极限耐力赛;"熊猫家园·净土阿坝"活动。

市(州)	县(市、区)	体育旅游产业分布情况
绵阳市	安州区	千佛山漂流;千佛山露营;千佛山水上乐园。 安州区环山环湖自行车公开赛。
	北川县	小寨子沟漂流;北川森林公园露营;北川森林公园徒步。 药王谷森林露营节。
	平武县	小河沟露营;王朗山地户外运动;王朗冰雪童话小镇;王朗游艇体验;王朗直升机观景;雪宝顶山地户外运动;龙池坪野营。 虎牙冰雪节。
德阳市	绵竹市	九顶山鸡爪棚露营地;九顶山花海露营;九顶山ATV越野;九顶山山地自行车骑行;九顶山高山洞穴;九顶山文镇大峡谷;九顶山花海徒步观光;九龙山滑草场;九龙山攀岩;九龙山滑翔伞基地。 中国自行车联赛(四川·绵竹站);九顶山户外体育运动节;山地自行车专业邀请赛;风景中国自行车联赛(绵竹站)暨环龙门山骑游活动;全国滑翔伞定点联赛(四川绵竹站);"历经风雨,终见彩虹"抗击疫情主题定向活动暨四川绵竹九龙山定向赛。
	什邡市	蓥华山水世界;蓥华山山地运动。 "红枫岭杯"自行车挑战赛;龙门山健身操绿道赛;福玛特车迷嘉年华四川什邡站山地自行车公开赛。
眉山市	洪雅县	瓦屋山户外运动;瓦屋山滑雪场;玉屏山户外运动基地;玉屏山营地垂钓俱乐部。 瓦屋山四川冰雪和温泉旅游节;玉屏山国际长板速降公开赛;"玉屏山杯"四川省滑翔伞锦标赛。
广元市	青川县	唐家河全国中小学生研学教育实践基地;阴平村生态农业体验观光休闲基地;毛寨自然保护区探险;唐家河山地户外运动。 中国·青川国际半程马拉松赛;"绿色环保,低碳节能"骑行宣传活动;"保护大熊猫,建好国家公园——徒步静语·守护竹林隐士"华侨城·青川唐家河公益活动。

(二)其他相关产业分布

体育旅游产业是体育产业与旅游产业经历了产业布局、产业集聚与产业融合等一系列产业演变形成的新型产业形态。体育产业较具抽象性,为社会提供体育产品的同一类经济活动的集合以及同类经济部门的综合便是体育产业。旅游产业则是包括食、住、行、游、购、娱、体等要素。作为新业态的体育旅游产业则是集体育产业和旅游产业要素于一体,包括以体育为载体,向消费者提供各种旅游产品与服务的生产与经营活动,如住宿餐饮业、交通运输业、观赏娱乐业等。因体育旅游产业本身是由多种行业构成的一个产业群体,具有综合性和依托性,这决定体育旅游产业必然是高度关联的。这种关联性不仅体现在直接为体育旅游者提供产品和服务的行业,也涉及到间接为体育旅游者提供产品和服务的行业,如园林、纺织、外贸、邮电、地产、食品等。由于体育旅游业的发展关联到各个方面,分门别类统计难度较大,也并非本研究

第五章 大熊猫国家公园体育旅游开发的路径

的重点论题。因而将各县（市、区）地区生产总值作为侧面反映的数据，同时也能反映各县（市、区）资金、技术、人才、交通等生产要素聚集情况。（如表5-10）

表5-10　大熊猫国家公园各县（市、区）地区生产总值表（2021年）

市	县(地级市)	地区生产总值(亿元)
成都市	都江堰市	484.28
	彭州市	602.00
	崇州市	442.59
	大邑县	317.40
雅安市	石棉县	114.13
	荥经县	82.75
	天全县	78.95
	芦山县	57.14
	宝兴县	38.56
阿坝州	汶川县	81.95
	茂县	48.70
	松潘县	28.59
	九寨沟县	33.10
绵阳市	安州区	218.26
	北川县	88.11
	平武县	63.54
德阳市	绵竹市	376.85
	什邡市	409.20
眉山市	洪雅县	140.62
广元市	青川县	56.66

四、大熊猫国家公园体育旅游空间总体布局

（一）理论基础

梯度理论源自弗农提出的产品生命周期理论[1]。该理论认为工业各部门及各种工业产品都处于生命周期的不同发展阶段，即经历创新、发展、成熟、衰退等四个阶段。此后，区域经济学家将这一理论引入到区域经济学中，便产生了区域经济发展梯度理论。目前，该理论多用于对区域经济的研究，其中包括区域旅游经济。刘湘，彭豪将

---

[1] VEMON R. International investment and international trade in Product[J]. Quarterly Journal of Economics, 1966, 80（2）: 190-207.

梯度理论运用于大旅游区建设之中，试图解释梯度推移的扩散效用和极化效用在旅游景区建设中的作用[①]。笪玲创新性地将广义梯度理论应用于乡村旅游发展中，将重庆璧山县分为划分为3个梯度，划分依据是资源分布状况、交通区位条件与旅游企业情况[②]。本研究将梯度理论作为大熊猫国家公园体育旅游空间布局的理论依据，能够从宏观层面把握大熊猫国家公园的体育旅游景区资源、各县（市、区）体育旅游产业及相关产业之间的组合情况。

（二）梯度划分

结合大熊猫国家公园各县（市、区）体育旅游产业分布情况和地区生产总值，将其划分出大熊猫国家公园体育旅游开发高梯度地区和低梯度地区。其中，高梯度地区包括都江堰市、彭州市、大邑县、绵竹市、洪雅县5个地区；低梯度地区包括崇州市、石棉县、荥经县、天全县、芦山县、宝兴县、汶川县、茂县、松潘县、九寨沟县、安州区、北川县、平武县、什邡市、青川县15个地区。（如表5-11）

表5-11　大熊猫国家公园体育旅游开发高梯度地区和低梯度地区

梯度划分	县（地级市）
高梯度地区	都江堰市、彭州市、大邑县、绵竹市、洪雅县
低梯度地区	崇州市、石棉县、荥经县、天全县、芦山县、宝兴县、汶川县、茂县、松潘县、九寨沟县、安州区、北川县、平武县、什邡市、青川县

将大熊猫国家公园体育旅游开发高梯度地区和低梯度地区分别与大熊猫国家公园体育旅游景区资源评分等级进行组合。（如表5-12，表5-13）

表5-12　高梯度地区对应的不同资源等级景区

高梯度地区	Ⅴ级	Ⅳ级	Ⅲ级	Ⅱ级	Ⅰ级
都江堰市	青城山都江堰风景名胜区、龙池国家森林公园	龙溪虹口国家级自然保护区	——	——	——
大邑县	——	西岭雪山风景名胜区	——	——	黑水河省级自然保护区
彭州市	——	——	龙门山国家地质公园(彭州)	——	白水河国家级自然保护区
绵竹市	——	——	九顶山风景名胜区(绵竹)	——	——
洪雅县	——	——	瓦屋山国家森林公园	——	——

① 刘湘,彭豪.基于梯度推移理论下的大旅游区构建——以江西庐山大旅游区的建设为例[J].商场现代化,2006（32）:228-229.
② 笪玲.基于"广义梯度理论"的乡村旅游发展途径分析——以重庆市璧山县为例[J].南方农业学报,2012,43(04):544-547.

第五章　大熊猫国家公园体育旅游开发的路径

表 5-13　低梯度地区对应的不同资源等级景区

低梯度地区	V级	IV级	III级	II级	I级
汶川县	卧龙国家级自然保护区	三江风景名胜区	汶川水墨藏寨水利风景区	——	草坡自然保护区
松潘县	黄龙国家级风景名胜区	——	——	——	白羊自然保护区、龙滴水自然保护区
平武县	——	王朗国家级自然保护区、雪宝顶国家级自然保护区	龙池坪森林公园、小河沟省级自然保护区	——	关坝沟自然保护小区
青川县		唐家河国家级自然保护区		毛寨自然保护区、阴平古道风景名胜区	东阳沟自然保护区
荥经县		龙苍沟国家森林公园		大相岭自然保护区	
宝兴县		蜂桶寨国家级自然保护区		硗碛湖水利风景区	——
茂县		九鼎山(茂县)风景名胜区		宝顶沟自然保护区、土地岭森林公园	
天全县		二郎山风景名胜区		喇叭河自然保护区	
崇州市		鸡冠山国家级森林公园		——	——
石棉县		栗子坪国家级自然保护区			
安州区		——	千佛山风景名胜区	安县生物礁国家地质公园	——
北川县		——	北川国家森林公园	小寨子沟国家级自然保护区	
什邡市		——	蓥华山风景名胜区	——	——
芦山县		——	灵鹫山风景名胜区		
九寨沟县		——			勿角自然保护区

（三）分级布局

结合大熊猫国家公园体育旅游景区资源综合评分等级和大熊猫国家公园体育旅游开发高梯度地区、低梯度地区，构建出大熊猫国家公园体育旅游空间布局平面直角模型，X轴表示大熊猫国家公园体育旅游景区资源综合评分等级（将V级、IV级划分为高资源等级，将III级、II级、I级划分为低资源等级），Y轴表示大熊猫国家公园体育旅游开发区域梯度高低。该模型将大熊猫国家公园体育旅游空间布局分为4个类型：高梯度—高资源类型、高梯度—低资源类型、低梯度—高资源类型、低梯度—低资源类型。（如图5-6）

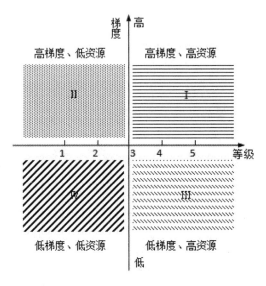

图5-6　大熊猫国家公园体育旅游空间布局平面直角模型

1. 高梯度—高资源类型

高梯度—高资源区域主要包括：都江堰市的青城山都江堰风景名胜区、龙池国家森林公园、龙溪虹口国家级自然保护区，大邑县的西岭雪山风景名胜区（如表5-12）。这些区域体育旅游景区的资源评分高，且所处的县（市、区）属于高梯度地区，表明其拥有良好的体育旅游资源，有较大的开发价值，同时其所在区域已形成一定的体育旅游产业集聚，产业规模显著。因此，其空间布局相较于其他区域都拥有更大的优势，布局的核心在于巩固并优先发展区域现有的体育旅游增长极，深入挖掘体育旅游资源的附带价值，优化体育旅游产业结构；依托市场机制自发调节，积极发挥其扩散效应和辐射范围，带动周边体育旅游产业及相关产业的发展。

2. 高梯度—低资源类型

高梯度—低资源区域主要包括：大邑县的黑水河省级自然保护区，彭州市的龙门山国家地质公园（彭州）、白水河国家级自然保护区，绵竹市的九顶山风景名胜区（绵竹），洪雅县的瓦屋山国家森林公园（如表5-12）。这些区域体育旅游景区的资源评分不高，但所处的县（市、区）属于高梯度地区，表明其体育旅游资源禀赋一般，但其所在县（市、区）的体育旅游产业及相关产业发展较好。因此，其空间布局的核心主要包括3个方面：一是积极探索区域创新增长极，通过大熊猫国家公园入口社区（小镇）的打造，挖掘区域内其他体育旅游资源；二是体育旅游产业的区域转移，主要由政府和市场共同引导，将该县（市、区）的优势体育旅游产业向大熊猫国家公园各个景区进行产业转移，逐步形成专业化部门聚集，稳定区域优势产业，通过体育旅游产品转型、升级、创新等方式实现该区域体育旅游产业的发展。三是推动体育旅游"双极互动"，将已有的增长极与新增长极串联成一条轴线，通过资源要素流通实现两极同步发展，进而实现本区域的体育旅游增长极发展。

3. 低梯度—高资源类型

低梯度—高资源区域主要包括：汶川县的卧龙国家级自然保护区、三江风景名胜区，松潘县的黄龙国家级风景名胜区，平武县的王朗国家级自然保护区、雪宝顶国家级自然保护区，青川县的唐家河国家级自然保护区，荥经县的龙苍沟国家森林公园，宝兴县的蜂桶寨国家级自然保护区，茂县的九鼎山（茂县）风景名胜区，天全县的二郎山风景名胜区，崇州市的鸡冠山国家级森林公园，石棉县的栗子坪国家级自然保护区（如表5-13）。这些区域体育旅游景区的资源评分较高，但所处的县（市、区）属于低梯度地区，表明其拥有丰富的体育旅游资源，且具有较大开发价值，但其所在区域内成规模的体育旅游产业和其他相关产业并不多，也并未形成一定的产业集聚。因此，其空间布局主要是由政府通过经济计划和重点投资来打造区域创新增长极，充分利用当地自然资源禀赋，合理布局体育旅游产业和其他相关产业、开发设计具有当地特色的体育旅游产品，从而实现资源的合理利用，推动区域经济发展。

4. 低梯度—低资源类型

低梯度—低资源区域主要包括：汶川县的汶川水墨藏寨水利风景区、草坡自然保护区，松潘县的白羊自然保护区、龙滴水自然保护区，平武县的龙池坪森林公园、小河沟省级自然保护区、关坝沟自然保护小区，青川县的毛寨自然保护区、阴平古道风景名胜区、东阳沟自然保护区，荥经县的大相岭自然保护区，宝兴县的硗碛湖水利风景区，茂县的宝顶沟自然保护区、土地岭森林公园，天全县的喇叭河自然保护区，安州区的千佛山风景名胜区、安县生物礁国家地质公园，北川县的北川国家森林公园、小寨子沟国家级自然保护区，什邡市的蓥华山风景名胜区，芦山县的灵鹫山风景名胜区，九寨沟县的勿角自然保护区（如表5-13）。这些区域体育旅游景区的资源评分较低，且所在的县（市、区）属于低梯度地区，表明其体育旅游资源禀赋较低或开发价值较低地区，而所在的县（市、区）的体育旅游产业和其他相关产业也较少。因此，其空间布局需对该区域的体育旅游开发潜力与价值进一步评估，若具备一定的开发潜力与价值，可借助周边具有丰富体育旅游资源和一定规模体育旅游产业的区域的辐射效应，从而形成串联式发展；若不具备一定的开发潜力与价值，则应以保护当地自然资源和生物多样性为核心任务。

第二节　产业协同

大熊猫国家公园体育旅游空间布局依据各个片区的体育旅游资源禀赋以及区域经济发展水平，构建了"高梯度—高资源类型、高梯度—低资源类型、低梯度—高资源类型、低梯度—低资源类型"的分级布局思路，为大熊猫国家公园体育旅游在"空间"与"时序"双重维度的发展提供了宏观的指导。基于此，大熊猫国家公园体育旅游产业协同发展能够有效将各个片区的资源优势以及经济优势进行转化，高效落实大熊猫国家公园体育旅游空间布局战略。大熊猫国家公园体育旅游产业协同发展一是需要推动大熊猫国家公园体育旅游产业集聚，二是需要促进大熊猫国家公园体育旅游多产联动。

一、推动大熊猫国家公园体育旅游产业集聚

大熊猫国家公园体育旅游产业协同发展是其产业生态化与生态产业化发展的必然要求，对于带动大熊猫国家公园绿色经济转型具有重要意义。体育旅游产业协同发展需要发挥体育资源消耗低、内生动力强、辐射范围广、产业链条长等优势，发挥体育旅游与相关产业在空间上的集聚、融合、催化作用，实现体育产业链条与体育旅游发展融合全业化[①]。因此，推动大熊猫国家公园体育旅游产业集聚是其体育旅游产业协同发展的首要前提，不仅有利于搭建多方参与合作平台，不断探索生态保护与社区发展、产业发展、文化旅游、自然教育融合发展的新模式，把大熊猫国家公园建设成为全球生态保护与社会发展的新典范，还有利于健全社会参与机制，调动全社会参与大熊猫国家公园生态保护的积极性，形成全社会参与大熊猫国家公园生态保护的良好局面。

推动大熊猫国家公园体育旅游产业集聚，需要通过体育旅游与一、二、三产业的生产、销售、体验等各个链条节点的有机融合，加速体育旅游与农业、林业、畜牧业、渔业、加工制造业、康养业、文化教育、商业、娱乐业等一、二、三产业的深度融合，构建体育渔业旅游、乡村体育旅游、森林体育旅游、体育工业旅游、体育康养旅游、体育教育培训旅游、体育用品展销旅游、体育休闲旅游、体育赛事旅游、体育文化旅游等复合型产业链结构（如图5-7）。依靠大熊猫国家公园体育旅游产业的集聚发展，打造大熊猫国家公园特色体育产业旅游链条，提升大熊猫国家公园体育旅游产业协同发展水平和综合价值，创造大熊猫国家公园新的生产力和竞争力，形成大熊猫国家公园全域体育旅游与相关产业联动大格局，实现大熊猫国家公园体育旅游业以及

---

① 姜付高,曹莉.全域体育旅游:内涵特征、空间结构与发展模式[J].上海体育学院学报,2020,44(09):12-23+33.

相关产业的包容性增长和可持续发展，促进大熊猫国家公园区域社会经济的柔性发展。

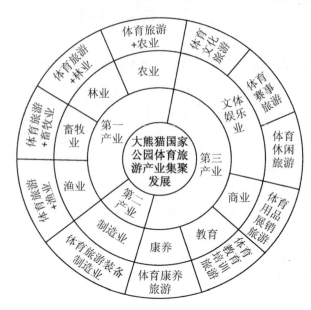

图5-7　大熊猫国家公园体育旅游产业集聚发展

二、促进大熊猫国家公园体育旅游多产联动

大熊猫国家公园体育旅游多产联动能够带动及促进大熊猫国家公园区域内经济转型升级，催生大熊猫国家公园产业健康发展的新理念、新模式，是大熊猫国家公园体育旅游产业协同发展的必由之路。

体育旅游主产业、体育旅游的关联产业、体育旅游要素产业和体育旅游辅助行业构成大熊猫国家公园体育旅游多产联动。其中，大熊猫国家公园核心体育旅游活动为观赏体育赛事与参与体育活动，因此主产业主要包括竞赛表演业与健身休闲业。大熊猫国家公园体育旅游关联产业的发展需要其在体育旅游主产业中充分发挥绿色生态、多彩民俗、历史文化、红色文化、特色产业旅游资源优势[①]，以大熊猫国家公园总体规划为方向，以融合发展的方式拓展大熊猫国家公园体育旅游新领域，创造大熊猫国家公园体育旅游新业态，促进大熊猫国家公园体育旅游多产联动发展。充分发挥体育旅游对大熊猫国家公园经济的拉动、催化作用和对大熊猫国家公园产业集聚和融合的作用，为健康、教育、文化、销售、农业、制造业等相关产业的发展搭建平台，提升大熊猫国家公园体育旅游的附加值，实现大熊猫国家公园区域内各产业间的联动与共兴。除此之外，大熊猫国家公园体育旅游多产联动与大熊猫国家公园体育旅游要素产业（包括餐饮、住宿、交通、商业、文娱等）和大熊猫国家公园体育旅游辅助产业

① 李燕,骆秉全.京津冀体育旅游全产业链协同发展的路径及措施[J].首都体育学院学报,2019,31(04):305-310.

（包括金融、地产、通信、物流、会展、中介、传媒等）的支撑紧密相关。大熊猫国家公园体育旅游主产业、关联产业、要素产业和辅助产业的协同发展才能实现大熊猫国家公园全区域、全要素产业、全产业链的体育旅游多产联动发展，从而使体育旅游对大熊猫国家公园经济协同发展发挥带动和促进作用。（如图5-8）

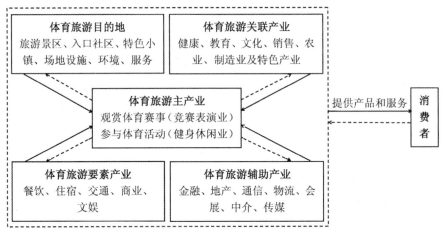

图5-8　大熊猫国家公园体育旅游多产联动

第三节　产品转化

一、大熊猫国家公园体育旅游产品转化的依据

关于体育旅游产品的概念，目前学术界尚未形成一致的认识。但纵观已有研究成果来看，大多数学者对其概念的界定主要集中在以下几个方面：第一，从旅游市场营销的角度，体育旅游产品被认为是在旅游过程中，能够为游客带来体育效用、旅游效用和满足其所需消费和服务的总和[①]。第二，从体育旅游资源开发的角度，体育旅游产品是指凭借各种体育旅游资源和设施条件，能够为游客带来体育效用、旅游效用和满足其体育旅游需求的全部要素的总和[②]。第三，根据旅游产品的定义，体育旅游产品是指体育游客在整个体育旅游（旅行、游览）过程中所需的体育旅游产品组合。组合内容包括吃、住、行、游、练、购、娱等七大基本需求。[③]第四，从现代市场营销学供给者的角度，体育旅游产品是指体育旅游经营者凭借一定的体育旅游资源和体育旅游设施，向旅行者提供的满足其在体育旅游过程中综合需求的服务。第五，从体育旅游需

① 张汝深.体育旅游产品的开发策略[J].体育科技.2002.23（2）：11.

② 夏慧敏.海南体育旅游开发研究[M].北京：北京体育大学出版社2005：138.

③ 谢小龙，李传武.体育市场营销理论与策略[M].长沙：中南大学出版社出版，2006：139.

求者的角度来看，体育旅游产品是指体育旅游消费者为了获得物质和精神上的满足，通过花费一定的货币、时间、精力和体力所获得的一次旅游经历①。从以上各学者对体育旅游产品概念的界定可以看出，首先，体育旅游产品是生产者依靠一定的体育旅游资源和条件为消费者提供的服务。其次，是为消费者在体育旅游过程中提供的各种需求及服务的总和。最后，从消费者的角度来看，是其购买的一次参与体育活动的经历或体验。由此可见，体育旅游产品之所以能够成为"产品"，除了具有市场需求外，其中最核心的前提是离不开体育旅游资源作为产品生产这一基础条件。

那么，要真正理解体育旅游产品的概念，首先需要认识什么是产品，以及什么是体育旅游。关于产品的概念，有狭义和广义之分。狭义的产品是指由劳动创造，具有价值和使用价值，能满足人类需求的有形产品。广义的产品是指能通过交换满足消费者或用户特定需求和欲望的一切有形物品和无形的服务②。而体育旅游是指人们以参与和观看体育运动为主要目的，或以体育为主要内容的一种旅游活动形式③。游客参与体育旅游，一般都是围绕着体育旅游资源，也就是体育旅游吸引物而展开一系列的活动，但与此同时，除了作为核心产品的体育旅游吸引物之外，还包含了辅助体育旅游活动开展所必需的吃、住、行、游、购、娱等要素。与旅游产品不同的是，体育旅游产品主要是以体育为主要内容和特色吸引游客到旅游目的地进行消费。

由于本研究主要是以大熊猫国家公园体育旅游开发作为侧重点，且其中重点包含了体育旅游产品的转化，同时，基于课题组对大熊猫国家公园四川片区的实地深入考查，发现四川片区所辖行政区域范围内已开发和经营的体育旅游产品非常少，大部分区域仍停留在"原始"体育旅游资源的样貌，有待当地政府或相关企业对其资源进行转化，并将其开发成为体育旅游者可以直接进行消费或体验的体育旅游产品。因此，对于体育旅游产品概念的界定，本研究将借鉴夏慧敏在《海南体育旅游开发研究》一书中，从体育旅游资源开发的角度对其所下的定义，即"体育旅游产品是指凭借各种体育旅游资源和设施条件，能够为游客带来体育效用、旅游效用和满足其体育旅游需求的全部要素的总和。"

二、大熊猫国家公园体育旅游产品转化的特点

因本研究属于前瞻性研究，即从2019年国家公园管理局出台《大熊猫国家公园总体规划》（征求意见稿）以来，所辖行政区对大熊猫国家公园的管理与保护工作虽然取

① 赵长杰. 现代体育营销学[M]. 北京:北京体育大学出版社. 2004:72.
② 陈汉文. 国际市场营销[M]. 北京:清华大学出版社. 2013:160.
③ 柳伯力,陶宇平. 体育旅游导论[M]:北京:人民体育出版社. 2003:9.

得了一定的进展，但在其资源向产品转化的层面，各地区仍处在不断的探索当中。同时，基于当前国家对大熊猫国家公园体育旅游产品转化重视程度微乎其微的情形下，本研究将结合课题组对大熊猫国家公园（四川片区）体育旅游资源、区域经济发展概况等深入调查的结果，以及对大熊猫国家公园总体规划发展概要等解读与分析的基础上，围绕大熊猫国家公园发展的中长期目标，即"到2035年，将其建设成为生态价值实现先行区域，完善多元化生态保护补偿机制，建立绿色生态产业体系，人与自然和谐共生的新局面"这一共同愿景，并遵循其中"生态、绿色、人与自然和谐共生"这一根本落脚点，研究与总结了大熊猫国家公园体育旅游产品转化的特点，研究认为大熊猫国家公园体育旅游产品转化的特点，除了与一般体育旅游产品转化的特点具有共性以外，由于大熊猫国家公园独特的地理及生态环境空间，使其还被赋予了体育旅游产品转化的其他个性化特征，主要体现在如下几个方面：

（一）产品转化的综合性

在对大熊猫国家公园体育旅游产品进行开发时，需要注意其具有综合性的特点，这一综合性的特征主要集中在三个层面，第一，产品组合的综合性，大熊猫国家公园作为人们开展科普教育、研学、游憩、休闲等体育旅游活动的新兴场域，必然需要向市场提供与之相配套且能够满足人们在此场域内参与体育旅游活动所必需的一系列服务。由于体育旅游活动的构成具有综合性的特点，即游客在大熊猫国家公园开展体育旅游活动时，主要是围绕大熊猫国家公园内的某一体育旅游吸引物而从中购买的一次体验。然而，这一体验并不是由某一个产品或服务所构成，而是由一条完整的体育旅游产品链组成，其中包含了游客在体育旅游体验过程中所必需的餐饮、住宿、交通、娱乐、游览等产品。第二，产品转化所涉部门构成的综合性，即游客在大熊猫国家公园完成一次体育旅游活动所需的服务，是由生产不同产品或服务的部门集聚联动所形成的。例如，一名外地的滑雪爱好者计划到位于大熊猫国家公园一般控制区的大邑县西岭森林公园滑雪，那么从起点到达目的地，则需要当地景区的交通、餐饮、住宿、咨询、通信等部门为其提供不同的产品和服务，且各部门之间必须达成一种相互配合、相互合作的状态，从而为游客提供优质的体验服务。第三，产品转化影响因素的综合性。本研究关于大熊猫国家公园体育旅游产品的转化，并不仅仅只局限于对某一景区的某一个体育旅游资源进行产品的转化，同时还要结合大熊猫国家公园的总体发展规划，以及景区当地的产业规划、产业发展类型、区域经济概况、人口规模、基础设施建设、市场需求等要素进行开发，实现"点—线—面"的联动发展。当前大熊猫国家公园正以"生态体验小区""自然教育基地"作为体育旅游产品转化的基本单元，力求通过对"生态体验小区""自然教育基地"产品的转化，实现区域内与区域外的互动发展。

（二）产品转化的分区性

大熊猫国家公园成立的目的除了在一般控制区以内可为人们提供科普、游憩等体育旅游活动之外，其核心目的主要在于为大熊猫及其保护动植物物种的生存繁衍保留良好的生态空间。因此，在对大熊猫国家公园体育旅游产品进行开发的过程中，应注重产品转化"分区性"这一特点，依据大熊猫国家公园总体规划的内容指向，以及体育旅游产品的组合特点，大熊猫国家公园体育旅游产品的转化应注重"园内体验，园外服务"这一特征。换言之，在大熊猫国家公园体育旅游产品转化时，可依托国家公园周边选择一些基础设施较为完善、文化遗产丰富、特色突出的城镇和村落建设一批入口社区，保护和保持传统城镇和村落布局、环境和历史风貌，通过提升和完善体育旅游服务接待设施，使其成为国家公园访客接待的主体和集散节点。而在园区内主要开发以游客开展体育活动体验为主的体育旅游产品，如登山、徒步、漂流、定向越野等体育旅游产品，尽量避免在园区内建设旅游接待基础服务设施，如餐饮、住宿、饮食、交通等基础设施，从而减少对大熊猫国家公园自然资源和自然生态系统的干扰和影响。目前，经大熊猫国家公园管理局批准的入口社区主要有瓦屋山镇、卧龙镇、龙苍沟镇、龙门山镇、鸡冠山乡、高村乡、九龙镇、清溪镇、水磨镇、蜂桶寨乡、穆坪镇、清平镇等。

（三）产品转化的层次性

随着国民旅游休闲时代的到来，大熊猫国家公园将会成为人们度过休闲、娱乐的重要体育旅游活动空间。根据大熊猫国家公园设立的功能，其中包含了要面向社会开展生态体验和科普宣教等任务，开展具有大熊猫特色的自然教育和体验活动，促进公众形成珍爱自然、保护大熊猫的意识与行为，从而推动公民的生态道德建设，实现生态保护和地方发展共赢。因此，在对大熊猫国家公园体育旅游产品进行开发时，应注重产品转化的层次性特点。大熊猫国家公园体育旅游产品转化的层次性特征包含了两个方面的内容，第一，是指产品自身的层次性，即在对某一体育旅游资源进行开发的过程中，应根据产品所面向的目标人群市场，开发和设计具有不同难度、不同类别、不同消费水平等不同需求的体育旅游产品。例如，坐落于大熊猫国家公园地理范围内的绵阳市平武县雪宝顶自然保护区，因其地理位置特殊，野生动植物种类繁多，地质地貌景观丰富，山地旅游资源繁茂，成为众多登山爱好者的旅游胜地，在园区内的一般控制区特别适合开发徒步、登山等体育旅游产品，但在开发中，则需面向目标市场人群的特点，开发初级、中级、高级等不同难度级别和适合不同年龄阶段、消费水平的层次性产品。第二，是指体育旅游产品转化过程的层次性，由于大熊猫国家公园的自然生态环境具有敏感性、脆弱性等特点，所以在开发过程中，需要进行逐步、逐级、逐层的开发。例如，可先开发资源条件优势较为显著的区域，再开发资源优势较为次之的区域，形成梯度性的产品转化过程，这样不仅能充分发挥出所在区域的资源优势，同时还能有效避免由于大范围开发导致大熊猫国家公园生态环境受到破坏和影响。

（四）产品转化的多样性

大熊猫国家公园动植物资源、文化资源等丰富多样，适合开发不同类型的体育旅游产品。根据本研究借鉴的关于夏慧敏对体育旅游产品概念的界定可以看出，体育旅游产品的构成主要包含两个核心部分，第一是体育旅游吸引物，即由原生性体育旅游资源开发而形成的体育旅游产品，例如，位于大熊猫国家公园内大邑县西岭森林公园的天然冰雪资源，可经过后期人为的开发形成安全、规范、具有趣味性的滑雪体育旅游产品，包括雪地摩托、单板滑雪、双板滑雪、雪地足球等，而很多游客之所以前往此地消费，往往是由于被其体育旅游吸引物所吸引，而体育旅游吸引物的形成离不开大熊猫国家公园多种多样的资源类型，其中包括了自然类体育旅游资源、人文类体育旅游资源，而不同资源类型则可开发出不同种类的体育旅游产品。尤其是随着人们对体育旅游产品需求出现多元化的发展趋势后，大熊猫国家公园作为人们体育旅游活动的新兴空间，不得不注重其产品多样性的开发。体育旅游产品的构成，除了以上所提到的体育旅游吸引物外，另一个核心部分则是为满足人们参与体育体验活动而与之相关配套的基础服务设施，包括餐饮、住宿等。根据大熊猫国家公园管理体制以及大熊猫国家公园总体发展规划的指向，关于体育旅游产品中基础服务设施开发的多样性特点主要体现在其依托当地的民族村寨、乡村人家、入口社区、体验小区、营地、驿站等为单位进行产品的转化，其开发形式明显呈现出了多样性的特点，这也是今后在大熊猫国家公园一般控制区内体育旅游产品转化时所要注意的重点部分之一。

三、大熊猫国家公园体育旅游产品转化的原则

大熊猫国家公园的设立是以促进以大熊猫为核心的生物多样性保护、维护生态系统的完整性和原真性为主要目的。大熊猫国家公园作为我国重要的生态保护屏障，对区域的生态环境发挥着水源涵养、水土保持、气候调节、减少温室效应等多重功能；其复杂多样的地貌特征和垂直自然带类型，孕育了高山、丘陵、平原、森林、草地、湖泊等多样生态系统，是全球生物多样性最为丰富的地区之一，具有全球意义的保护价值。因此，由于其地理环境空间的特殊性，该区域的体育旅游产品转化与一般性景

区的产品转化相比较而言也有所差异性，在开发过程中应遵循保护优先、可持续发展、四效合一、特色化、市场导向的原则。

（一）优先保护原则

大熊猫国家公园作为生态体验、自然教育、科普、游憩的重要生境空间，按照保护大熊猫栖息地完整性和原真性的原则，在园区内一般控制区转化体育旅游产品，要把园区的生态保护置于首要地位，即在转化体育旅游产品时，要着重注意自然资源、自然生态系统、生物物种资源、人文景观资源的系统性保护，为大熊猫野生种群生存繁衍保留良好的生态空间。在开发前，应根据区域环境承载能力和生态监测结果，科学设计产品的转化空间、范围、种类，对生态环境具有破坏性、干扰性的产品要杜绝开发，例如摩托艇、赛艇、汽车越野、摩托车越野等需要燃烧大量汽油、柴油等特点的体育旅游产品，会产生诸如废气、噪音等污染源。以及对于参与人数规模较大的马拉松赛事、定向越野赛事等类型的体育旅游体验项目或产品也要给予限定，合理控制体验人数。总之，要在严格保护自然生态系统的前提下，按照绿色、低碳的理念开发相应的体育旅游产品。例如，位于大熊猫国家公园入口社区的都江堰市虹口、飞虹、深溪、南岳、桃园等社区在转化体育旅游产品的过程中，就紧紧围绕"保护优先"的原则，开发了以森林康养为主题的森林太极、森林瑜伽等体育旅游产品，同时还充分利用了大熊猫国家公园都江堰管护总站"熊猫课堂""森林萌主"自然教育品牌和《神秘的野兽》《多彩的植物》《大熊猫家园》等科普丛书，开展了丰富多彩的自然教育体验活动，在取得了良好经济效益的同时，也保护了当地的生态环境。

（二）市场导向原则

大熊猫国家公园体育旅游产品的转化作为园区生态产业发展的重要组成部分，对改善当地产业经济结构，提升当地居民的生活质量等发挥着重要作用，同时对构建和推广大熊猫国家公园品牌也起着重要的推动作用。然而，大熊猫国家公园体育旅游产品作为园区产品的组成形式之一，最终要面向整个市场；并且只有被消费者所购买和体验，才能真正实现它的价值和效用。因此，在开发前，除了要结合大熊猫国家公园自身的资源条件以外，还应充分考虑消费者对体育旅游市场的需求特点。换言之，在体育旅游产品转化的过程中，应当具有明确的目标市场定位，即明确产品所面向的消费群体的属性及特点，包括年龄、职业、收入水平、受教育程度、运动爱好等等。大熊猫国家公园的体育旅游资源丰富多样，可开发的体育旅游产品类型也丰富多彩。例如，位于大熊猫国家公园最南部的雅安市荥经县龙苍沟镇，在结合了境内森林资源覆盖率较高的优势下，以中老年人为目标客源市场，开发了以森林徒步、森林温泉、森林瑜伽等为主的国际森林康养旅游目的地。并建成了生物多样性保护、生态价值实现、文化旅游融合、乡村振兴以及竹产业高质量发展"五个示范区"。随着国内兴起的全民健身热潮,体育旅游已经成为一种新的时尚休闲方式。根据《2021年中国体育旅游产业的发展趋势》,未来一段时期内,冰雪运动、山地户外运动、汽车自驾运动体验、青少年户外运动营地体验、亲子户外运动体验等将会成为体育旅游市场的热门产品。[①]

(三)特色凸出原则

随着体育旅游产业的快速发展,游客对体育旅游产品的需求呈现出了"认知—参与—融入—沉浸"的变化趋势,游客越来越偏向于选择具有核心吸引力或特色化的体育旅游产品,渴望在体育旅游中获得身份的认同。而体育旅游产品的特色越鲜明,越能提升游客的体验感和幸福感。因此,独具特色的体育旅游产品是吸引游客进行消费和体验的重要基础,也是体育旅游产品转化的"内核"所在。大熊猫国家公园面积广阔,动植物资源、民族文化资源等丰富多彩,具有较高的资源禀赋价值,其作为当今人们进行休闲、娱乐、旅游、放松的新晋空间,必然需要对应其所具有的资源优势打造独具特色的体育旅游产品,才能吸引人们前来消费和体验。大熊猫国家公园四川片区一般控制区共占地4659平方公里,共辖眉山市、阿坝州、成都市、雅安市、绵阳市、德阳市、广元市7个市(州),其中,在涉及的自然保护地中包含了世界自然遗产地、国家级/省级/市县级自然保护区、自然保护小区、国家级/省级森林公园、国家级/省级地质公园、国家级/省级风景名胜区。基本上每一个地区都具有自身鲜明的地域资源特色,这也是大熊猫国家公园转化体育旅游产品得天独厚的条件之一。因此,在大熊猫国家公园体育旅游产品转化的过程中,在注重保护其生态环境的同时,应充分挖掘不同区域的文脉、地脉资源,开发具有当地民族风俗特色和历史文化价值、自然文化价值的体育旅游产品。例如,位于大熊猫国家公园的绵竹市清平镇,地处龙门山脉,自然资源丰富,生态环境保存完好,气候宜人,年平均气温为15℃;海拔从800米到4200米,属于典型的高山低谷地貌,不仅有高原风光,也有崎岖的峡谷;小镇面积为302平方公里,但森林覆盖率却达到了87.5%,PM2.5含量小于30,负氧离子含量超过15000个/cm³,特别适合开发以康养体验为特色的体育旅游产品,如徒步、登山、探险、露营等。

(四)四效合一原则

大熊猫国家公园体育旅游产品转化"四效合一"的原则,是指政府或相关企业在产品的转化过程中,应注重环境效益、文化效益、经济效益、社会效益的统筹协调,

① 林章林. 2021年中国体育旅游产业的发展趋势[N]. 中国旅游报,2021-03-02.

应避免为了盲目的追求其中某一个效益而忽略其他效益的发展。环境效益是指开发出来的体育旅游产品不仅不会对当地环境造成破坏，反而能对当地生态环境的保护起到一定的促进作用，实现人与自然的和谐共生、良性循环。文化效益是指开发出来的体育旅游产品能够有效地对当地的文化传统、民族民俗特色、自然文化遗产等起到传承与保护的作用，使当地的传统文化能够依托大熊猫国家公园体育旅游产品这一名片走向全国，甚至走向世界。经济效益则是指大熊猫国家公园体育旅游产品转化，要注重将其与当地居民的生产、生活等密切结合，通过对当地体育旅游资源的利用和开发，改善居民的经济条件。大熊猫国家公园一般控制区多位于山区，当地大多数居民的生产生活水平相对较低，现有生产生活方式对当地自然资源的依赖程度也相对较高。因此，在体育旅游产品的转化过程中，应将居民的就业安置等问题进行综合考虑，如可以支持居民以投资入股、合作、劳务等多种形式参与体育旅游相关的服务业，可充分利用已有资源从事家庭旅馆、餐饮服务、文艺演艺、体育旅游向导等工作。社会效益是指大熊猫国家公园体育旅游产品的转化，要紧密结合大熊猫国家公园的目标定位，将产品转化与大熊猫国家公园的环境教育功能、生态展示功能、生态体验功能等相衔接，能够起到有效引导民众形成爱护环境、保护野生动植物资源的意识和行为，真正发挥出产品对社会发展的效用和价值。大熊猫国家公园青川片区在当地体育旅游产品转化的过程中，就有效贯彻了"四效合一"的原则，通过以"共建共管共享"的发展机制，成立了社区共管共建服务中心，开发了与体育旅游产品相关的特色小镇、生态体验、自然教育、生态旅游等项目，并通过开办农家乐、设立生态公益岗位等方式使居民转产就业，推动了地方经济的转型，实现了环境效益、经济效益、文化效益、社会效益的共生发展。

四、大熊猫国家公园体育旅游产品转化的类型

在对大熊猫国家公园体育旅游产品转化的类型进行研究之前，首先需要对体育旅游产品的主要构成部分进行梳理与分析，综合当前我国学者对体育旅游产品的定义，比较具有代表性的有：王雅慧将体育旅游产品定义为体育旅游经营者以体育旅游吸引物为前提，以体育旅游基础设施为保障，以满足体育旅游者需求和实现旅游目的为目标而提供的所有实物和劳务服务[1]。周道平等将体育旅游产品定义为旅游企业为了满足旅游者在体育旅游活动中各种需要而凭借的各种设施、设备和环境条件向游客提供的全部服务要素的总和[2]。在综合以上对体育旅游产品定义的基础之上，再结合本课题的总体定位和大熊猫国家公园总体发展规划，本研究将体育旅游产品的构成分为体育旅

---

[1] 王雅慧. 新时代背景下我国体育旅游发展体系的构建[M]. 北京：原子能出版. 2018：177.
[2] 周道平，张小林，周运瑜. 西部民族地区体育旅游开发研究[M]. 北京：北京体育大学出版社. 2006：86.

游吸引物和体育旅游服务设施两大核心部分。体育旅游吸引物是刺激和引发游客进行体育旅游活动的重要因子。在体育旅游活动过程中，游客之所以前往某一体育旅游目的地进行旅游，主要是由于该旅游目的地的体育旅游吸引物对其产生了很大的吸引。一般而言，体育旅游吸引物主要是指依托各类体育旅游资源而开发出来的各具特色的体育体验活动或体育项目，例如，大熊猫国家公园可以依托其丰富的自然体育旅游资源和人文体育旅游资源开发如滑雪、登山、徒步、探险、民族节庆赛事等为特色的体育旅游吸引物。体育旅游服务设施主要是指为了满足游客在参与体育体验活动过程中所必需的餐饮、住宿、交通、医疗等服务设施，对游客的旅游体验感和满意度起着重要作用。本研究将结合大熊猫国家公园总体规划中对一般控制区的管控原则及管控措施、目标定位，以及大熊猫国家公园一般控制区的体育旅游资源状况、当地居民的居住环境、生产方式等特点，对大熊猫国家公园体育旅游产品中的体育旅游吸引物、体育旅游服务设施的转化类型进行分析。

（一）体育旅游吸引物的转化类型

体育旅游吸引物作为体育旅游产品的核心组成部分之一，是刺激游客产生体育旅游消费行为的重要因素之一，大熊猫国家公园一般控制区作为向人们开展生态体验、自然教育、游憩等活动的新晋空间，要充分发挥出其环境教育、生态教育、生命教育、休闲娱乐等功能和价值，必然需要开发能满足当今市场多元需求的体育旅游产品。一般来说，体育旅游产品中体育游吸引物的类型因划分依据和标准不同，其开发类型也呈现出了多样化的特点，例如，国内大多数学者从不同的角度出发，将体育旅游产品的转化类型分为了以下几种：从游客体验方式的角度，将体育旅游产品分为参与型体育旅游产品和观赏型体育旅游产品；[1]从资源开发的角度，将体育旅游产品分为休闲型体育旅游产品、健身型体育旅游产品、观赏型体育旅游产品、赛事型体育旅游产品、冒险型体育旅游产品、民间民俗体育旅游产品[2]。除此之外，也有根据体育游客参与体育旅游活动的目的或动机、体育旅游产品供应方的角度等对其转化类型进行划分。

虽然当前国内对体育旅游产品转化类型的划分多种多样，使体育旅游产品的类型呈现出了多元化的特点，但是对于本研究而言，绝不能直接采用"拿来主义""照搬主义"的做法。在对其开发类型进行划分时，必须紧紧围绕大熊猫国家公园的功能定位、发展目标、管控原则与措施，以及当前大熊猫国家公园体育旅游资源类型的实际情况等确定产品转化的类型。因此，本研究对大熊猫国家公园体育旅游吸引物转化类

① 于素梅,易春燕.体育旅游资源的内涵及开发问题研究[J].体育科学.2007.27（5）:23-35.
② 邓凤莲,于素梅,武胜奇.我国体育旅游资源开发的支持系统与影响因素[J].上海体育学院学报.2006.30:35-38.

型的划分，主要综合考虑以下几个因素：

1. 大熊猫国家公园开展体育旅游活动的范围。根据大熊猫国家公园的分区范围及管控措施，体育旅游吸引物的开发只能在一般控制区。一般控制区是社区居民居住、生产、生活的主要区域，是开展与国家公园保护管理目标相一致的自然教育、生态体验服务的主要场所，因此，要在严格保护自然生态系统的前提下，按照绿色、循环、低碳的理念开发适合区域资源的产品类型。

2. 大熊猫国家公园体育旅游资源的类型。体育旅游资源类型对体育旅游吸引物转化的类型起着重要的决定作用，根据课题组成员对大熊猫国家公园四川片区的深入实地考察，以及对地方大熊猫国家公园管理局负责人的深入访谈等，将大熊猫国家公园的体育旅游资源类型分为自然体育旅游资源、人文体育旅游资源两个大类，以及山地体育旅游资源、水域体育旅游资源、体育旅游生物资源、自然现象体育旅游资源、体育设施旅游资源、民间体育习俗、现代体育节庆7个亚类，以及隶属于7个亚类下的18个基础类体育旅游资源类型，包括山体、洞穴；河流、湖泊、沼泽和人工库塘；森林、草地、狩猎场、暖热气候、寒冷气候、有风天气、反季节天气；人工建造的体育旅游设施；民族、民俗活动；体育赛事、节庆（如表5-14）。

表5-14　大熊猫国家公园体育旅游资源的类型

主类	亚类	基础类
自然体育旅游资源	山地体育旅游资源	山体、洞穴
	水域体育旅游资源	河流、湖泊、沼泽和人工库塘
	体育旅游生物资源（动物、植物）	森林、草地、狩猎场
	自然现象体育旅游资源	暖热气候、寒冷气候、有风天气、反季节天气
人文体育旅游资源	体育设施旅游资源	人工建造的体育旅游设施
	民间体育习俗	民族、民俗活动
	现代体育节庆	体育赛事、节庆

3. 大熊猫国家公园发展的总体目标。根据《大熊猫国家公园总体规划》，其总体目标是要将大熊猫国家公园建设成为生物多样性保护典范、生态价值实现先行区、世界生态教育展示样板，使其生态体验、环境教育的全球影响力显著增强，绿色发展方式和生活方式深入人心，逐步形成以大熊猫为特色的生态文化，因此，对体育旅游吸引物类型的转化要紧扣大熊猫国家公园的发展目标。

4. 大熊猫国家公园总体发展规划中对生态体验项目所规定的开发类型。大熊猫国家公园一般控制区的功能定位包括要发挥其生态体验的价值，从体育旅游吸引物的形式与内容来看，其核心就在于为人们提供不同特色或主题的体育体验活动。因此对体育旅游吸引物转化类型的分类需要参考总体规划中已列出的生态体验项目类型（如表5-15）。

表5-15　大熊猫国家公园生态体验项目一览表

项目类别	活动内容
自然体验	自然风光游赏、自然观察、自然教育等
康养体验	森林浴、森林漫步、森林瑜伽、温泉等
户外运动体验	徒步、登山、野营、骑行等
社区风情体验	田园观光、农事体验、地方风俗体验、草原风情体验等
历史文化体验	文化探秘、历史寻踪等
探险体验	攀岩等
科普体验	珍稀动物展示活动、科学研究等

综上所述，本研究严格按照大熊猫国家公园开展体育旅游活动的范围，大熊猫国家公园体育旅游资源的类型、发展的总体目标、规定的生态体验项目类别，以及结合当前大熊猫国家公园已开展且具有一定特色和知名度的体育旅游活动类别，将大熊猫国家公园体育旅游吸引物的转化类型主要分为休闲型、探险型、民族节庆型、赛事型四类体育旅游吸引物（如表5-16）。休闲型体育旅游吸引物是指以休闲、放松、社会交往、娱乐等为主要特色的体育体验活动，如森林浴、森林漫步、森林瑜伽、森林太极拳、登山、徒步、野营、骑行、骑马、户外营地教育等。探险型体育旅游吸引物是指以探新求异、冒险、刺激等为主要特色的体育体验活动，如攀岩、攀冰、峡谷探险、丛林穿越、溜索、野外生存、高空跳伞、冰雪文化探秘、漂流、皮划艇、溯溪等。民族节庆型体育旅游吸引物是指以体验当地民族传统体育节庆文化为主要特色的体育活动，如各具本土文化特点的民族体育文化体验、地方体育民俗文化体验、地方传统体育文化寻踪、民族体育节庆等。赛事型体育旅游吸引物是指以赛事的组织形式所开展的体育体验活动，因大熊猫国家公园对游客访客行为管理具有明确的规定和要求，如果组织大型活动，访客人数超过50人以上则需进行预约，此措施实则是为了有效保护园区的生态环境，避免因一次性人数参与过多而超过当地生态环境的承载力，对环境造成负面影响。因此，本研究对赛事型体育旅游吸引物做出了相应的规定，即园区内的体育赛事活动一定要注意其组织形式和规模，主要以"微型"赛事为主，此"微型"的含义是指赛事的举办规模要严格守住当地生态环境保护的红线，不能对动植物资源的生存环境等产生干扰和影响。

表5-16　大熊猫国家公园体育旅游吸引物的转化类型

开发类型	产品类别
休闲型体育旅游吸引物	森林浴、森林漫步、森林瑜伽、森林太极拳、登山、徒步、野营、骑行、骑马、户外营地教育等。
探险型体育旅游吸引物	攀岩、攀冰、峡谷探险、丛林穿越、溜索、野外生存、高空跳伞、冰雪文化探秘、漂流、皮划艇、溯溪等。

开发类型	产品类别
民族节庆型体育旅游吸引物	民族体育文化体验、地方体育民俗文化体验、地方传统体育文化寻踪、民族体育节庆等。
赛事型体育旅游吸引物	微型定向越野赛事、微型马拉松赛事、微型山地自行车赛事、微型漂流赛事等。

（二）体育旅游服务设施的转化类型

2021年10月12日，随着国家第一批大熊猫国家公园的正式设立，其作为可提供人们开展体育旅游活动的新兴类游憩空间，除了要向社会提供与之体育旅游资源相适应的体育旅游吸引物以外，还需要为人们提供满足其开展体育旅游体验活动所必需的各类物质基础，即体育旅游服务设施。体育旅游服务设施是指向体育旅游者提供服务的凭借物，包括住宿、餐饮、交通、体育娱乐等服务设施，[①]也是体育旅游产品的核心组成部分，是人们在大熊猫国家公园开展体育旅游活动所必不可少的基本物质条件，对游客游憩、体验的愉悦度、满意度等起着重要作用。

由于大熊猫国家公园经评估后已将其划入了生态保护红线区域进行管理，因此国家对大熊猫国家公园具有严格的管控范围和要求，一般控制区原则上严格禁止开发性、生产性的建设活动，除国家重大战略项目外，零星的当地居民在不扩大现有建设用地和耕地规模前提下，修缮生产生活设施，以及仅允许对生态功能不造成破坏的有限人为活动。所以，大熊猫国家公园体育旅游服务设施类型的转化，必须遵循在严格保护自然生态系统的前提下，按照绿色、循环、低碳的理念确定其开发类型。严格意义上来说，体育旅游服务设施种类繁多，除了以上提到的餐饮、住宿、交通、体育娱乐设施以外，还包括体育旅游咨询中心、医疗救护中心、旅游标识、公共厕所、停车场、购物中心等等。但由于本课题属于战略性层面的研究，因此本研究仅从宏观的角度，选取对直接影响人们参与体育旅游活动中的吃、住、行、娱等必要的体育旅游服务设施的转化类型进行研究。

结合大熊猫国家公园生态价值先行，建立绿色生态产业体系，人与自然和谐共生的发展目标，大熊猫国家公园体育旅游服务设施的开发不仅要注重对当地生态环境的保护，同时也要注重其对当地居民生产生活方式转变及经济结构转型的促进。本研究根据大熊猫国家公园生态体验设施的空间布局，即"严格按照分区管控要求，在一般控制区建设80～100个生态体验小区，依托现有设施设备，开展生态体验活动。餐饮、住宿等体育旅游服务设施可鼓励当地居民适度发展林下经济或特色生态产业，依托周边乡村人家、民族村寨、驿站已有旅游服务设施的基础上为访客提供餐饮、住宿

---

① 王雅慧. 新时代背景下我国体育旅游发展体系的构建[M]. 北京:原子能出版社. 2018:178.

等服务"，以及国内外国家公园旅游服务设施的开发类型，将大熊猫国家公园体育旅游服务设施的开发类型分为了餐饮服务设施、住宿服务设施、交通服务设施、体育娱乐服务设施、其他服务设施五大类（如表5-17）。其中，对餐饮服务设施类型的开发可分为以访客中心为主的多功能餐厅、以当地居民为主的特色餐馆、以园区驿站为主的简易补给站、以入口社区为主的各类主题餐馆等。住宿服务设施类型的开发可分为以民族村寨、乡村人家为主的家庭旅馆、以驿站为主的小木屋、以大熊猫国家公园入口社区为主的特色小镇民宿、汽车露营地等。交通服务设施类型的开发可结合生态体验小区的体验节点进行串联，结合巡护道路的维修和改造，形成"机动车道-自行车道-步道"三级道路网络系统，以及结合生态体验小区的体育娱乐项目进行开发，如溜索、骑马、缆车、游船、竹筏、滑翔伞等。体育娱乐服务设施类型的开发可分为以当地居民为主的已建的体育场馆、民族体育节庆文化活动中心，以及以不同体育旅游吸引物为特色而形成的生态体验小区等。其他服务设施包括医疗服务站、游客集散中心、自然教育宣教中心、标识标牌等。

表5-17　体育旅游服务设施的开发类型

类型	产品类别
餐饮服务设施	以访客中心为主的多功能餐厅、以当地居民为主的特色餐馆、以园区驿站为主的简易补给站、以入口社区为主的各类主题餐馆等。
住宿服务设施	以民族村寨、乡村人家为主的家庭旅馆、以驿站为主的小木屋、以大熊猫国家公园入口社区为主的特色小镇民宿、汽车自驾营地、露营地等。
交通服务设施	以巡护道路的维修和改造为主形成"机动车道-自行车道-步道"三级道路网络系统、以生态体验小区的体育娱乐项目为主开发溜索、骑马、缆车、游船、竹筏、滑翔伞等。
体育娱乐服务设施	以居民居住点为主的已建体育场馆、民族体育节庆文化活动中心、以不同体育旅游吸引物为特色形成的生态体验小区等。
其他服务设施	医疗服务站、游客集散中心、自然教育宣教中心、标识标牌等。

五、大熊猫国家公园体育旅游产品转化的策略

大熊猫国家公园是以保护大熊猫及其伞护动植物的原真性、完整性、多样性为主的自然保护地，同时兼具了科研、教育、体验等综合功能。由于国家对大熊猫国家公园实行分区管控及严格的生态保护原则，因此，对于体育旅游产品的转化而言，其只能在一般控制区内开发，一般控制区不仅是实施生态修复、改善栖息地质量和建设生态廊道的重点区域，也是社区居民居住、生产、生活的主要区域，以及是开展与国家公园保护管理目标相一致的自然教育、生态体验服务的主要场所。大熊猫国家公园一般控制区的体育旅游资源丰富多样，可开发的体育旅游产品数不胜数，但该区域属于

国家生态重点保护区域,环境容量和资源承载能力有限,因此可开发的范围也会受到了一定的限制和影响。然而,大熊猫国家公园的首要功能不仅要实现以大熊猫为主的自然资源生态系统多样性的保护,同时还要将其建设成为人与自然和谐共生的先行区域,发挥其对带动生态产业发展的特殊价值。因此,本研究认为大熊猫国家公园体育旅游产品的转化不能仅仅只局限在园区内,还应充分利用大熊猫国家公园这一特色化品牌带动园区周边城镇及社区实现体育旅游产品"共建共管共享"的发展机制,将"园内"与"园外"资源有机结合,共同打造立体化的体育旅游产品,从而满足社会对大熊猫国家公园生态旅游体验、体育游憩、自然生态教育等的多元化需求,实现"多方共赢"的发展格局。为此,本研究结合大熊猫国家公园的发展目标、定位;以及园区居民生产生活方式特点、资源状况等,提出了"以生态体验小区为核心引领,聚焦产品文化内涵;以周边入口社区为依托,延伸产品链条;以'小区+社区'为聚力点,打造立体化产品"的体育旅游产品转化策略,具体内容如下:

(一)以生态体验小区为核心引领,聚焦体育旅游产品的文化内涵

大熊猫国家公园生态体验小区是指在大熊猫国家公园一般控制区范围内,通过规划科学、合理的生态体验路线,串联现有各生态体验节点、服务功能单元,具有明确管理机构,配套有开展生态体验的设施及人员,且能够提供多种形式的生态体验的特定区域,也是大熊猫国家公园园区内开展体育旅游活动的重要区域。在大熊猫国家公园总体规划中,生态体验小区是人们开展游憩、科普教育、生态旅游等活动的重要场所。2019年,国家公园管理局明确提出:要结合大熊猫国家公园现有生态体验点分布,在一般控制区建设80~100个生态体验小区,依托现有设施设备,开展生态体验活动。生态体验小区周边依托现有城镇,为访客提供餐饮、住宿等服务。生态体验小区之间通过周边道路网络系统连接。生态体验小区内以巡护道路串联各体验节点,形成"以点带线、以线带面"的布局。以内部节点服务体验行为,以道路网络指导体验路线,以小区划分严格控制活动范围,科学合理规划生态体验的空间结构和建设时序。通过该规划内容可以看出,生态体验小区是人们在园区内开展体育旅游活动的重要空间,位于大熊猫国家公园园区以内,其地域资源特色等蕴含了大熊猫国家公园独特的品牌内涵,随着国家对大熊猫国家公园的设立,大熊猫国家公园已成为了美丽中国的新地标之一,大熊猫作为我国特有的珍稀物种,以及作为我国和世界各国交流的和平使者,是我国的国家象征和国际关系的重要纽带,其被赋予了宝贵而特殊的文化符号内涵,是展示中国独特的自然文化与人文文化的重要组成部分之一。因此,对于大熊猫国家公园体育旅游产品的转化,必须充分抓住"大熊猫"这一国际特色文化品牌,以生态体验小区为基本单元,结合区内的体育旅游资源,因地制宜的打造各具特

色体育旅游产品，并将"熊猫文化"深入移植到产品的转化之中。2020年7月，大熊猫国家公园管理局公布了首批4个大熊猫国家公园生态体验小区，分别是大熊猫国家公园龙溪-虹口生态体验小区、大熊猫国家公园瓦屋山生态体验小区、大熊猫国家公园大古坪生态体验小区、大熊猫国家公园碧口生态体验小区，而四川园区就占了2个。其中大熊猫国家公园龙溪-虹口生态体验小区就充分利用了大熊猫自然保护区地这一独特品牌，以及依托其独特的水域资源、气候环境，打造了具有较高知名度的"龙溪-虹口漂流"这一具有辐射引领性的体育旅游产品。

（二）以周边入口社区为依托，延伸体育旅游产品链条

在大熊猫国家公园开展体育旅游活动，仅依靠国家公园内的体育旅游服务设施及体育旅游吸引物来满足游客对体育旅游的需求，并以此来带动园内居民的产业发展是远远不够的，这也不符合大熊猫国家公园的总体目标定位。大熊猫国家公园的目标定位不仅注重园区生态环境的保护，同时还特别强调要把生态环境保护与地方经济发展有机结合，开展生态体验和环境教育，鼓励园区内居民及周边社区适度发展生态产业，促进自身生产生活方式转变和经济结构转型，从而形成生态保护与经济社会协调发展、人与自然和谐共生的新局面。大熊猫国家公园四川片区一般控制区所占面积为4659平方公里，共辖四川省7个市（州），20个县（市、区），但目前在园区内的居民人口仅为85924人，且大多数地区还处于我国集中连片特殊困难县和国家级扶贫开发重点县，比如北川、平武、青川、汶川、理县、茂县、松潘、九寨沟等一般控制区内的乡镇，总的来说，经济收入水平总体较低，社区居民经济来源以传统种植收入为主，产业结构发展单一。且所辖县（市、区）的基础服务设施主要集中分布在国家公园周边的乡镇政府所在地，园区内总体上成规模、知名度高的体验点少，大部分设施零散、小。因此，对于大熊猫国家公园体育旅游产品的转化除了要以"生态体验小区"作为核心引领外，还必须要充分发挥大熊猫国家公园周边城镇已有的优势资源作为依托，以此来延伸和丰富园区内的体育旅游产品类型，尤其要特别注重对大熊猫国家公园入口社区资源的利用和挖掘。比如，可与当前国家正在实施的乡村振兴战略、运动休闲特色小镇、汽车自驾运动营地、国家体育旅游基地建设等相结合，在国家公园周边选择一些基础设施较为完善、文化遗产丰富、特色突出的城镇和村落建设一批入口社区，在保护和保持传统城镇和村落布局、环境和历史风貌的基础上，通过提升和完善服务接待设施，使其成为国家公园访客接待的主体和集散节点，从而延伸和丰富大熊猫国家公园的体育旅游产品链。目前，经大熊猫国家公园管理局批准的入口社

区主要有瓦屋山镇、卧龙镇、龙苍沟镇、龙门山镇、鸡冠山乡等。其中，国家公园管理局在对大熊猫国家公园荥经县一般控制区的生态旅游、游憩体验等的开发规划中，就紧密结合了大熊猫国家公园入口社区龙苍沟镇的旅游资源、林业资源、服务设施等，拓展了园内一般控制区的体育旅游产品链，即充分发挥龙苍沟镇国际森林康养度假目的地这一资源，以及依托大熊猫国家公园这一文化品牌，在入口社区打造和开发最美翠竹大道、最暖熊猫温泉小镇、最优熊猫民宿村、最大桌山奇观、最养熊猫宁静谷、最佳熊猫放归基地等产品。

（三）以"小区+社区"实现内外联动，构建立体化的体育旅游产品体系

"小区+社区"是指将大熊猫国家公园生态体验小区的体育旅游产品转化与周边入口社区的旅游产业、体育产业、文化产业的发展相互融合，相互联动；构建和开发以生态体验小区为主，周边入口社区为辅的高品质、多样性、立体化的体育旅游产品体系，从而真正实现大熊猫国家公园生态价值先行、绿色经济产业发展、人与自然和谐共生的发展格局。其中，在对生态体验小区体育旅游产品进行开发时，要根据生态体验小区体育旅游资源的特点，选择基础条件好、发展空间大的体育旅游项目作为特色发展方向，并将其打造成为引领性强、带动性大的体育旅游品牌，同时也可在不对生态环境造成冲击的前提下，因地制宜的培育或引入某些具有影响力的精品体育赛事活动等，以此作为与大熊猫国家公园入口社区互动联结的亮点。此外，要实现区域内外的联动发展，对国家公园周边入口社区的选择也很重要，因此，对于大熊猫国家公园周边入口社区的选择，要有针对性地选取一些基础设施较为完善、文化遗产丰富、产业特色发展突出的城镇和村落，例如具有地域特色的文化产业、旅游产业、林业、畜牧业等，并根据区域经济发展水平、资源特色和产业基础，开发能与生态体验小区体育旅游产品形成全方位互补、联动的产业类型。对于将大熊猫国家公园生态体验小区与入口社区相结合的发展模式，不仅能解决大熊猫国家公园一般控制区体育旅游产品转化规模与种类受限等问题，同时，周边入口社区也能借助大熊猫国家公园生态体育旅游这一品牌，促进地区体育、旅游、健康、文化、农业等产业的良性互动发展，从而形成辐射带动效应。例如，位于大熊猫国家公园的雅安市雨城、天全、芦山、宝兴、荥经、石棉等6个区县，其作为大熊猫国家公园的入口社区，大熊猫国家公园管理局及雅安市人民政府就充分借助了雅安市大熊猫国家公园这一文化品牌，完成了《雅安·国际熊猫城旅游概念性规划》，根据当前各入口社区的优势及产业特色，即将构筑以"中国熊猫城·生态康养地"为主的生态绿城、文化融城、IP显城、产业强城、康养福城五大产业结构体系。

第四节　市场开发

一方面，国家公园坚持全民共享，为公众提供亲近自然、体验自然、了解自然以及作为国民福利的游憩机会，大熊猫国家公园体育旅游市场开发是其游憩功能与价值展示的窗口，是其体育旅游产品供给的重要方式；另一方面，国家公园以国家利益为主导，坚持国家所有，具有国家象征，代表国家形象，彰显中华文明，大熊猫国家公园体育旅游市场开发有利于大熊猫国家公园品牌形象的树立与宣传，充分传承与弘扬大熊猫文化以及园区多元地域文化。

在商品经济社会中，一切商品都需要通过宣传才能打开市场，进行销售。体育旅游产品的不可移位性和游客对它的体验性，决定了它比其他商品更需要宣传促销，使得更多远距离、散布各地的消费者能够了解体育旅游产品的特色，从而吸引各地游客前来购买和消费本地的特色体育旅游产品。因此，对大熊猫国家公园体育旅游开发不仅要注重体育旅游产品的转化，还需要对体育旅游市场进行开发，使得更多旅游者能够了解并购买大熊猫国家公园体育旅游产品。大熊猫国家公园体育旅游市场开发主要包括体育旅游市场细分、体育旅游目标市场选择、体育旅游市场营销策略三个方面。

一、体育旅游市场细分

体育旅游市场细分是指体育旅游企业通过市场调研，依据消费者对体育旅游产品的差异性，把体育旅游整体市场划分为若干个具有不同需求的子市场的分类过程。大熊猫国家公园体育旅游市场开发首先要进行体育旅游市场细分，一是有利于大熊猫国家公园各个体育旅游景区以及相关体育旅游企业寻求新的市场机会，二是有利于大熊猫国家公园入口社区、特色小镇中本土中小体育旅游企业开发市场，三是有利于大熊猫国家公园各个体育旅游企业调整销售策略。

（一）体育旅游市场细分的原则

1. 差异性原则

大熊猫国家公园体育旅游市场细分要坚持差异性原则，细分出的体育旅游子市场要有明确的范围和区别，不同的细分市场特征、游客类别、购买方式都具有明确的差异性。大熊猫国家公园体育旅游细分市场在理论上能被明显区别，同时在实际运营中能对不同的体育旅游营销组合因素和方案做出不同的反应。

2. 可衡量原则

大熊猫国家公园体育旅游细分市场是能够被识别和衡量的，大熊猫国家公园各个体育旅游企业需要从各类游客中获得确切、重要的信息，清晰明确地掌握体育旅游细分市场中不同消费者对体育旅游产品需求的具体差异性指标，以便进行定量分析。如果大熊猫国家公园体育旅游市场细分后的子市场非常模糊，那么园区各个体育旅游企业就无法根据细分市场的特征进行针对性、有效性的营销活动。

3. 可进入原则

大熊猫国家公园体育旅游细分出来的子市场要求园区相关体育旅游企业可以进入并有所作为，它必须能够与体育旅游企业自身状况相匹配，并且体育旅游企业具备占领这一市场的优势。可进入性主要包括体育旅游信息进入、体育旅游产品进入、体育旅游竞争进入三个方面，而大熊猫国家公园体育旅游开发对其进行针对性分析实则是在探究其体育旅游营销活动的可行性。

4. 可盈利原则

可营利原则要求大熊猫国家公园相关体育旅游企业选定的细分市场的容量足以使企业获利并对大熊猫国家公园可持续发展贡献经济力量，换言之，大熊猫国家公园体育旅游细分子市场要具备一定的规模和发展空间，不仅保证体育旅游企业短期内获利，还必须使体育旅游企业保持较长时间的经济效益和发展潜力，不致遭受体育旅游市场突然变化而带来的巨大风险。

5. 稳定性原则

稳定性原则要求大熊猫国家公园体育旅游细分出来的子市场要有相对应的时间稳定性。细分后的体育旅游子市场能否在一定时间内保持相对稳定，直接关系到大熊猫国家公园相关体育旅游企业生产营销的稳定性。体育旅游细分市场在一定时间内保持稳定，有利大熊猫国家公园相关体育旅游企业制定长期的营销策略，有效的开拓并占领目标市场，获取预期收益。

（二）体育旅游市场细分的方法

体育旅游市场细分的方法主要包括四个：人口变量细分、地理变量细分、心理变量细分与行为变量细分。其中人口变量细分具体包含年龄细分、性别细分、收入细分、职业与教育细分等；地理变量细分具体包含地理位置细分、城镇大小细分与自然地理条件细分等；心理变量细分具体包含生活方式细分、个性细分、社会阶层细分等；行为变量细分具体包含购买时间细分、购买数量细分与忠诚度细分等。从宏观层面来看，由于大熊猫国家公园覆盖范围广、涉及市县多、自然地理差异大，因此其体育旅游市场细分应更多从地理变量的角度进行细分。

二、体育旅游目标市场选择

在体育旅游市场中，体育旅游消费者之间的需求特点具有显著的差异，即不同的体育旅游消费者对相同功能的体育旅游产品或服务会产生不同的选择。由于体育旅游企业不可能满足每一个体育旅游消费者的具体要求，这就有必要按照一定的体育旅游消费者群体来满足他们对体育旅游产品或服务大致相同的需求。因此，体育旅游企业需要根据同类产品市场竞争状况和自身的资源条件，选择自己的目标消费群体，也就是选择自己的体育旅游目标市场。体育旅游目标市场是各类体育旅游企业打算进入的某一或某些体育旅游细分市场，大熊猫国家公园体育旅游市场开发在体育旅游市场细分的基础之上还需要进行体育旅游目标市场的选择，该选择可参考以下五种市场覆盖模式。

（一）市场集中化模式

市场集中化模式是最简单的一种目标市场模式，即体育旅游企业只选取一个体育旅游细分市场，生产一类体育旅游产品或服务，供应单一的体育旅游顾客群，进行集中营销。用模型表示就是只生产P2产品仅服务于M1市场（如图5-9），例如大熊猫国家公园荥经片区的牛背山景区，它被誉为亚洲最大的360度观景平台，依托云海、夕阳、日出、贡嘎雪山、佛光、星轨六绝等自然体育旅游资源，开展登山、徒步、露营等高端山地体育旅游产品与服务，当前景区门票、帐篷住宿以及餐饮服务定价策略较高，其体育旅游客户群主要集中于户外运动、徒步旅游、天文爱好、摄影爱好者等高端群体。

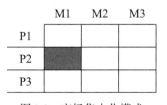

图5-9　市场集中化模式

（二）产品专业化模式

产品专业化模式是指体育旅游企业集中生产一种体育旅游产品或服务，并向各类体育旅游顾客销售这种产品或服务。用模型表示就是只生产P2产品同时服务于M1、M2、M3市场（如图5-10），例如大熊猫国家公园都江堰片区的虹口漂流，其位于虹口—龙溪国家级自然保护区，环境优越、气候宜人，虹口漂流河道为白沙河，属岷江河支流，水质达到国家地面水标准中一类水的要求，天然的漂流河道险、奇、秀，其漂流之水为光光山冰雪融化的雪水、溪水和地下泉水组成，矿物质含量丰富、清澈凉爽，气温25度左右，能够满足一般体育旅游消费者避暑度假等服务需求；除此之外，虹口漂流场地专业性强、条件优越，被国家体育总局水上运动管理中心授予"西部第一漂"

"中国漂流小镇"称号，已在国内外享有一定的知名度和美誉度，每年举办的国际自然水域漂流大赛，吸引不同国家的漂流发烧友以及专业运动员团队慕名参赛、体验。

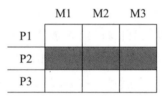

图 5-10　产品专业化模式

（三）市场专业化模式

市场专业化模式是指体育旅游企业专门经营满足某一体育旅游顾客群体需要的各种体育旅游产品或服务。用模型表示就是生产P1、P2、P3产品都服务于M1市场（如图5-11），例如大熊猫国家公园青川片区唐家河国家级自然保护区，其位于广元市青川县境内，岷山山系龙门山脉西北侧，摩天岭南麓，四川盆地向青藏高原过渡的高山峡谷地带，属亚热带湿润季风气候，四季分明、雨量充沛，因此造就了其以"漂流"运动为核心，其他水上运动项目为辅助的组合型水域体育旅游产品；唐家河国家级自然保护区依托丰富的农业资源和生态资源，体育旅游与观光农业、创意农业、特色农庄等乡村旅游结合在一起，打造了一批以"生态、乡村、观光、休闲、体验、教育"为核心要素的生态农业+体育旅游产品和服务；唐家河国家级自然保护区所在的青川县自古便是羌、氐、汉、蕃杂居之地，因此该保护区有着别具特色的三国文化、民族风情、饮食文化、节庆活动等，将各类体育健身项目与传统民俗文化融合开展特色体育旅游活动或赛事，以此打造了独具特色的文化节庆体育旅游产品与服务；除此之外，唐家河国家级自然保护区还打造了登山、徒步、露营、温泉、自驾、骑行、度假、疗养等休闲型体育旅游产品与服务。唐家河国家级自然保护区依据自身资源特色打造了四大产品体系，都是服务于大众休闲体育旅游参与者的需求。

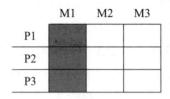

图 5-11　市场专业化模式

（四）选择专业化模式

选择专业化模式是指体育旅游企业选取若干个具有良好的盈利潜力和结构吸引

力，且符合体育旅游企业的目标和现有资源的体育旅游细分市场作为目标市场，其中每个体育旅游细分市场与其他细分市场之间联系较少。用模型表示就是生产P3产品只服务于M1市场，生产P1产品只服务于M2市场，生产P2产品只服务于M3市场（如图5-12），例如大熊猫国家公园平武片区龙池坪森林公园体育旅游产品转化实施多类型错位竞争，多主体协作运营，健全多方位全面服务的策略。其位于平武县城北侧，离县城龙安镇不足4公里，东临天下雄关剑阁县和李白故里江油市，南依大禹家乡北川县，西接人间瑶池黄龙寺，北靠童话世界九寨沟，坚定"宜居""宜游""宜业"品牌战略，依平武绿茶、平武核桃、平武中药等自然资源，托立足康养旅游，打造森林漫步、森林太极、登山健步走等健身休闲体育旅游产品和服务，主要满足中老年体育旅游客户群体的"康体、养生"的需求；龙池坪森林公园打造了露营基地、丛林探险等体育旅游基础设施，主打野趣、狩猎、探险、野营等体育旅游产品和服务，主要满足年轻一代体育旅游客户群的时尚潮流需求；除此之外，龙池坪森林公园大力开展春季插秧、夏季稻田捕鱼、秋季收割稻谷为主题的劳动研学活动，将生态教育、自然教育与体育旅游相结合，开展田园定向、乡村徒步等体育旅游产品和服务，主要满足亲子、青少年等体育旅游客户群的需求。

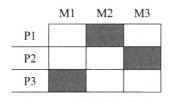

图 5-12 市场专业化模式

（五）市场全面化模式

市场全面化模式是指体育旅游企业生产多种产品或服务去满足各种体育旅游顾客群体的需求。用模型表示就是同时生产P1、P2、P3产品且同时服务于M1、M2、M3市场（如图5-13），例如大熊猫国家公园汶川片区卧龙自然保护区，其位于四川省阿坝藏族羌族自治州汶川县西南部，地处龙门山中南段，邛崃山东南坡，为四川盆地向川西高原的过渡地带，地貌形态以高山深谷为主。当前，卧龙自然保护区与三江慢生活度假小镇、水磨主动健康小镇、漩口水生态文明型文旅小镇、映秀特色培训小镇初步形成了南部连片休闲避暑小镇新格局，结合特色的熊猫文化、藏羌文化、大禹文化、大爱文化和生态农业文化等资源，打造以熊猫公园森林康养、探索熊猫足迹森林徒步、定向甜樱桃采摘、藏羌民族体育节庆体验、藏羌传统体育文化寻踪等；建设功夫熊猫太极拳练习馆、太极八卦生态练习场等特色功夫熊猫主题项目，开展一项集武术、旅游、文化交流于一体的综合性功夫熊猫文化节会，将武术与卧龙特色资源相结合，形成卧龙熊猫品牌节庆活动；结合藏羌民族文化来开展具有特色主题的射箭、体验式骑马等传统体育项目；打造独具特色的卧龙熊猫公园运动康养产品，包括室外瑜伽、武术、八段锦、易筋经、棋牌、专业 SPA、BODY-PUMP（杠铃操）、形体训练等体育旅游产品和服务；依托其"山、水、林、洞、险、峻、奇、秀"的自然资源，打造攀岩、定向运动、野外生存、露营、徒步、登山等山水林体育旅游产品和服务。大熊猫国家公园汶川片区卧龙自然保护区体育旅游产品和服务综合性较强，能够满足不同体育旅游客户群的需求。

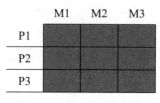

图 5-13　市场全面化模式

三、体育旅游市场营销策略

市场营销组合是由哈佛大学 Borden 首先提出，后美国市场学家 Mccarthy 概括出 4P 营销组合[①]。在旅游业中，旅游市场营销组合是指旅游企业针对目标市场需求，对其可控的各种营销因素（包括产品质量、包装、价格、服务、广告、渠道和企业形象等）实行优化组合和综合运用，使其协调配合，发挥优势，从而满足目标市场需求，实现营销目标。在大熊猫国家公园体育旅游市场开发中，体育旅游市场营销组合同样是根据目标市场需求，对自己可控的各种营销因素实行优化组合和综合运用。

（一）产品策略

体育旅游产品是体育旅游市场营销中最重要的因素，体育旅游产品质量的提高及产品结构的优化能够很大程度的提高体育旅游企业的竞争力。对大熊猫国家公园体育旅游资源进行产品转化时：一是坚持产品差异化战略，结合大熊猫国家公园可开发体育旅游资源，通过具体设计、宣传促销等行为，打造独具特色的大熊猫国家公园体育旅游产品；二是大熊猫国家公园体育旅游产品的开发与组合必须针对细分市场需求进行，从而适销对路；三是要确保大熊猫国家公园体育旅游产品或服务的质量和安全性，良好的产品质量、服务品质、产品安全性是塑造良好市场口碑和提升游客吸引力的必要前提；四是结合大熊猫国家公园体育旅游资源及周边地区关联资源条件，不断推创新体育旅游产品，或结合当前的营销情况，适时的改良体育旅游产品，从而提升

---

① 高孟立,吴俊杰. 市场营销学[M]. 西安:西安电子科技大学出版社,2018:24.

产品的生命周期，保证体育旅游市场消费的持久性。

（二）价格策略

体育旅游的价格定位，也是影响体育旅游市场营销成败的重要因素。合理的价格策略不仅可提高体育旅游企业的竞争力，还能够使体育旅游企业获得更多的利润。大熊猫国家公园体育旅游企业在制定价格时应充分考虑市场营销目标、产品成本和利润、游客对产品或服务的认知价值、细分市场差异以及可能竞争性反应五大因素。一方面，针对大熊猫国家公园各个体育旅游景区原有的体育旅游产品或服务，相关体育旅游企业可以采取同价策略，使自己的产品价格尽可能与竞争对手保持一致，稳定已有的体育旅游客源市场，维持原有的利润回报。另一方面，针对大熊猫国家公园推出新的体育旅游产品或服务，既可以采取低价策略吸引更多的体育旅游者，提高市场占有率；又可以采取高价策略，在短期内赚取高额利润，尽快收回体育旅游产品投资成本。

（三）渠道策略

体育旅游分销渠道是指某种体育旅游产品或服务从生产者向消费者转移过程中，取得这种体育旅游产品或服务的所有权或帮助所有权转移的所有体育旅游企业和个人，狭义上来说就是体育旅游中间商构成的体系，包括商人中间商、代理中间商、渠道起始点的生产者和最终消费者。大熊猫国家公园体育市场营销应当充分进行市场调研、市场开拓、组合加工等，合力选择分销渠道，这有助于大熊猫国家公园各个体育旅游企业扩大市场范围，节约营销的费用，提高营销的效率。大熊猫国家公园体育旅游市场营销在构建分销渠道系统模式以及管理分销渠道系统时，应当全面考虑体育旅游产品因素（自然属性、单位价值、标准性和专用性、时尚性、生命周期）、体育旅游市场因素，体育旅游企业自身因素（规模、实力、声誉、管理能力、控制渠道能力），体育旅游经济效益因素，体育旅游中间商因素（服务能力、可得性、渠道成本）以及体育旅游环境因素（经济环境、社会文化环境、技术环境、竞争环境、政治法律环境）等。

（四）促销策略

体育旅游促销是指体育旅游营销者通过合理的方式，将体育旅游企业理念、产品及服务等相关信息传递给体育旅游产品的潜在购买者及其他公众，涉及促销方式通常有广告宣传、营业推广、人员推销及公共关系四种。大熊猫国家公园体育旅游促销将保护生物多样性和自然资源理念、体育促进身体健康理念、体育旅游产品及服务等相关信息传递给现有或潜在的消费者。大熊猫国家公园体育旅游市场开发必须长期开展宣传促销，通过对各种体育旅游活动的精心策划、充分准备和超前宣传，实现较好的促销效果，如各种传统节日体育旅游活动的举行，定期开展相应的体育赛事活动，从而强化大熊猫国家公园体育旅游总体形象。

第五节　制度保障

本研究以国家公园体制试行为背景，顺应"建立国家公园为主体的自然保护地体系"的导向，结合体育旅游在经济、社会与生态等多方面的功能与价值，以解决国家公园新型人地矛盾、永续发展国家公园为主要目标，深入探索大熊猫国家公园体育旅游资源开发与其体育旅游专项管理的"国家公园服务社会"新道路。

首先，在大熊猫国家公园体育旅游资源调查、分类、评价以及开发的基础上，提出公园体育旅游专项管理的目标；然后，在大熊猫国家公园体育旅游资源开发与管理中探索应用国家公园的管理体制与管理机制，具体问题具体分析，提出大熊猫国家公园体育旅游专项的相关管理建议；其次，根据大熊猫国家公园体育旅游发展趋势的不断变化以及政策导向的变动，以明确国家公园管理目标为依据，以问题意识为导向，建立大熊猫国家公园体育旅游共管体系，以期为后期的规划与管理提供相应的指导；最后，在智慧化背景下，提出大熊猫国家公园体育旅游发展的技术路径，提供专项管理的技术保障。

一、大熊猫国家公园体育旅游专项管理目标

历史问题方面，在我国国家公园体制改革之前，在传统的自然地保护制度下，各地的情况差异较大，部分区域所形成的体育旅游行为乱象丛生；体育旅游发展方面，当前我国体育旅游资源的开发存在着较为严重的"重开发轻管理"的现象；国家公园建设方面，严格的管理体制与机制要求体育旅游的开发必须谨慎、规范。鉴于此，通过实地考察与访谈，提出大熊猫国家公园体育旅游管理目标。

（一）资源管理目标

资源管理目标是大熊猫国家公园体育旅游管理的根本目标。在管理过程中，首先，要求平衡大熊猫国家公园生态资源保护与利用的矛盾，生态资源严格保护是合理利用的前提；其次，依托体育旅游的多维功能与价值，提升大熊猫国家公园生态资源的丰度与厚度；最后，需要把握大熊猫国家公园体育旅游资源开发的公平性，既包括区域公平性，又涵盖代际公平性。

（二）行为管理目标

行为管理目标是大熊猫国家公园体育旅游管理的首要目标。在管理过程中，通过

积极引导大熊猫国家公园体育旅游各类项目的开发行为，逐步替代传统型、粗狂型的开发行为，减少高消耗、破坏性的人类活动；不断优化大熊猫国家公园体育旅游的开发行为，调整与创新开发理念与手段，转变访客的参与行为以及地方居民的生产与生活行为。

（三）效益管理目标

效益管理目标是大熊猫国家公园体育旅游管理的重点目标。在管理过程中，需要不断优化大熊猫国家公园开展体育旅游所带来的生态效益、经济效益、社会效益与文化效益，使体育旅游的功能与价值换挡升级。

二、大熊猫国家公园体制下体育旅游运行与管理

当前，国内国家公园体制机制的相关研究可以概括宏观研究、中观研究与微观研究三个层面。首先，本研究从中观层面出发，总结大熊猫国家公园不同管理体制下管理体系的内部建设，主要包括管理机构及其职责、权限、运作机制、管理规范等。其次，从微观层面出发，探讨与大熊猫国家公园体育旅游发展息息相关的体制机制，主要包括特许经营机制、资金机制与社区参与机制。

（一）大熊猫国家公园体制建设概况

2020年7月至12月，国家林草局委托中国科学院等单位相关专家，组成国家公园体制试点评估验收工作组，对10个国家公园试点区的自然禀赋和试点工作情况开展评估验收。2021年是我国国家公园的开局之年，评估验收完之后，国家将正式成立一批国家公园，根据试点的经验与成效，继续深化国家公园体制改革，加快建设具有中国特色的国家公园。大熊猫国家公园试点在设立之前，涉及单位、部门比较多，不同程度存在多头管理、交叉重叠、权责不清的问题。通过5年的体制建设，大熊猫国家公园逐步改变了过去"九龙治水"的管理模式，为进一步发展提供了有力的制度保障。（如表5-18）

表5-18　大熊猫国家公园体制建设历程

时间	重要阶段
2016年8月	四川、陕西、甘肃三省人民政府联合上报《大熊猫国家公园体制试点方案》
2016年12月5日	习近平总书记主持召开中央全面深化改革领导小组第三十次会议审议通过《大熊猫国家公园体制试点方案》
2017年1月31日	中共中央办公厅、国务院办公厅印发《大熊猫国家公园体制试点方案》
2018年10月29日	大熊猫国家公园管理局依托国家林业和草原局驻成都森林资源监督专员办事处正式组建
2018年11月	大熊猫国家公园四川、陕西、甘肃三省管理局依托省林草局相继挂牌组建，大熊猫国家公园省级管理机构组建完成

时间	重要阶段
2019年4月26日	大熊猫国家公园协调工作领导小组会议审议通过了《大熊猫国家公园协调工作领导小组职责及议事规则》《大熊猫国家公园管理机构工作职责》《2019年大熊猫国家公园体制试点重点工作任务分工》
2020年3月17日	大熊猫国家公园管理局印发《大熊猫国家公园管理办法(试行)》
2020年6月	国家林业和草原局(国家公园管理局)印发《大熊猫国家公园总体规划(试行)》

1. 初步建立大熊猫国家公园管理机构

目前，大熊猫国家公园82个自然保护地、50个国有林场、15个国有森工企业、3个省属林业局整合工作全面完成。制试点以健全管理体系为核心，组建了大熊猫国家公园"管理局—省级管理局—管理分局—保护站"四级管理机构，形成了"1+3+14+147"的管理体系，即1个大熊猫国家公园管理局，3个大熊猫国家公园省级管理局，14个管理分局和147个保护站[1]，实现了管护面积全覆盖、无交叉、无空白。(如图5-14)

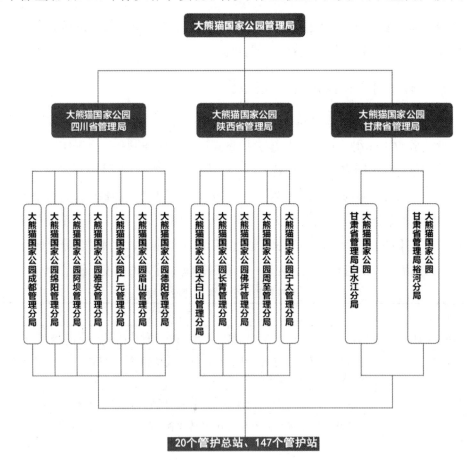

图5-14　大熊猫国家公园管理机构

---

① 孙继琼,王建英,封宇琴. 大熊猫国家公园体制试点:成效、困境及对策建议[J]. 四川行政学院学报,2021(02):88-95.

2. 确定并划分了大熊猫国家公园职责权限

2019年4月26日，大熊猫国家公园协调工作领导小组在成都召开第一次会议，会议审议通过了《大熊猫国家公园协调工作领导小组职责及议事规则》《大熊猫国家公园管理机构工作职责》《2019年大熊猫国家公园体制试点重点工作任务分工》[①]。除此之外，体制试点陆续编制并出台了《大熊猫国家公园行政权力清单（第一批）》《大熊猫国家公园行政执法清单（第一批）》《大熊猫国家公园管理机构所在地政府责任清单（试行）》《大熊猫国家公园自然资源管理和生态环境保护责任追究制度》等，按照"既不与林草局现有职能重复、又要满足大熊猫国家公园体制试点需求"的原则，将分散在环保、林业、国土等部门的生态管理职责划入大熊猫国家公园管理机构，将大熊猫国家公园范围内各类保护机构的资金、资源、资产、人员等按程序移交到大熊猫国家公园管理局直接管理[②]。一系列职责权限的整合，既厘清了大熊猫国家公园管理机构之间、公园管理机构与地方政府之间的职责范围和管理边界，又明确规定了大熊猫国家公园管理机构的职责与权限。

3. 大熊猫国家公园运行机制尚在进一步探索

（1）合作监督机制。在大熊猫国家公园"管理局—省级管理局—管理分局—保护站"四级管理机构之下，为了实现统一管理、系统管理、分级管理、协同管理，有效落实大熊猫国家公园职责与权限，体制试点探索建立"统分结合、分层管理、效率优先"的管理机构运行机制，充分发挥中央和地方"两个积极性"。一是成立由国家林业和草原局副局长李春良任组长，三省委常委或分管副省长任副组长，三省组织、宣传、编办、财政、发改、交通、水利、文旅、农业农村、生态环境、自然资源、林业草原等部门为成员单位的协调工作领导小组；二是建立国家林业和草原局与三省政府四方定期会商机制，切实加强对跨省域体制试点工作的统筹协调和督促检查；三是各省建立由分管省领导牵头的体制试点工作推进领导小组，实行省政府领导下的部门分工负责制，加强跨部门协作；四是各市（州）、县（市、区）党委政府成立相应市级领导小组或办公室。

（2）司法协作机制。大熊猫国家公园管理局会同四川省高级人民法院、四川省人民检察院印发了《关于建立大熊猫国家公园生态环境资源保护协作机制意见（试行）》，协作内容主要包括强化行政执法与刑事司法衔接机制、建立民事司法保护协作机制、建立行政执法与行政司法保护协作机制、建立公益诉讼司法协作机制、建立生态恢复性司法协作机制等5个方面。大熊猫国家公园通过建立联席会议、专题协商、

① 中国政府网. 大熊猫国家公园协调工作领导小组会议召开[EB/OL]. [2019-04-26]. http://www.gov.cn/xinwen/2019-05/06/content_5389069.htm.

② 孙继琼，王建英，封宇琴. 大熊猫国家公园体制试点：成效、困境及对策建议[J]. 四川行政学院学报，2021（02）：88-95.

共同培训、信息通报共享、联合宣传、各层级深度协作等工作机制，持续加强多部门跨区域联动，推行辖区内生态环境资源刑事、民事、行政案件"三审合一"模式，强化审执协同，依法严厉打击破坏生态环境资源的违法犯罪行为，坚持用最严格的制度、最严密的法治保护生态环境，维护人民群众的生态环境权益，不断提升生态环境治理能力与治理水平[①]。

（3）社会参与机制。一是大熊猫国家公园体制试点构建"公园管理机构—村级组织—公益组织"三位一体格局[②]，建立社会公益型保护小区[③]，社会组织负责具体管理以及提供相应的资金和技术，整合设置近3万个生态管护公益岗位，优先解决当地居民就业，如：平武县和国际国内社会组织共同合作建立了体制外的自然保护地，如火溪河协议保护地、关坝沟流域自然保护小区、老河沟社会公益型保护地等；二是以分局为单位建立大熊猫国家公园共管理事会，吸纳地方党政领导、人大代表、政协委员、社区代表及利益相关方代表参加，审议审定、监督评价、协商协调该区域国家公园建设管理中的重大事项，打造共建共管共享的协调沟通平台，丰富社会各界参与支持大熊猫国家公园建设发展的方式与途径；三是联合地方政府精心打造大熊猫国家公园入口社区和特色小镇，引导地方主动对接大企业大项目，积极推进生态绿色产业的发展，同时鼓励规范当地居民利用现有生产生活设施发展餐饮、住宿等服务业，促进当地居民增收；四是动员包括马云、马化腾等在内的知名企业家和社会资金参与平武县的珍稀动植物保护，在大熊猫国家公园内和入口社区开展"蚂蚁森林"公益保护地试点，上线关坝、福寿两个社区保护地，认领公众3059万人次，获得社会资金440余万元支持今后10年的生态保护与绿色发展。

4. 大熊猫国家公园管理体系在进一步规范与完善

大熊猫国家公体制试点研究制定了管理制度、规定、办法及清单28项，建立健全制度体系，为各级管理机构规范高效运行提供了配套体系；编制总体规划、专项规划与片区规划22项，建立健全规划体系，确保公园总体规划与当地国民经济与社会发展规划、土地利用规划以及各类专项规划相衔接。制度体系与规划体系相互联系、相辅相成、互为补充，建立了统一的、整体的、系统的大熊猫国家公园管理规范，从而为其管理机构的执行，职责权限的落实、管理机制的运行奠定了有力的基础与保障。（如表5-19，表5-20）

---

① 国家林业和草原局政府网. 大熊猫国家公园探索建立生态环境资源保护司法协作机制. [EB/OL]. [2020-08-31]. http://www. forestry. gov. cn/main/3956/20200831/084408312937476. html.

② 李晟, 冯杰, 李彬彬, 吕植. 大熊猫国家公园体制试点的经验与挑战[J]. 生物多样性, 2021, 29(03): 307-311.

③ 注: 社会公益型保护小区, 也称社会公益保护地, 是我国逐渐出现了一种新型的就地保护形式, 由我国民间机构、社区或个人治理或管理的保护区域, 以促进自然保护和可持续发展。社会公益保护地建议选择目前还没有纳入自然保护地体系的区域开展保护工作; 对于已建自然保护地, 在取得当地政府及自然保护地主管部门的许可后, 也可以开展社会公益保护地建设。(王伟; 李俊生《中国生物多样性就地保护成效与展望》)

表 5-19　大熊猫国家公园制度体系

类别	名称
制度类	《大熊猫国家公园全民所有自然资源资产有偿使用制度(试行)》 《大熊猫国家公园非全民所有自然资源管理制度(试行)》 《大熊猫国家公园自然资源管护制度(试行)》 《大熊猫国家公园访客管理制度(试行)》 《大熊猫国家公园自然资源管理和生态环境保护责任追究制度(试行)》 《大熊猫国家公园重大事项报告制度(试行)》 《大熊猫国家公园领导干部自然资源资产离任审计制度(试行)》 《大熊猫国家公园自然资源资产核算和评估制度(试行)》
规定类	《大熊猫国家公园协调工作领导小组办公室主任会议制度及议事规则》 《大熊猫国家公园管护站建设规范(试行)》 《大熊猫栖息地修复和生态廊道建设技术规程(试行)》
办法类	《大熊猫国家公园管理办法(试行)》 《大熊猫国家公园建设项目管理办法(试行)》 《大熊猫国家公园规划管理办法(试行)》 《大熊猫国家公园自然资源管理办法(试行)》 《大熊猫国家公园特许经营管理办法(试行)》 《大熊猫国家公园新闻宣传工作管理办法(试行)》 《大熊猫国家公园社会捐赠管理办法(试行)》 《大熊猫国家公园管理局信息平台信息发布管理办法(试行)》 《大熊猫国家公园巡护管理办法(试行)》 《大熊猫国家公园监督管理暂行办法》 《大熊猫国家公园志愿者服务办法(试行)》 《大熊猫国家公园确界定标管理办法(试行)》
清单类	《大熊猫国家公园行政权力清单(第一批)》 《大熊猫国家公园行政执法清单(第一批)》 《大熊猫国家公园管理机构所在地政府责任清单(试行)》 《大熊猫国家公园产业准入负面清单(试行)》

表 5-20　大熊猫国家公园规划体系

类别	名称
总体规划	《大熊猫国家公园总体规划(试行)》
专项规划	《大熊猫国家公园监测系统建设规划》 《大熊猫国家公园灾害防控体系建设规划(试行)》 《大熊猫国家公园野生动物救护体系建设规划(试行)》 《大熊猫国家公园科学研究规划(试行)》 《大熊猫国家公园生态保护专项规划(试行)》 《大熊猫国家公园(荥经、宝兴县)生态产业发展概念性规划》
片区规划	四川省《大熊猫国家公园四川试点区建设空间发展规划》 四川省《大熊猫国家公园四川试点区社区发展和生态搬迁规划》 四川省《大熊猫国家公园四川试点区绿色产业发展专项规划》 四川省《大熊猫国家公园四川试点区自然教育与生态体验建设专项规划》 四川省《大熊猫国家公园四川试点信息化建设总体规划(2020—2025)》 四川省《数字大熊猫国家公园四川试点区专项方案》

类别	名称
	陕西省《陕西省大熊猫保护工程专项规划》 陕西省《大熊猫国家公园秦岭片区社区转型与特许经营规划》
片区规划	甘肃省《大熊猫国家公园体制试点白水江片区专项规划、方案（纲要）》 甘肃省《白水江片区大熊猫栖息地生态系统保护与修复专项规划》 甘肃省《大熊猫国家公园白水江片区科研体系与科普宣教展示基地建设专项规划》 甘肃省《大熊猫国家公园白水江片区生态体验和环境教育专项规划》 甘肃省《大熊猫国家公园白水江片区珍稀濒危野生动植物抢救性保护性专项规划》 甘肃省《大熊猫国家公园白水江片区一般控制区生态产业发展专项规划》 甘肃省《大熊猫国家公园白水江片区周边区域产业发展、基础设施和公共服务体系建设专项规划》

（二）体育旅游对大熊猫国家公园体制的探索应用

针对过去保护管理中存在的交叉重叠、多头管理、自然资源产权不清等体制机制性问题，大熊猫国家公园以创新体制机制为突破口，探索建立统一的大熊猫国家公园管理机构、整合各类自然保护地管理职责、理顺自然资源资产产权关系，建立了归属清晰、权责明确、监管有效的自然资源资产产权制度，实现了大熊猫国家公园统一规划、统一保护和统一管理。

国家公园体制机制不仅仅前文所述，从整体上来看，它包括管理单位体制与资源管理体制两大体制，特许经营机制、资金机制、日常管理机制、合作监督机制和社区参与机制五大机制，有涉及利益分配机制和多生态补偿机制等更细化的机制，还包含与之配套的一系列制度、法律、办法和政策等。而大熊猫国家公园发展体育旅游不可避免地要探索应用相应的体制与机制。理论层面来说，所有的体制与机制都与大熊猫国家公园体育旅游有着直接或间接的联系，如资源管理体制中探索的土地权属、自然资源资产等问题虽然无法论及体育旅游，但却是其开发建设的前提与基础。因此，结合体育旅游的特点与性质，研究只对特许经营机制、资金机制与社区参与机制进行探讨。

1. 特许经营机制

当前，大熊猫国家公园各级管理机构会同地方政府主动对接大企业大项目，通过特许经营方式在入口社区打造生态体验小区建设、景点开发、基础设施改造升级等。随着大熊猫国家公园建设的日益推进，需要多方面的特许经营活动，其中就包括体育旅游特许经营活动。研究围绕大熊猫国家公园特许经营活动开展探讨相应的机制问题。

（1）特许经营模式选择

BOT模式，即建设—运营—移交模式（Build-Operate-Transfer），是指由社会资本或项目公司承担新建项目设计、融资、建造、运营、维护和用户服务职责，合同期满后项目资产及相关权利等移交给政府的项目运作方式。政府通过招投标的方式对体育旅游企业进行筛选，对符合国家公园特许资格的企业给予一定范围的特许权，允许其建设和经营体育旅游基础设施并获得相关的收益，特许经营期限结束后，体育旅游企业将基础设施无偿移交给政府。在BOT模式中，政府自始至终拥有大熊猫国家公园体育旅游基础设施的所有权，体育旅游企业只拥有一定的建设权和经营权。因此，大熊猫国家公园在进行徒步线路（包含栈道）、山地自行车线路、攀岩线路（如飞拉达）、各类水上运动（包含码头、漂流场地等）、冰雪运动场地、户外运动营地（包含露营、探险穿越、素质拓展等）、体育游憩场所（依托林、草等资源）等大型体育旅游基础设施建设和运营时通过BOT模式，既可以有效减少大熊猫国家公园在体育旅游发展过程中的财政开支，又能够弥补大熊猫国家公园对体育旅游项目经营管理经验缺乏的弊端。

TOT模式，即移交-经营-移交模式（Transfer Operate Taster），是指政府部门将存量资产经营权有偿转让给社会资本或项目公司，并由其负责运营、维护和用户服务，合同期满后资产经营权等移交给政府的项目运作方式。政府将大熊猫国家公园已经培育好的体育旅游项目通过招标遴选的方式移交给符合特许资格的私营企业，该企业获得体育旅游项目的经营管理权后需要向政府支付特许费，在未来经营中凭借该项目获得相应的资金收益，特许经营期限结束后，将国家公园体育旅游项目的经营管理权无偿返还给政府。大熊猫国家公园可以采用TOT模式，与社会企业等力量共同开展大熊猫国家公园品牌系列的体育旅游节、体育文化节、体育商贸节等现代体育节庆，马拉松、越野跑、定向越野、登山健步走等大众型体育赛事旅游，以及夏令营、冬令营、亲子游、户外拓展等体育旅游活动。TOT模式可以通过移交大熊猫国家公园特许经营项目获得收入，可以将收入用来补偿建设资金，减轻财政压力，同时有利于大熊猫国家公园丰富体育旅游产品与服务，便于随时把控体育旅游产品与服务的品牌管理与质量监控。

O&M模式，即委托运营模式（Operation&Maintenance），是指政府保留存量公共资产的所有权，而仅将公共资产的运营维护职责委托给社会资本或项目公司，并向社会资本或项目公司支付委托运营费用。政府拥有大熊猫国家公园体育旅游资源的所有权；受许人代替政府对其进行维护与开发运营，并获得政府所支付的一定运营和维护费用。O&M模式根据合同出让公共资源的日常运营和维护权，更适合于社区居民，不仅能解决当地人就业，带动周边地区脱贫，响应国家乡村振兴战略要求，而且维护了当地居民利益[1]。因此，O&M模式更适合于大熊猫国家公园社区居民自主创业或是原有企业的转型发展，与大熊猫国家公园管理机构进行合作，主要对国家公园内民族、民间、民俗体育旅游资源，红色体育旅游资源，宗教体育旅游资源、传统体育特色聚落建筑资源等进行自主性、自发性的开发运营。

① 耿松涛,张鸿霞,严荣.我国国家公园特许经营分析与运营模式选择[J/OL].林业资源管理:1-11.

（2）特许经营制度保障

①加强项目规划

首先，大熊猫国家公园管理局规划法规处要与四川省文化和旅游厅、四川省体育局等部门的相关单位建立协同联动机制，根据四川省体育旅游发展的现状以及未来的趋势，依据大熊猫国家公园体育旅游资源的赋存以及资源特色，采用招标方式、依托专家评审，制定《大熊猫国家公园体育旅游发展专项规划》，明确大熊猫国家公园体育旅游的特殊功能与价值，指明体育旅游重大项目的发展方向，为特许经营活动奠定牢固的基础。其次，大熊猫国家公园管理局自然资源资产管理处依据《大熊猫国家公园体育旅游发展专项规划》，在大熊猫国家公园商业服务项目总体规划中，决定园内可以开展哪些体育旅游特许经营项目和如何开展；建立特许经营智慧团队，包括特许经营专家、公园管理单位工作人员、体育旅游规划专家、环境保护管理专家等跨学科人员，指导各个管理分局所管辖范围的大熊猫国家公园体育旅游特许经营细化方案。

②建立"准入—审查—退出"机制

建立前后统一的"准入—审查—退出"机制，能够为大熊猫国家公园体育旅游特许经营活动的开展提供清晰的思路以及操作流程。（如图 5-15）

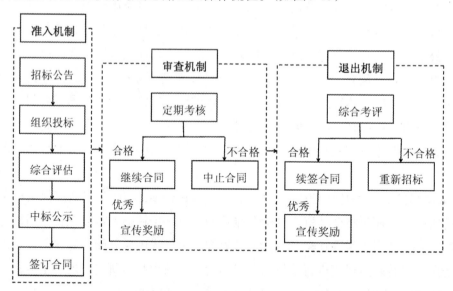

图 5-15　特许经营"准入—审查—退出"机制

准入机制：一是招标公告，由大熊猫国家公园管理局自然资源资产管理处负责项目招标工作，通过大熊猫国家公园信息管理平台完善项目招标信息官方发布渠道，借助广大社会媒体传播招标信息，增强体育旅游特许经营项目的市场竞争性，在国家公园资源约束机制下发挥市场在资源配置中的作用，提高开发效率，实现效益最大化；二是组织投标，参与投标的体育旅游企业参照招标说明的要求向大熊猫国家公园管理局自然资源资产管理处递交标书，展示项目运营管理的方案；三是综合评估，大熊猫国家公园管理局自然资源资产管理处成立由国家公园管理单位的工作人员与体育旅游特许经营的各位专家等技术人员组成的评标小组，对所有参与竞标企业的标书及运营管理方案进行评审，评审需要建立统一的特许经营提案评审评分标准以及体育旅游特许经营专项评分标准。四是中标公示，评标小组根据评审结果撰写总结报告，由大熊猫国家公园管理局自然资源资产管理处公示评审结果、总结及中标的投标人和开发方案。五是签订合同，大熊猫国家公园管理局自然资源资产管理处与中标的体育旅游企业对特许经营项目的具体经营管理方案进行双向性的、反复性的沟通、商讨、确认之后，共同签署体育旅游特许经营合同。

审查机制：根据大熊猫国家公园体育旅游特许经营项目的时间计划节点以及建设运营周期，建立定期考核制度，考核结果合格将继续合同，对优秀的执行企业进行相应的示范宣传与刺激奖励；考核结果不合格将中止合同，根据考核报告考虑是强制退出还是予以整改。在这一过程中需要注意，一是要建立第三方审查组织，联合大熊猫国家公园管理局资源和林政监管处，对体育旅游特许经营的执行进行严格审查，确保合同中所履行的特许经营内容保持可持续与必要性；二是依据特许经营制度中明确的特许经营内容的正面与负面清单，制定体育旅游特许经营项目的定期审查评审制度（如表5-21）；三是建立整改制度，对于要求强制整改的项目根据合同义务进行跟进式监督整改。

表5-21　定期审查评审制度

指标	内容	评审制
经营类型	是否符合正面与负面清单，是否随意更改经营类型	打分制
经营价格	是否符合市场标准且在游客、居民的接受范围	打分制
污染情况	是否存在污染自然资源	一票否决制
空间建设	是否存在乱搭乱建行为，与国家公园风貌是否协调	一票否决制

退出机制：建立严格的私营企业参与大熊猫国家公园体育旅游特许经营项目的退出机制，为体育旅游企业的市场竞争戴上了"紧箍咒"，保障了体育旅游特许经营机制的完整性。首先，在法律层面的引导与规范下，根据大熊猫国家公园体育旅游专项规划的目标与任务，参照体育旅游特许经营的标准与要求，制定相应的淘汰标准与程序；其次，由第三方审查组织对体育旅游特许经营企业的合同执行情况进行综合考评，考核结果合格将与该企业续签合同，对优秀的执行企业进行相应的示范宣传与经济奖励；考核结果不合格将终止合同，随后进入新一轮的招标程序。除此之外，对于大熊猫国家公园建立之前的体育旅游运营管理的历史遗留问题，应统一纳入大熊猫国家公园特许经营机制进行考核与监督，对于不符合的企业就必须按照淘汰标准与程序强制退出。

③健全法律法规

国家公园体育旅游特许经营的合同必须具备法律效应，特许经营活动的有效实施也必须法律的保驾护航。一是要加强国家公园这一生态文明建设重点领域的科学立法，加快《国家公园法》的立法进程，确立国家公园资源的所有权等内容，为国家公园特许经营提供法律溯源；制定国家公园特许经营配套法规，为园内特许经营活动提供具体的法律保障，根据体育旅游开发行为、游客行为的特殊性，提高配套法规的普适性；不断完善《大熊猫国家公园特许经营管理办法（试行）》，为特许经营活动的执行提供指导。二是要保障在国家公园特许经营活动中严格执法，对准入、审查、退出等特许经营程序进行法律层面的引导与规范，对于违反国家公园保护要求和特许经营制度的体育旅游企业进行严厉的法律制裁；三是要公正执法，加强司法机关及其工作人员依照法定的职权和程序，运用法律规范处理与国家公园特许经营有关的一切刑事、民事、行政案件等；四是要全民守法，加强国家公园法律教育宣传，提升社区居民、企业单位、游客等法律意识，为国家公园体育旅游特许经营提供前瞻性的法律启示。

④利益分配机制

大熊猫国家公园体育旅游资源开发产生的经济效益主要体现为特许经营收入，其既能为国家公园保护工作筹集资金，又能保证特许经营者获得合理的利润，引导其提供与国家公园保护目标一致的体育旅游服务和产品。首先，要科学估算大熊猫国家公园自然与人文体育旅游资源的经济价值以及一段时间内大熊猫国家公园体育旅游的市场份额及未来的市场潜力，规范、稳定市场价格，从而确定合理的体育旅游特许经营费用，严格把控体育旅游特许经营费用的资金来源；其次，综合考虑国家公园管理机构、体育旅游企业、社区居民等多方利益，明确体育旅游特许经营资金的支出项目、使用类别与划分标准，并规范相应的使用流程；最重要的是要对体育旅游特许经营资金的使用建立反馈制度，对于不同类型资金使用效益进行利益分配比重的调整。

2. 资金机制

大熊猫国家公园发展体育旅游，既是坚持"全民公益性"的理念，为公众提供亲近自然、体验自然、了解自然的创新路径，同时也是促进国家公园带动周边区域实现绿色发展转型的重要手段，从而反哺国家公园的保护事业。以保护为主和公益性一直是全球国家公园的基本特征，充足合理的资金保障机制则是国家公园保护为主和公益性的保障基础[①]。国家公园管理机构的资金机制主要包括筹资机制和用资机制两个方面。其中，筹资机制是资金机制的重点，包括财政渠道和市场渠道两个方面。由于本研究在国家公园保护为主的前提下探究资源的合理利用，对于资金机制的探讨主要从筹资机制的市场渠道进行论述。

（1）技术路线

构建大熊猫国家公园体育旅游资金机制，要坚持"取之于山水，用之于山水"的

---

① 李俊生,朱彦鹏. 国家公园资金保障机制探讨[J]. 环境保护,2015,43（14）:38-40.

原则，筹资机制中的市场渠道就是"取之于山水"的过程。在这一过程中，大熊猫国家公园需要将自身的资源环境优势转化为产值优势，增强自我造血功能和自身发展能力，使绿水青山真正变成金山银山，这一"转化"是构建筹资机制市场渠道的核心所在。体育旅游当前于我国具有良好的市场潜力，其产业关联度强，产品附加值高，通过打造大熊猫国家公园体育旅游产品增值体系，国家公园管理机构和国家公园社区凭借特许经营权获得相应的利益，从而构建筹资机制的市场渠道。

在国家公园建设与生态文明建设的要求以及"两山理论"的指导之下，构建大熊猫国家公园体育旅游产品增值体系：产业发展指导体系、产品质量标准体系、产品品牌认证体系、品牌管理推广体系、品牌增值检测和保护情况体系，一方面引导国家公园体育旅游资源向产品乃至商品的成功转化，另一方面依托大熊猫国家公园品牌，通过产业布局、产业集聚、产业融合等经济技术手段串联大熊猫国家公园具有地域自然和文化特色的一、二、三产业，从而全面提升其体育旅游商品的价格与销量优势。最后，依托大熊猫国家公园体育旅游绿色产值优势，促进绿色融资，创新筹资机制的市场渠道范式。（如图5-16）

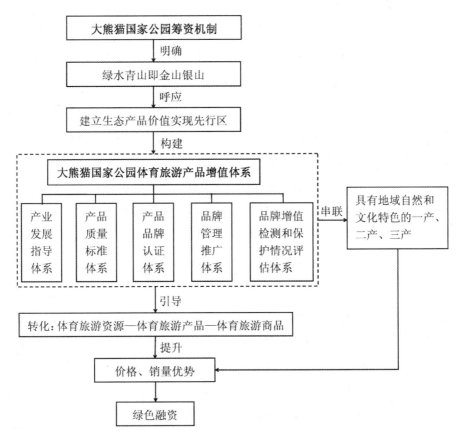

图5-16　大熊猫国家公园体育旅游产品增值体系

（2）制度设计

①健全管理单位体制

大熊猫国家公园管理局下设自然资源资产管理处，主要负责大熊猫国家公园自然资源资产管理工作，承担资源调查、监测及评价、有偿使用和特许经营管理等职责。为了大熊猫国家公园体育旅游筹资机制市场渠道的有效运行，研究建议在自然资源资产管理处下设科普游憩管理科，该科室主要负责体育旅游资源资产管理、体育旅游产业发展指导、体育旅游产品监管、体育旅游生态环境监测与调控、体育旅游相关服务等。

大熊猫国家公园正式成立后将面临更为艰巨的发展任务，前期可在自然资源资产管理处下设科普游憩管理科，后期随着改革的深入可以在大熊猫国家公园管理局下设科普游憩管理处，编制扩充后，能够更加精细化的负责相关工作。另外，从人员编制角度看，无论是科级人员还是处级人员，都应该以大熊猫国家公园"发展"与"全民公益"为出发点，以体育旅游管理等相关专业为基础来选拔人才。

②完善资源管理体制

资源管理体制是大熊猫国家公园体育旅游产品增值体系建立的依据和基础，也是上述管理单位体制不断改革创新的前提以及体育旅游产品筛选与设计的重要根据，其主要任务就是明晰大熊猫国家公园体育旅游资源资产管理的权、责、利。首先，从产权制度这一方面来看，资源管理体制需要明确大熊猫国家公园体育旅游资源的所有权，在体育旅游资源开发过程中务必做到产权清晰、申请使用有标准、市场监督有法可依；然后，从监管制度这一方面来看，全面依托大熊猫国家公园的社会参与机制，明确资源产权所有者所肩负的资源保护职责，对体育旅游资源开发活动进行监督；最后，从利益分配这一方面来看，依托用资机制以及生态补偿机制，协调国家公园管理机构（政府）、资源产权所有者以及社会企业之间的利益，形成良性循环的长效机制。

③制定《大熊猫国家公园体育旅游专项管理办法》

制定《专项管理办法》是大熊猫国家公园体育旅游产品增值体系建立、运行与管理的法律保障。该《专项管理办法》应当将与产品增值体系相适应的管理单位体制、资源管理体制以及保障产品增值体系良好运行的各类政策机制落实到文本化形式层面，同时加强配套的制度建设与精细化管理，制定体育旅游产业发展指导办法、体育旅游产品与服务标准和管理办法、体育旅游品牌管理办法等。比如：在体育旅游产品与服务标准和管理办法中，充分结合保护地友好、社区友好、自然和文化遗产友好等，根据不同的体育旅游资源，严格制定体育旅游企业进入清单，为相应的产品与服务提供相应的依据；在体育旅游品牌管理办法中，建立品牌检测和保护评估体系，明确定期检查制度，完善不定期检查制度等，对体育旅游产品的品牌增值以及产品质量进行严格把关。

④采取扶持性政策

采取相应的扶持性政策，不仅是对大熊猫国家公园体育旅游产品增值体系的辅助，同时也为国家公园"发展"与"全民公益性"方面的建设提供更多思路与帮助。第一，结合乡村振兴战略及相关政策，在大熊猫国家公园科普游憩区及部分一般控制区、入口社区以及周边区域资源禀赋优势区域打造体育旅游特色小镇，吸纳相应的政策与财政扶持；第二，支持涉足体育旅游产业的龙头企业以及地方优秀企业积极参与大熊猫国家公园体育旅游运营，形成"国家公园授权——龙头企业带动——地方企业开花"的大熊猫国家公园体育旅游发展模式，逐步培养大熊猫国家公园体育旅游的品牌市场；第三，鼓励广大地方居民积极参与，为其自主创业、对口就业以及相关知识与技能培训提供相应的平台等。

⑤实施品牌化管理

搭建涉及不同利益相关方的国家公园产品品牌管理平台，提高管理效率，拓宽市场渠道（如图5-17）[1]。依托该平台，大熊猫国家公园相关管理机构，与地方政府相互合作、沟通、协调，通过"互联网+"建设配套信息服务系统，串联各个体育旅游企业、体育旅游消费者、国家公园社区居民、体育旅游行业协会、体育旅游科研机构等利益相关方，实现监督体育旅游产品安全与质量、监测体育旅游生产和消费对生态环境影响、体育旅游生态补偿等品牌约束。平台能够为体育旅游产品增值提供多样化的支撑与服务：收集、分析和发布体育旅游产品供需状况和商业趋势信息，为国家公园体育旅游的发展提供商机；提供咨询服务，如体育旅游智库专家与体育旅游企业者之间的在线交流服务、体育旅游市场走势等专家在线咨询等；建立大熊猫国家公园体育旅游智慧消费平台，利用大数据、5G等网络科技，为体育旅游产品提供更多的宣传、销售渠道。

⑥拓宽多源融资渠道

大熊猫国家公园管理局规划法规处等相关管理单位加强规划引导、管理和支持，鼓励各类社会资金参与国家公园体育旅游的发展中。在特许经营机制下，引导行业内和行业外的不同企业资本和金融信贷进入国家公园体育旅游的经营，将所获收益按比例用于大熊猫国家公园的生态保护、事务管理、游憩发展与生态补偿等。鼓励银行开

① 何思源,王宇飞,魏钰,苏杨.中国国家公园体制建设研究[M].北京:社会科学文献出版社,2018:158.

展绿色信贷业务，建设产业投资基金、创业投资基金等国家公园绿色基金，对符合国家公园体育旅游准入标准、生态友好型发展的企业给予优惠贷款支持。针对国家公园当地居民以及大学生返乡建设、自主创业的情况，探索建立以农村土地承包经营权为基础的集体土地产权抵押贷款的融资模式，促进大熊猫国家公园体育旅游中小企业、新型企业的发展。

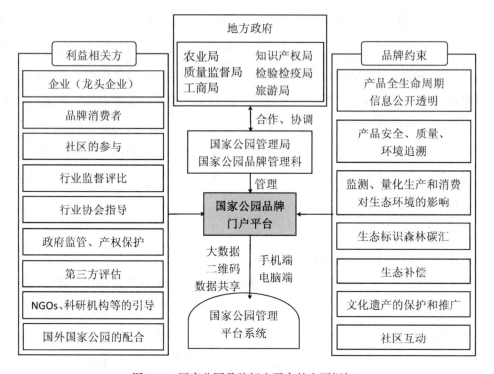

图 5-17　国家公园品牌门户平台的主要框架

3. 社区参与机制

特许经营机制解决的是如何在大熊猫国家公园发展体育旅游的问题，资金机制解决的是大熊猫国国家公园体育旅游如何收益的问题，而社区参与机制解决的是大熊猫国国家公园社区居民如何参与到体育旅游的发展中并从中获取相应的利益。

（1）社区参与主体

社区参与主体主要是指在生态、社会、经济方面相关联的，长期或相对长期生活在国家公园内部及周边的居民，同样也包括当地政府、非政府组织、企业等[①]。社区参与主体是社区真正的主人，是国家公园社区建设和发展的直接承载者，是社区发展的具体实践主体和发展内动力[②]，通过大熊猫国家公园体育旅游的发展直接或间接的参与

① 杨金娜，尚琴琴，张玉钧. 我国国家公园建设的社区参与机制研究[J]. 世界林业研究，2018，31(04)：76-80.
② 苏海红，李婧梅. 三江源国家公园体制试点中社区共建的路径研究[J]. 青海社会科学，2019(03)：109-118.

到公家公园的生态建设、社会建设与经济建设中；同时，社区参与主体是国家公园建设的最大受益者，享受国家公园发展体育旅游所带来的生态效益、社会效益与经济效益。

（2）社区参与内容

公众参与内容，即在国家公园保护和利用过程中公众参与主体活动的行为对象，也就是公众参与的领域及范围，其解决的是公众在国家公园中参与什么的问题，即国家公园建设、保护和管理的具体内容①。大熊猫国家公园体育旅游的社区参与内容主要包括公家公园内的体育旅游决策、体育旅游生产、体育旅游经营与体育旅游投资4个方面。体育旅游决策：国家公园社区参与主体作为园内体育旅游建设与发展的知情者、决策影响者、监督者存在，参与的具体内容包含国家公园体育旅游规划、经营模式、利益分配等决策与监督；体育旅游生产：国家公园社区参与主体主要担任的是传统社区居民的本我角色，参与的具体内容包含民族传统体育展演，国家公园导游、向导、领队、司机等体育旅游相关服务；体育旅游经营：国家公园社区参与主体主要担任的是经营者的角色，参与的具体内容包含国家公园体育旅游产品开发、市场开发等经营管理活动；体育旅游投资：国家公园社区参与主体主要担任的是投资者的角色，参与的具体内容包含国家公园体育旅游场地建设、交通运输、商业保险等基础设施以及配套设施的建设工作。国家公园公众参与内容应根据事务所涉及的主体对象，有甄别地划出可参与的程度②，体育旅游决策、生产、经营、投资4项参与内容的参与程度是又高到低的趋势，参与主体的参与条件或要素决定了其参与程度的高低，参与条件或要素包括参与主体的知识、技术、资金等要素。（如表5-22）

表5-22 大熊猫国家公园体育旅游的社区参与内容

社区参与内容	角色	具体内容举例	社区参与程度
体育旅游决策	决策参与者	国家公园体育旅游规划	高 ↓ 低
体育旅游生产	传统社区居民	民族传统体育展演	
体育旅游经营	经营者	国家公园体育旅游产品开发	
体育旅游投资	投资者	国家公园体育旅游场地建设	

（3）社区参与途径

公众参与途径，即公众实现国家公园事务参与所依托的方式，决定了公众参与的层次与深度③。基于国家公园公众参与途径所划分的信息反馈、咨询、协议、合作4个

---

① 张玉钧,熊文琪,谢冶凤.提升游憩环境质量,建立国家公园公众参与行动框架[J].旅游学刊,2021,36(03):7-9.
② 张玉钧,熊文琪,谢冶凤.提升游憩环境质量,建立国家公园公众参与行动框架[J].旅游学刊,2021,36(03):7-9.
③ 张玉钧,熊文琪,谢冶凤.提升游憩环境质量,建立国家公园公众参与行动框架[J].旅游学刊,2021,36(03):7-9.

层级①，依据Arnstein参与阶梯模型，可将国家公园公众参与途径分为告知、咨询、安抚、伙伴关系（合作/协商）、授权、公众自主6个层次②。大熊猫国家公园体育旅游具体的社会参与事务具有多样性与复杂性的特点，这也就决定了各类参与途径之间并没有明显的界限。因此，在实际的社区参与过程中，根据不同的体育旅游事务，往往可以采取多个层面的社区参与途径，从而保障大熊猫国家公园体育旅游社区参与的整体性与有效性。

①加强社区参与引导

首先，要激发社区参与主体的热情和信心，通过媒体宣传的引导手段，一方面要提高社区参与主体对大熊猫国家公园体育旅游的发展意义、目标、任务等内容的正确认识，另一方面要挖掘和激发其潜在的地方和文化自豪感，形成良好的国家公园社区舆论氛围。其次，要提升社区参与主体知识和技能，通过教育培训的手段，增强社区参与主体有关国家公园建设与体育旅游发展等方面的理论知识，以及在具体的体育旅游社会参与过程中相关的技术与技能，包括体育旅游的市场营销、财务管理、服务技能等，形成良好的国家公园体育旅游知识学习与共享氛围。

②建设社区参与组织

大熊猫国家公园体育旅游的发展是一个巨大的、复杂的系统，系统中各个要素相互关联、相互影响，国家公园管理机构与当地社区之间、社区与社区之间、社区参与主体之间都存在着复杂的利益关系。因此，首先要形成以社区居民为主导的组织体系，确保大熊猫国家公园体育旅游社区参与的有序性和有效参性；然后要保证社区参与组织的良性运作，这就需要大熊猫国家公园体育旅游社区参与中实现制度化组织统筹与非制度化组织协助的上下双效运行。

③完善社区参与保障

社区参与保障是指国家公园公众参与有效实施的主要条件，主要包括制度保障与技术保障两个方面。制度保障层面：国家和地方政府应出台有利于社区居民参与国家公园体育旅游发展的相关政策，包括税收减免、低息贷款等；与国家公园管理单位体制、资源管理体制、特许经营体制、资金机制等形成统一协调的联动机制。技术保障层面：促进体育旅游行业知识外溢到国家公园领域，促进国家公园体育旅游信息的交流与沟通；以社区为单位建立健全"互联网+"的智慧社区自适应管理模式，促进国家公园体育旅游社区参与的高效性。

① 张婧雅,张玉钧.论国家公园建设的公众参与[J].生物多样性,2017,25（1）:80-87.
② 张玉钧,熊文琪,谢冶凤.提升游憩环境质量,建立国家公园公众参与行动框架[J].旅游学刊,2021,36（03）:7-9.

④实施社区参与评估

国家公园体育旅游发展的动态性和社区参与的持续性要求其社区参与必须实施阶段性评估，并通过评估结果的反馈来调整大熊猫国家公园体育旅游社区参与的方向与内容。评估是根据发展目标来系统、客观地分析实施活动相关性、效率、效益及效用的过程[①]。因此，需要评估专家通过问卷调查、焦点小组讨论、环境监测等多种方式，评估国家公园、体育旅游、社区居民三位元素之间的相关性大小、社区参与国家公园体育旅游的满意度、社区参与为国家公园体育旅游发展带来的影响（效率、效益、效用）。

三、大熊猫国家公园体育旅游管理体系

大熊猫国家公园开展体育旅游不仅需要完善的体制机制，还需要一套适用的管理体系。由于体育旅游在大熊猫国家公园中开展的过程中会涉及多方的利益以及面临不同的冲突。因此，研究采用共生理论，提出大熊猫国家公园体育旅游多元共管体系。大熊猫国家公园体育旅游所涉及的共建共享，在享受权利与履行义务之间更加突出的是利益的协调问题，各个利益主体在不同的价值取向与利益需求下如何共生将是大熊猫国家公园体育旅游发展必将考略的长远问题，这必将影响其未来的和谐发展。因此，将"共生理论"应用于大熊猫国家公园体育旅游专项管理中，就是要减少各个利益主体的矛盾性，发挥他们的一致性，实现共生关系的共存共荣本质。

（一）"共生理论"的释义与运用

"共生"又叫"互利共生"，最早是一个生态学领域的概念，在1879年由德国真菌学家德贝里（Anton de Bary）提出，他将共生定义为不同物种通过相互间不断地交换物质与传送能量实现共同生活。之后共生理论在社会经济、企业管理、城市规划、区域旅游等多个领域围绕共生单元、共生模式、共生环境和共生界面等要素开展研究[②]。

大熊猫国家公园开展体育旅游涉及了运动休闲、文化、健康、旅游、养老、教育等多方面的内容，在建设与发展的过程当中面临着社会经济、企业管理、资源开发与乡镇规划等多方面的共生需求。因此，国家公园体育旅游的发展本身就是一个完整的共生系统，而各个利益主体就是在这个共生系统中相辅相成、共同生存的。

（二）大熊猫国家公园体育旅游利益主体

1. 利益主体

大熊猫国家公园体育旅游的利益主体包括国家公园管理局（政府）、体育旅游企

① 陈邦杰. 社区保护地生态旅游的社区参与模式研究[D]. 昆明：云南大学，2016.
② 杨建朝，朱菁菁，丁新军. 基于共生理论的城市游憩空间系统开发研究[J]. 生态经济，2018，34(03)：137-141.

业、国家公园社区居民与体育旅游参与者。大熊猫国家公园在开展体育旅游的过程中，这四个利益主体既有相互关联、相互弥补与相互促进的一致性，也有相互排斥、相互冲突与相互威胁的矛盾性。（如图5-18）

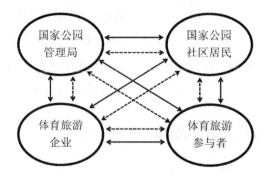

图5-18　大熊猫国家公园体育旅游的利益主体关系(注：◀──▶ 一致性；◀┅┅▶ 矛盾性)

2. 不同主体的利益关系

"人们为之奋斗的一切，都与他们的利益有关"。因而，利益是人类活动的真实内容和本质，利益关系是产生各种问题和矛盾的最深层次的关系[①]。国家公园具有多元化的功能，既要保护生态环境，维护社区居民的生产生活，还要满足国民运动、康养、旅游、教育等多种需求。随着功能的转变与发展，国家公园体育旅游各个利益主体之间的利益就呈现出多元化与复杂化的特征，其所包含的国家公园管理局（政府）、体育旅游企业、国家公园社区居民与体育旅游参与者自然会产生各种不同的利益。因为他们有相互关联、弥补、促进的一致性与相互排斥、冲突、威胁的矛盾性，所以其产生的不同利益也会表现出一致性与冲突性。

（1）利益一致性

大熊猫国家公园体育旅游各个主体之间具有明确的利益一致性。（如表5-23）

大熊猫国家公园管理局（政府）为体育旅游企业提供水电、交通、通讯等必要的基础设施，利用政策、方针、法律法规等进行市场调控，保障各个文化、体育、旅游等活动和维持国家公园体育旅游的健康发展。为大熊猫国家公园社区居民提供公共服务、生活环境、社会保障、法律保障等服务，提高当地居民的生活水平，增强居民的幸福感。与此同时，要通过法律法规维护体育旅游参与者的人身、财产及其他各方面的合法权益。政府的收益主要体现在生态效益、经济效益、社会效益、文化效益。

体育旅游企业为大熊猫国家公园的建设与发展提供了充足的资金，先进的技术、人才与管理，促进大熊猫国家公园的经济发展和产业结构升级，为大熊猫国家公园管理局（政府）取得经济、政治、社会、文化和生态文明效应。为大熊猫国家公园社区

---

① 王娟,常征. 中国城乡结合部的问题及对策:以利益关系为视角[J]. 经济社会体制比较,2012(03):163-173.

居民提供培训与就业机会，增加经济收入，增强当地居民的获得感与参与感。为体育旅游参与者提供了形式各异、内容丰富的产品与服务。体育旅游企业的收益是获得必要的投资回报、品牌宣传与产业最优规模经济。

作为大熊猫国家公园的主人翁，国家公园社区居民以个体户或者村民委员会（或其他基层组织形式）积极响应大熊猫国家公园管理局（政府）的号召、配合政府工作，在国家公园的建设与发展中群策群力，发挥其重要作用。同时，参与到大熊猫国家公园体育旅游等各方面的规划建设中，为体育旅游企业提供自然资源、人文资源和人力资源。也为体育旅游参与者提供浓厚的文化氛围、传统民俗以及民族体育等活动以及向导、餐饮、住宿等服务。国家公园社区居民的收益主要是：除了获得了经济上的各种收入外，还享有当地政府提供的医疗、卫生、教育等各个公共服务以及养老、安全、法律等各个社会保障。

体育旅游参与者是大熊猫国家公园各类产品与服务的消费主体，是其他主体共同服务的对象。体育旅游参与者能为大熊猫国家公园带来经济、文化和信息交流，为体育旅游企业带来最为直接的经济效益。其与国家公园社区居民进行文化与信息的碰撞，一方面能够提高当地居民的归属感（传递小镇文化），另一方面使当地居民增长见闻（接收先进文化）。他们的消费体验与政府的服务管理水平及调控能力、体育旅游企业的产品质量以及国家公园社区居民的态度密切相关。体育旅游参与者的收益是取得回归自然、高品质的游憩体验。

表5-23　大熊猫国家公园体育旅游各个主体利益一致性

主体	服务对象	主要服务内容	主要利益
国家公园管理局（政府）	体育旅游企业	基础设施、市场调控、政策优惠、法律保障	生态效益、经济效益、社会效益、文化效益
	国家公园社区居民	公共服务、生活环境、社会保障、法律保障	
	体育旅游参与者	科研、教育、游憩功能、法律保障	
体育旅游企业	国家公园管理局（政府）	资金、技术、人才、管理	投资回报、品牌宣传与产业最优规模经济
	国家公园社区居民	培训与就业机会、收入增加	
	体育旅游参与者	产品与服务	
国家公园社区居民	国家公园管理局（政府）	积极响应政策、配合政府工作，传承传统文化	各种收益、各种保障与公共服务
	体育旅游企业	劳动力资源、自然资源、人文资源	
	体育旅游参与者	向导、餐饮、住宿、文化氛围、旅游情景等服务	
体育旅游参与者	国家公园管理局（政府）	文化交流、资金和信息流	回归自然、高品质的游憩体验（包括身体与心理等）
	体育旅游企业	消费人次、消费带来的经济效益	
	国家公园社区居民	先进的文化与信息	

（2）利益冲突性

大熊猫国家公园体育旅游各个主体之间具有潜在冲突性（如表5-24）

表5-24　国家公园体育旅游各个主体利益冲突性

	体育旅游企业	国家公园社区居民	体育旅游参与者
国家公园管理局（政府）	所有权纠纷	土地纠纷	合法权益是否保障
	责任纠纷(包括生态环境负面影响)	补助纠纷	违法行为是否制裁
	利益纠纷	移民问题	——
体育旅游企业	——	劳资纠纷	侵犯合法权益
	——	股权纠纷	破坏企业产品
	——	资源纠纷	破坏企业形象
国家公园社区居民	——	——	影响居民正常生活
			侵犯消费者合法权益

　　大熊猫国家公园管理局（政府）与体育旅游企业的利益冲突主要是所有权纠纷、责任纠纷（包括生态环境负面影响）与利益纠纷。由于在大熊猫国家公园体育旅游发展过程中，政府与体育旅游企业由于合作模式、合同契约的建立与改动，会随着大熊猫国家公园的经营发展而出现各种问题，在这之间就会产生许多权责利方面的冲突。

　　大熊猫国家公园管理局（政府）与社区居民的利益冲突主要是土地纠纷、补助纠纷与移民问题。土地纠纷与补助问题既与居民的思想觉悟有关，也和政府的行政方式有关；移民问题更是一件极为复杂的情况，不仅与财政资金、行政方式有关，还与民俗文化、宗教信仰、地域情感有着密切的联系。

　　大熊猫国家公园管理局（政府）与体育旅游参与者的利益冲突：一是体育旅游参与者的合法权益是否受到保障，如果没有保障，体育旅游参与者必将与当地政府产生矛盾；二是体育旅游参与者的违法行为（如破坏国家公园生态环境等）是否受到制裁，在制裁的过程当中就必须要与体育旅游参与者产生矛盾。

　　体育旅游企业与大熊猫国家公园社区居民的利益冲突主要是劳资纠纷、股权纠纷与资源纠纷。大熊猫国家公园社区居民有的是以雇佣关系参与到国家公园体育旅游的经营与发展中的，可能会与体育旅游企业产生劳资纠纷；有的是以股东的身份参与其中，可能会产生股权纠纷。当然，体育旅游企业在对资源的开发与利用中也会与当地居民产生矛盾。

　　体育旅游企业与体育旅游参与者的利益冲突：一方面不法企业对体育旅游参与者提供的产品或服务带有欺骗或强迫敲诈的行为，严重侵犯了其合法权益；另一方面也会有体育旅游参与者缺乏道德品质，对企业的产品及形象造成严重的损害。

　　大熊猫国家公园社区居民与体育旅游参与者的利益冲突主要表现因民俗文化与宗教信仰的不同而相互的影响，甚至造成严重的矛盾；其次，地方不法分子会对体育旅游参与者的人身及财产安全带来隐患。

3. 不同利益主体的价值取向

价值取向是价值主体在进行价值活动时指向价值目标的活动过程，反映价值观念变化的总体趋向和发展方向[1]。不同的价值主体必然会有不同的价值取向，大熊猫国家公园管理局（政府）倾向政治、社会、文化与环境价值，体育旅游企业倾向于经济与社会价值，国家公园社区居民倾向于经济与环境价值，体育旅游参与者倾向于健康与快乐价值。大熊猫国家公园体育旅游的发展，其最基本的驱动就是两方或多方价值取向的趋同与合并。

（三）大熊猫国家公园体育旅游的共生要素

1. 共生单元

共生单元是构成整个共生系统的基本个体单位，不同的共生单元之间产生相互依存的关系，这是构成共生可能发生的最基本物质条件[2]，从社会学的角度来讲，共生单元既可以指人类个体、群体组织，也可以指某一区域、某一事件或某一现象等。根据大熊猫国家公园体育旅游各个利益主体的属性而言，大熊猫国家公园管理局（政府）、体育旅游企业、国家公园社区居民与体育旅游参与者就是它的共生单元。

各个共生单元之间有着密切的关联度。大熊猫国家公园管理局（政府）的政策方针决定了体育旅游企业的发展空间与经营条件；大熊猫国家公园管理局（政府）的政策制度与行政方式越完善，国家公园社区居民的生活就会更美好；大熊猫国家公园管理局（政府）对体育旅游参与者的合法权益保障到位，体育旅游参与者就会更加青睐该国家公园，并且能够更好地通过消费者达到宣传目的；体育旅游企业的发展规模的不断优化，使国家公园社区居民的就业机会就越多，经济收入总量就越多；体育旅游企业提供的产品与服务质量的高低决定了体育旅游参与者的满意度；国家公园社区居民的人文风情与传统习俗等都对体育旅游参与者的体验感有着重要的影响。

2. 共生模式

共生模式是共生单元相互发生联系的某种表现，社会学领域认为不同个体单元之间会产生3种共生模式，即单方依存、偏利依存和互惠共生依存模式，其中互惠共生依存模式是最为稳定可持续健康发展的模式，单方依存、偏利依存在一定社会动态发展与条件之下可以转向互惠共生依存的稳定模式[2]。大熊猫国家公园成立之前，自然地的生态保护基本上是单方面依靠政府引领，体育旅游资源重开发轻管理，但是由于政府力量有限，社区居民多务农、打工甚至外出经商，以此维持地方社区的发展平衡。

第五章　大熊猫国家公园体育旅游开发的路径

---

① 阮青. 价值取向：概念、形成与社会功能[J]. 中共天津市委党校学报,2010,12(05):62-65+70.
② 赵红娟,杨涛,羿翠霞. 基于共生理论体育赛事与城市的契合及层次开发研究[J]. 北京体育大学学报,2015,38
　　(09):28-33.

因此，无论是自然地的生态保护，还是社区居民的生产生活、体育旅游的发展，其共生模式属于单方或偏利依存模式。随着国家公园体制建设以及乡村振兴战略的全面推进，"输血不如造血"的理念强烈地影响着国家公园体育旅游的发展，其不再是政府独自的任务。大熊猫国家公园体育旅游的发展呈现出的是互惠共生的依存模式。

3. 共生环境

共生环境是整个系统运作依赖的外部因素，社会制度、政策、资源等因素均可看作是共生环境的组成，这些因素有些有利于共生个体相互关系的发展、有些不利于这一系统的运行①。大熊猫国家公园体育旅游发展的共生环境是指其建设与发展所处的宏观环境，也可以理解为影响大熊猫国家公园体育旅游的各个共生单元的所有外部因素的总和。大熊猫国家公园体育旅游的发展正处于探索阶段，因此共生环境就更加的复杂多样、交叉缠绕，但是能够将中国特色社会主义事业"五位一体"的总体布局演绎到大熊猫国家公园体育旅游发展中，分析出其共生环境为：经济环境、政治环境、社会环境、文化环境与生态环境。

4. 共生界面

共生界面充当媒介角色，促使共生单元之间的传导与相互联系②。大熊猫国家公园体育旅游的共生界面就是各个利益主体的交集。大熊猫国家公园管理局（政府）与体育旅游企业的交集就是企业参与政府的招标项目、政府对市场的宏观调控；大熊猫国家公园管理局（政府）与国家公园社区居民的交集就是群众建言献策、政府完善服务；大熊猫国家公园管理局（政府）与体育旅游参与者的交集就是维护合法权益与打击违法犯罪；体育旅游企业与国家公园社区居民的交集就是共同开发经营；体育旅游企业与体育旅游参与的交集就是产品与服务的生产与消费；国家公园社区居民与体育旅游参与者的交集就是文化的交流与信息的传递。

（四）基于共生理论的大熊猫国家公园体育旅游共管体系

在分析大熊猫国家公园体育旅游各个利益主体的利益一致性与冲突性，及其共生单元、共生模式、共生环境与共生界面的基础之上，构建大熊猫国家公园体育旅游共管体系，为大熊猫国家公园开展体育旅游提供一定的专项管理思路。（如图5-19）

体育旅游资源的保护、开发与管理是大熊猫国家公园管理局（政府）的重中之重。因此，其必须对体育旅游企业的开发行为与体育旅游参与者的参与行为进行监督管理，严格依据大熊猫国家公园体制机制、法律法规对相关的开发行为与参与行为进

---

① 赵红娟,杨涛,羿翠霞.基于共生理论体育赛事与城市的契合及层次开发研究[J].北京体育大学学报,2015,38(09):28-33.

② 赵红娟,杨涛,羿翠霞.基于共生理论体育赛事与城市的契合及层次开发研究[J].北京体育大学学报,2015,38(09):28-33.

行调控与管理；与此同时，其需要引导大熊猫国家公园社区居民协调管理，依托社区参与机制，积极参与到大熊猫国家公园体育旅游发展的各项事宜中。

大熊猫国家公园社区居民需要向体育旅游参与者提供各类体育旅游产品以及配套服务，从而需要深入与之相应的服务管理，提升其服务水平；同时，其还可以与体育旅游参与者形成互为监督的管理机制，及时反馈双方违反国家公园发展以及阻碍体育旅游健康发展的各类人类行为。

体育旅游企业在大熊猫国家公园总体发展方向之下，向体育旅游参与者提供各类体育旅游产品以及配套服务，同样需要深入与之相应的服务管理，提升其服务水平；另外，大熊猫国家公园社区居民以不同的形式参与到体育旅游企业的经营与管理中心，依托大熊猫国家公园品牌效应，以规范体育旅游产品与服务为目的，间接对国家公园社区居民进行规范管理。

体育旅游参与者除了与大熊猫国家公园社区居民形成互为监督的管理机制的同时，还能够对体育旅游企业所提供的产品与服务，甚至是其体育旅游开发行为进行监督。

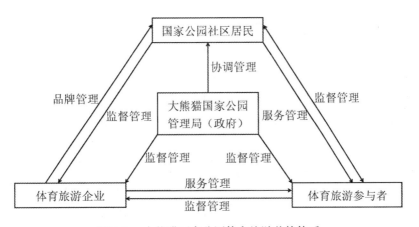

图 5-19　大熊猫国家公园体育旅游共管体系

第六节　智慧加持

体育旅游是一种组织性和管理性强的旅游形式，在与自然环境的交融时具有独特的和谐价值，能够促进人与自然和谐共生。合理的发展体育旅游不仅符合国家公园的发展理念，而且对于推动国家公园生态保护与社会建设、经济建设、文化建设等方面协调发展具有重要的意义。但是，国家公园因其特殊性，发展体育旅游限制性因素多，是一个极为特殊而复杂的体育旅游空间。而目前，智慧旅游发展态势旺盛，智慧技术的不断发展以及在旅游中的应用，为国家公园开展体育旅游提供了更多的支持和保障，也为打破限制因素、解决目前发展面临的问题提供了更多的可能性。在这样的背景前提下，大熊猫国家公园可以在智慧旅游的基础上发展以智慧技术为支撑的智慧化的体育旅游，在有效保护自然资源以及生态系统的前提下，合理开发、利用、规划发展体育旅游，从而促进大熊猫国家园的可持续发展。

一、智慧技术赋能，助力体育旅游发展

本研究结合智慧旅游概念以及相关文献资料的查阅，并从体育旅游发展的角度选取了目前应用率较高的9个智慧技术，最终通过问卷的形式，然后让专家打分赋权（如表5-25），最终确定了物联网技术、云计算技术、人工智能技术、云计算技术、虚拟现实技术、大数据技术以及北斗导航系统为本研究的核心智慧技术。

表5-25　智慧技术在大熊猫国家公园发展体育旅游中的重要性的专家评定表

名称 ＼ 得分	专家1	专家2	专家3	专家4	专家5	总分
物联网技术	5	4	4	4	5	22
云计算技术	5	4	4	5	5	23
人工智能技术	5	4	4	5	5	23
虚拟现实技术	5	4	4	4	5	23
移动通信技术	5	4	5	5	5	24
地理信息技术	3	2	5	4	3	17
红外成像技术	3	2	3	3	2	13
北斗卫星系统	5	5	5	5	5	25
大数据技术	5	4	5	4	5	23

（一）物联网技术

物联网技术实现了物与物、人与物、人与人的互联。将物联网技术应用在大熊猫国家公园体育旅游发展中，可以实现电子入场券、电子打卡器、电子门卡等的联结以及体育旅游活动与各个景点、休息点、食宿点等的路线串联的物物互联，为参与者提供方便的同时，也为管理工作提供了更好地保障；也可以加强体育旅游参与者在进入前对园区内的相关活动、项目、产品以及设施的了解和使用方法，能够带动线上营销与宣传，加强参与者对当地的了解和认识，实现人物互联，在进入时，加强参与者对所处环境的了解以及相关活动开展的认知以及思想行为意识的引导，从而加强对大熊

猫国家公园生态环境管理、安全管理以及参与者行为管理等方面的物联应用；此外，它还可以加强各个主体之间的联络，保证各种信息的畅通，使得人与人之间的联系更加的密切，从而使管理、服务和营销等能够更加有序的发展。

（二）云计算技术

云计算技术在智慧旅游中体现的是旅游资源与社会资源的共享与充分利用以及一种资源优化的集约性智慧[1]。通过云计算能够获取可靠安全的数据存储、搭建信息交流平台、实现信息共享，为公众提供便捷的查询系统，还可以根据计算结果，为大熊猫国家公园利益相关者提供决策建议，让公众更加了解大熊猫国家公园的同时，也能够充分发表观点，为保护和发展大熊猫国家公园建言献策。除此之外，它还可以为管理者管理和发布相关信息提供便捷，降低成本，使管理者更加了解和掌握现状以及更好地进行发展的设计和规划，制定最佳的体育旅游方案，同时也能够通过该技术对参与者产生更加真实的认知以及对其以往行为进行评定，筛选其是否能够参与其中，从而从源头上对进入国家公园的体育旅游参与者素质进行定位。

（三）大数据技术

数据规模大，种类多，处理速度快，价值密度低[2][3]是大数据的一般特征。对于国家公园的大数据而言，除了具有上述特征外，还具多学科协同性、多方向专业性以及空间特征显著性。大数据为参与者提供优质服务的同时，能够更好地对其行为与意识进行把控和管理[4]，对于服务能力的提升、管理水平的强化以及策略的优化都有着重要的作用。此外，大数据技术的应用还有助于实现国家公园游憩空间的可持续管理[5]。将大数据运用在大熊猫国家公园发展体育旅游之中，能够提供更好的服务，完成高效率的管理以及对体育旅游活动进行评价，用大数据"说话"，形成有利的数据支撑，从而实现更加长远的发展。

（四）人工智能技术

人工智能技术可以对大数据进行分析处理，能够有效的对体育旅游烦琐的信息以及丰富的资源进行处理、整合和利用，同时能够对体育旅游信息抓取与分类，获取参

① 张凌云，黎巎，刘敏. 智慧旅游的基本概念与理论体系[J]. 旅游学刊，2012. 27（5）：66-7.
② 方巍，郑玉，徐江. 大数据：概念、技术及应用研究综述[J]. 南京信息工程大学学报（自然科学版），2014（5）：405-419.
③ 李云，蔡芳，孙鸿雁等. 国家公园大数据平台构建的思考[J]. 林业建设，2019（02）：10-15.
④ 吴保刚. 大数据在智慧旅游管理中的应用——评《旅游管理》[J]. 科技管理研究，2020. 40（06）：274.
⑤ 林开森，郭进辉，林育彬等. 大数据环境下国家公园游憩空间管理研究范式与展望[J]. 林业经济，2020. 42（01）：28-35.

与者不同的需求、对参与者进行个性化与专业化的服务，智能地规划大熊猫国家公园体育旅游路线，提供智能解说系统以及实现各种呼叫服务方式的多能化等，变革以往的服务方式，为参与者带来高质量的游客体验。此外，人工智能技术还可以预测体育旅游参与者数量，对体育旅游活动质量、服务质量进行评价以及更加及时的处理活动开展过程中安全突发事件，提高园区整体的服务水平和管理质量等。

（五）移动通信技术

移动通信技术自诞生以来迅猛发展，目前已经发展至第五代（5G），它具有广覆盖、大连接、低时延以及高可靠的特点。在大熊猫国家公园中，体育旅游参与者可以借助手机、平板电脑、运动手环、腕表等终端设备，通过移动通信技术，进行线路导航、实时定位等了解自身所处的位置以及想要到达的区域和不能逾越的区域；可以利用信息平台，了解相关的体育旅游活动内容、开展的区域、所需要的装备以及自然教育、环境教育的相关知识；可以通过各大交流平台和社交网站等，通过图片、文字或者视频等形式，与其他人交流心得体会、评价服务、提出建议等；另外，还可以订购现行或者预定之后行程所需的"吃、住、行、娱、购"等相关的服务。

（六）虚拟现实技术

虚拟现实技术又称"VR"，它能够给使用者提供视觉、听觉、触觉等感官的模拟[①]。在大熊猫国家公园发展体育旅游中应用VR技术，能够有效地缓解国家公园可进入性较低以及长途前往却不能遇见野生动物的"尴尬"。通过实物与VR技术的结合，向游客展示大熊猫及其日常活动场景；也可结合当地特色以及珍稀动植物资源，开发体验型体育运动项目；此外，VR技术还可以应用于大熊猫国家公园的地图导览中，通过3D立体成像，使参与者能够更加直观地看到体育旅游的路线以及周边的情况，做好充足的准备，避免不必要的人身财产损失。

（七）北斗导航系统

北斗导航技术是我国自行研发的全球卫星导航系统，它应用范围较广，涉及气象预报、水文监测、灾害预防、应急救援等多方面，它还可以为全球用户提供高精度、高可靠的定位以及导航等服务。体育旅游的开展与地理位置有着极其密切的关系，活动线路、相关装置的摆放、服务点的设置以及参与者的实时位置等，都需要北斗导航系统的支撑。它可以对大熊猫国家公园地理分布数据进行采集、储存、管理、运算、分析等操作，有效整合大熊猫国家的体育旅游优势资源，避免资源的闲置浪费，提高

---

① 张华,李凌主编. 智慧旅游管理与实务[M]. 北京:北京理工大学出版社,2017:49.

资源的利用率，也可以获取自然相关信息，及时应对人和自然之间的相关影响带来的变化以及自然灾害与预防，还可以用于体育旅游活动项目的开发与创新、相关地图和路线的绘制以及对参与者行动轨迹的追踪和检测等。

二、完善相关设施，增强智慧服务能力

卢长宝等学者指出，体育旅游包含了体育和旅游相关的体验、特定空间的体验、基础设施的体验以及文化的体验[①]。从基础设施这个角度来看，目前大熊猫国家公园的基础设施建设不够完善，在安全管理、环境保护、游客行为管理、景区检测等方面都存在不足，基础设施薄弱的同时也就造成了服务能力不足、管理能力欠缺以及营销能力滞后的局面。智慧技术的使用能够有效地解决园区发展体育旅游在开发、管理和保护等方面面临的问题，但基于目前情况来看，园区内智慧设施的建设更是不足，使得多方面工作不能落到实处，常常会留下隐患，造成以往众多问题的出现，因此，在发展体育旅游时要加强智慧技术在其中的应用，完善相关的设施建设。

（一）基础设施建设

在基础设施建设时，主张利用入口社区进行发展体育旅游相关的"吃、住、行、娱、购"等设施，减少体育旅游参与者在园中的停留时间，在考虑保护园内自然环境的同时，利用入口社区建设基础设施也能够为参与者提供更优质、更全面的服务。而在园区内，要加强指示标牌的完善与规范、公共卫生间、休息区、补给区等基础设施的建设，为参与者在园区内进行体育旅游活动时提供良好的基本需求的解决。在内外基础设施的建设过程中，要充分利用智慧技术，对园内和外围社区产生联系，使得参与者能够更好地安排行程与活动计划、服务者能够及时的进行需求的获取和服务的展开，从而形成优势互补，内呼外应的局面，切忌脱节和断联。

（二）体游设施建设

要树立绿色开发理念，始终坚持保护优先的原则。我们要从各个环节进行关注，在进行体育旅游相关活动以及项目设计时，要重视相关活动开展的时间、地点以及人流量的控制以及排放标准、资源消耗、环境承载力以及对动植物的影响，遵循治理规律，切勿操之过急，要在尊重自然规律的基础上有序地开展。在设施建设以及活动设计时，要考虑到大熊猫国家公园的生态脆弱性，充分利用入口社区进行相关设施的建设，为参与者提供全面且优质的服务同时，也能够降低对园区内的自然环境的影响，而在大熊猫国家公园之中仅设置体验型、观赏性、休闲型等对自然环境影响较小的类

第五章　大熊猫国家公园体育旅游开发的路径

---

① 卢长宝,郭晓芳,王传声. 价值共创视角下的体育旅游创新研究[J]. 体育科学,2015(6):25-33.

型的活动，为参与者提供多元化的活动体验。在进行线路设计时，要充分结合入口社区与国家公园的特色资源，将两者进行有效的串联。另外，不主张大规模的建造体育旅游活动所需的场地设施，要秉承绿色的理念，尽可能的依托自然环境资源和人文资源，也可以在原有的公共文化场所、废弃工业场所、农业用地、休闲运动场所等基础上，打造一批环保性强、环境影响力小的项目。在产品设计时，不仅要充分保护大熊猫国家公园的传统利用区，更要兼顾对其周边社区的有效保护。

（三）智慧设施建设

第一，建设智慧化信息基础建设，加强区域的网络覆盖，提升各个区域的通讯能力，建设智慧游客服务中心、提供智慧停车、智慧租赁、智能导览、二维码解说等服务，鼓励各个主体积极参与到信息平台的建设，畅通各个主体之间信息的渠道；第二，建设智慧化体育游设施，借助人工智能、可穿戴设备、虚拟现实等结合特色资源，建设相关的体验设施和基地为参与者提供独特的环境空间和参与形式；第三，加强生态系统检测设施的建设，以物联网技术以及大数据技术、云计算技术等为依托，加强在体育旅游开展中的能源、水、电、网络等的使用情况以及固体废弃物、污水的排放、空气质量等的监测系统的建设和完善；第四，要加强智慧化安全设施的建设，依托物联网、人工智能等技术构建多元化的安全预警设施[①]。对于园区内及周边社区的自然灾害、社会安全事件、公共卫生事件、生态环境事件以及重大事故灾害等监测预警。

三、加强智慧管理，建立共管共享机制

中共中央办公厅、国务院办公厅印发的《建立国家公园体制总体方案》（后文简称《方案》）中提出国家公园的发展要"坚持政府主导，多方参与"原则，体育旅游活动的开展，更要充分发挥政府的主导作用，统筹、规划、监督、管理等都离不开政府的引导与支持，其次，体育旅游的有序开展离不开多方的参与，需要多方协作才能够有序地开展。园区发展体育旅游的管理更离不开政府部门、相关企业、体育旅游参与者以及入口社区这四大主体的共同努力，他们在大熊猫国家公园发展体育旅游的管理中扮演着不同的重要角色，同时也在不同程度上影响着管理的效率。智慧旅游背景下，智慧技术的不断发展与在旅游中的应用，为园区在发展体育旅游时各个主体之间的协同管理以及自身内部的管理都提供了更大的支撑和保障。

（一）政府部门管理

政府部门要扮演好统筹管理的角色，积极指导相关企业和部门进行体育旅游相关

---

① 李季梅，刘霞，姚晓晖等. 国家公园安全事件监测预警现状、挑战与对策——基于多源信息集成共享的研究[J]. 科技促进发展，2018. 14（09）：849-856.

活动的策划和开展，并实时进行监管，不可放任自流。大熊猫国家公园人地关系复杂，"孤岛化""破碎化"严重。目前，大熊猫国家公园建立了"省—市（州）—县（市、区）"三级管理体系，使得管理机制更加的完善和明朗，在此基础上，将智慧技术应用在体育旅游管理之中，可以充分串联三层管理体系。在这个管理过程中，政府部门要积极利用智慧技术，创建不同层次以及同一层次不同管理局和不同部门之间的联系，加强信息的沟通与资源的共享，充分实现各个小片区的串联，形成"点动成线、线动成面"的局面，使各个片区形成融合协同发展的局面。

此外，政府部门要编制和完善国家公园体育旅游的相关规划以及规范标准，做好顶层设计，科学合理规划体育旅游规模和相关活动形式，确保在保护的基础上，有序的开展相关活动；加强与其他主体之间的联系，引导相关企业合理有序的发展体育旅游，制定可持续的发展策略和形式，注重环境效益；积极实施人才引进政策以及加强对社区人才的培养和回引；创建信息交流平台，实现各大主体之间的信息透明化、及时化，通过掌握多渠道信息，加强宏观的引导和把控，同时也应加强各部门的网络监管的能力。各个管理局之间要充分利用互联网技术，相互学习，取长补短，因地制宜发展，最终形成协同发展的模式。

（二）相关企业管理

相关企业要在政府部门的领导下，利用智慧技术充分整合当地的资源，结合当地特色以及具体的实际情况，并且根据大数据等智慧技术主动挖掘公众的潜在需求与喜好，在满足政府和消费者双重需求的基础上，积极策划相关活动以及项目，合理规划赛事以及路线，有序开展一些环保、绿色、生态、智慧的体育旅游项目；在人才培养方面，相关企业、组织者要积极获得政府部门的支持，积极与高校以及相关的科研机构合作，获得智慧人才、体育旅游相关人才的智力、技术和技能等方面的支持，积极利用志愿者机制或者人才引进策略等，广泛引进智慧技术人才，尤其是大数据分析处理、智慧技术应用、智慧管理等方面人才以及体育旅游方面的专项技能人才和管理策划等理论型人才，同时更要关注体育旅游开展过程中的安全问题，注重各种安全方面的人才培养，想长远的发展体育旅游，安全性能的高低是关键因素，对于安全方面的人才培养以及其他工作人员的基本安全知识的教育必不可少。

加强与各类组织的合作，招商引资或者积极利用互联网公益，也可与美团、携程、去哪儿等建立合作联系；同时还要建立好后台数据库，与参与者、政府以及当地居民等之间产生联结，不断完善体育旅游管理体系，以求得到可持续发展的效果。另外，相关企业要积极配合政府部门进行管理，从自身管理到消费者的行为管理、从体育旅游活动开始前自我的完善以及参与者的意识培养、开始时的自我监督以及参与者

第五章　大熊猫国家公园体育旅游开发的路径

的行为把控以及结束后的自我审查和参与者的行为评价等三个阶段的进行全方位的管理；最后，相关企业要积极创新，结合智慧技术，创新和打造更多体育旅游的产品，基础服务设施等，为消费者提供一个畅爽的体验和全面的服务。

企业与消费者之间建立双向评价模式（如表5-26）：双向互评模式可以弥补以往单方面评价机制对于参与者行为管理上存在的漏洞，能够更好地对大熊猫国家公园体育旅游参与者行为进行把控和管理。在为消费者提供服务的同时，组织者以及服务提供者，例如相关政府部门、赛事承办方、活动组织方以及当地的吃、住、行、娱、购等服务商，可以依托大数据，实现信息共享，并对参与者的参与行为、环境保护意识、生活行为习惯、个人信誉的好坏等做出评价，并给其评分，为参与者建立一个信息库，形成参与者数据积累和分析体系，为之后科学决策、科学管理以及准入标准等提供参考依据。

表5-26　企业与消费者双向评价模式

主体 阶段	企业	消费者
开始前	发布体育旅游活动相关消息	获取消息
	发布所在地吃、住、行、娱、购相关图文等	识别信息
	对往期不良信誉参与者进行筛选和剔除	往期参与者可用有力证据对不实信息进行举报
开展时	提供体育旅游活动时的吃、住、行、娱、购等服务以及相关项目的参与等	参与者参与体育旅游活动，并根据需求自行选择附加消费
	对参与者参与全过程行为进行监督和管理	在参与全过程中感悟服务并做好自身行为管理
离开后	对参与者参与全过程中的好的以及坏的行为进行图文记录，并上传至评价机制	参与者对参与全过程的服务中的欠佳之处进行图文记录，并上传至评价机制
	通过审核，形成个人分值评价	通过审核，形成企业分值评价

（三）参与群体管理

组织者以及管理者可以利用线上线下相结合的模式，将所要开展体育旅游活动地的所有相关的项目内容、注意事项、环保知识、行为要求、所需装备以及"无痕行为"理念等进行汇总、编辑，并将其公布在相关的网站或者信息平台之上，在体育旅游开始之前，通过线上信息的传递，先对参与者进行安全相关教育、绿色理念的培养以及相关的自然教育等，使得参与者在从线上走到线下进行实际的体育旅游活动时，能够更好地对与所进入地区进行了解，并且更好地用绿色的理念来约束自身的行为等，从而在获得线下良好体育旅游活动服务以及体验的同时，能够树立良好的生态保护意识，从而更好地把控自身的行为以及监督他人的行为，实现人和自然地和谐相处，以此使得体育旅游实现良性的可持续发展。

鼓励参与者要积极转化自身角色，参与管理：在享受大熊猫国家公园带来的不同的体育旅游体验时，不仅要扮演好参与者的角色，更要积极转变自己的身份，做一个"三有两敢一肯"的参与者：一，要在活动开展前，要通过各种信息平台，积极学习大熊猫国家公园、生态知识以及体育旅游安全等相关知识，做一个有意识的人；在参加体育旅游活动时，管理好自身的行为，做一个有规则的参与者；积极地献言献策，要充分发挥自己的才智，积极地为大熊猫国家公园体育旅游发展建言献策，敢于发声，做一个有思想的参与者。二，要敢于指出他人的不良行为，做一个敢监督、敢举报的参与者。三，要积极参加大熊猫国家公园志愿者活动以及互联网公益项目，做一个肯奉献的参与者。

（四）入口社区管理

入口社区是建在国家公园外的新型聚居区，是连接保护与发展的纽带。《总体方案》中也鼓励当地政府积极利用特色资源，在国家公园周边合理建设特色小镇以及入口社区①。对此，四川更是积极响应号召，依托大熊猫国家公园的自然以及人文资源优势，打造入口社区。打响熊猫品牌的同时，积极的发展生态旅游项目、开发与宣传农副产品、弘扬优秀文化。那么，作为纽带的入口社区，在大熊猫国家公园发展体育旅游时，自然担任起重要角色。为了充分的保护园区内的自然环境，不主张在园内建立过多的基础设施以及体育旅游基础设施。因此，入口社区则成为承载设施建设的重要地区，从而形成了"园内体验，社区停留"的局面。

民众较高的参与积极性是落实国家公园社区共管机制的前提②。因此，在发展体育旅游的过程中，要积极带动社区居民参与其中，充分利用当地人才资源。但与此同时要意识到，社区居民的现状不足以支撑其更好地参与其中。因此，要加强对当地社区人才的归纳以及当地居民的行为意识的教育和培养，对于有才之人要充分利用，对于有闲之人要充分培养，从各个角度提升他们的服务能力、思维意识、文化知识以及从业技能等。在智慧旅游的背景下，更要充分的培养其智慧参与的能力。要从意识上让他们认识到体育旅游带来的益处，积极培养其主人翁意识，增强责任心与认同感，积极参与和支持国家公园的建设。在此基础上，加强社区居民从青少年到中老年等的文化教育、生态教育、体育旅游相关知识教育、相关智慧技术使用方法的教育等，使他们能够更好地融入保护区的建设发展之中；在思想上引导教育之后，对于可用人才，

① 中共中央办公厅，国务院办公厅. 建立国家公园体制总体方案[EB/OL]. [2017-09-26]. http://www.gov.cn/zhengce/2017-09/26/content_5227713. htm.

② 黄德林，李明起，李千惠，刘芳璐. 神农架国家公园生态旅游SWOT分析与发展战略[J]. 安全与环境工程，2019，26（06）：50-55.

结合高校或科研机构等人才地，或者相关企业等投入人力，加强对社区居民进一步的技能培训，相关业务能力和各种专项技能的培养；最后，对于周边农家乐或者旅店等相关服务人员，在规范服务标准的同时，加强服务意识的培养以及服务能力水平的培训。在发展体育旅游产业的同时，能够更好地推动当地的经济发展，实现乡村振兴、助农扶贫，不仅从物质上使当地村民脱贫，更要使其从精神上实现富有。

四、转化营销理念，创新体育旅游营销

体育旅游营销其实是一条连接体育旅游服务提供者和消费者关系的纽带，前者通过不同的方式和渠道进行营销，使得后者更好地进行了解和选择。精准、合理的营销策略和方式对其长远发展有着重要作用。目前，随着互联网的快速发展，各种产品信息通过各种渠道以迅雷不及掩耳之势出现在人们的面前，智慧技术的广泛应用，使得人们对于信息的获取变得更加方便和快捷。与此同时，各种各样的营销策略和营销方式也相继涌现，对于企业的传统营销造成了极大的冲击，同时也改变着人们消费方式和态度，因此，在智慧旅游的背景下，大熊猫国家公园如何抓住时机，进行体育旅游的营销和宣传十分重要。

（一）营销理念

基于大熊猫国家公园的特殊性，本研究极力推崇"绿色营销"理念，倡导政府、企业等运用"绿色营销"理念，结合当地特色自然以及人文资源进行开发和宣传绿色产品和意识等，在定位绿色高端品牌形象的同时，实现差异化营销与宣传，同时培养参与者以及社区居民的绿色意识和行为，为其可持续发展奠定良好基础。

（二）营销策略

打造高端品牌形象，实现差异化宣传发展，学者刘凤军提到，品牌定位可以引发购买决策的心理，需要真正的差异化营销来吸引精神、确认决策[1]。那么在发展大熊猫国家公园体育旅游时，要充分利用当地特色的资源进行多角度定位，而不是单纯的依赖熊猫文化，只有多角度的定位才能更好地实现差异化发展，加强不同区域的竞争力与吸引力。在进行体育旅游营销时，要积极利用当地以及周边特色人、物、景等资源，借助网络媒体的宣传能力，形成强大的吸引力。例如，2020年11月因为一条抖音视频意外走红的理塘小伙丁真，正是凭借他那像高原上的白云般纯真的笑容和海子一般清澈的眼眸吸粉无数。理塘县体育文化旅游局以及四川省迅速抓住这一机遇，积极利用这一热度，借助拥有4468.2万抖音粉丝的"四川观察"，通过短视频和直播的形

① 刘凤军. 略论市场营销近视与产品质量[J]. 经济问题,2001(3):7-9,2011.

式，展开丁真的生活，从而"以小见大"的宣传当地的文体旅游，使得丁真成为的旅游宣传大使，不仅为理塘，更为四川省的旅游做了很好的宣传。其次，可以打造微电影营销，或者借助综艺节目、旅行真人秀、挑战类节目进行宣传，例如《极限挑战》《奔跑吧兄弟》《了不起的挑战》等都是具有体育旅游色彩的综艺节目，它们都给拍摄地带来了极强的宣传效果，吸引了众多海内外人群前往。在发展体育旅游时，可以借助这些电影、电视、综艺等节目，充分进行融合，展现出大熊猫国家公园四川园区的特色文化，让更多的人认识和了解它，从而产生更大的吸引力。在网络如此发达的当今社会，不再是缺少发现美的眼睛，而是缺乏好的营销策略和方式。

（三）营销方式

在互联网高度发展的时代，微商、淘宝、直播带货的营销方式暴风式的袭来，尤其是在疫情期间，直播带货更是解决了众多民生问题，帮助许多农民卖出了滞销的农副产品。与此同时，越来越多的人也看到了直播带货的商机，更是有很多明星加入直播带货的行列，可见直播营销的影响力之大、产品涉及范围之广。大熊猫国家公园在进行体育旅游营销时，可以充分利用线上线下相结合的营销的功能，线上充分结合旅行社、酒店、餐饮行业、景区、租赁行业等多种服务机构，形成多方串联的模式，打造多元、多能、多信息的宣传广告，充分利用智慧技术，拓宽宣传渠道，例如：可以借助微信公众号，抖音小视频、微博、网站等，通过文字、图片、视频等形式进行传播，加强大熊猫国家公园的宣传力度。另外，在进行宣传以及广告策划时，要注意将环保、生态、低碳、健康的理念融入其中，使人们在开始接触的时候，就能够树立起绿色意识。线下可以借助人流大、经济发展快的城市及地区，通过海报、出租车、公共交通、广告牌、LED大屏等，大力宣传大熊猫国家公园的纪录片、体育旅游的宣传片以及体育旅游相关信息的展示等。

五、促进区域合作，拓宽建设融资渠道

（一）区域联动

充分实现四川园区内各区域以及市县之间的联动，通过智慧技术，打破各地管理局之间的沟通界限，构建畅通的合作交流渠道；利用大数据、人工智能等充分整合各个地区的优势，例如：知名度高、经济发展较快、宣传能力较强、资源更具特色等，实现内在的联系与合作，例如：多地可以共同打造汽摩拉力赛、徒步摄影比赛、定向越野等体育项目等，通过网络的形式，进行互动联结，从而形成"资源串通""市场共享"的协同发展模式，达成"以强带弱""以快带慢""借力打力"的局面。

（二）基金设计

针对不同人群，联合各种机构，例如：中国平安、中国人寿、支付宝基金项目等，这些机构和企业都建立了不同了青年教育、养老、失业等基金项目，在此基础上，与他们进行合作，结合大熊猫国家公园的特色打造不同类型的基金项目，例如：针对青少年，创立教育基金项目，为他们提供大熊猫国家公园各个区域的自然教育活动、研学活动等服务；针对中老年人可以创立康养基金项目，可以享受园区内以及周边社区的各类康养活动以及康养服务等；对于中青年人，可以为其设计恋爱基金、度假基金，为其提供写真拍摄、婚纱摄影、丛林密会等服务和项目；对于体育旅游爱好者，可以创立体育旅游基金，不仅可以参加体育旅游项目，同时还可以携带家人体验自然教育以及康养活动的体验，形成"以一带多"的效应，从而从多个角度带动资金的融入。

（三）互联网公益

打造互联网公益项目，扩宽融资渠道。政府部门要加强宏观调控、企业要积极开发网络公益项目、高校科研机构要加强技术、知识的提供、社区居民要积极提升自身的能力、体育旅游活动参与者要积极参与其中，形成多方合作，共同为网络公益项目的助力。如今，网络公益项目开展得如火如荼，例如：益起、让我玩、全民爱体育、蚂蚁森林等都与体育有着密切的联系，平武县与"蚂蚁森林"联合推出关坝保护地森林2.7万余亩，这一网络公益举动为当地森林保护提供了强大的支撑。蚂蚁森林充分融入人们的生活之中，得益于其简单的操作方式深得人心，使用者只需通过线上支付、步行等方式积攒能量，蚂蚁森林就在现实中为其种下属于自己的树，在获得成就感的同时，为环境保护作为了贡献，提高了自身的环保意识。截至2020年3月，其参与者已经达到5.5亿人，已经占据了我国近一半人口，可谓有着广大的影响力。四川园区有着众多的国家级保护的珍稀动植物资源，它们很多都濒临灭绝，而互联网公益项目的打造可以让人们更加深切的对其产生认识，四川园区可以结合相关企业和机构，通过互联网公益的方式，打造简单且容易操作的使用方法，带动全民参与其中，从而获得更多的保护资金。

六、加强专项保护，提高持续发展能力

我国国家公园体制自提出以来，保护与开发这一矛盾问题引起了多界的重视与讨论，因此，在发展体育旅游时我们更要加强各方面的保护，不论是在发展的源头，开展的过程中，还是到开展后的整理环节，都要加强专项的保护。各项保护工作的有序

开展以及保护设施的建立和维护，才能使大熊猫国家公园的体育旅游得到长足和有序的发展。在智慧旅游背景下，智慧技术的应用对大熊猫国家公园四川园区发展体育旅游活动提供了更多的可能，不论是保护技术的不断发展还是保护技术自身的不断优化与多方面应用，都为其体育旅游的开展提供了更多的保障，协调了保护与开发的矛盾关系，符合优先保护的发展原则。（如图5-20）

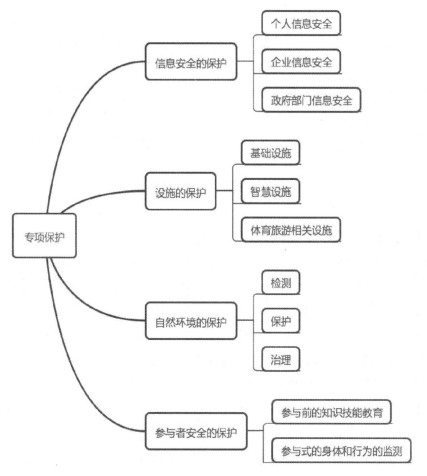

图5-20 体育旅游专项保护图

（一）信息安全的保护

在互联网高速发展的当下，人们获得信息变得更加的迅速和便捷，纷繁的信息通过各种形式和渠道出现在人们的面前，充斥在生活的方方面面。但为人们提供方便的同时，信息的复杂性对其安全性与真实性的管理提出了更高的要求，因此，加强对体育旅游相关网络信息安全的监管更加重要。消费者、组织者以及服务者等的多种信息资源通过信息平台进行传播，例如个人的身份证、居住地址、消费记录、私人电话等重要信息、相关企业的商业机密、内部资源以及政府部门的机密文件等重要信息，在提供了方便的同时，也面临着信息安全危机，一旦泄露，将会在不同程度造成危害，并严重影响着该项目能否可持续的发展。其次，当今网络世界纷繁复杂，随着信息化的发展，各类网络平台、交友网站、旅游官网、手机APP等将信息以巨量的模式呈现在消费者的眼前，虽然网络卫生的管理也在不断优化，取得了一定的成效，但仍然存在部分人"钻空子"，利用网络平台，发布不实信息，误导其他人，而目前人们对于信息的识别能力远远不够，尤其是初识网络的青少年以及对互联网不太了解的老年人，他们对于各种信息的处理能力较低，极其容易被一些虚假、不实信息蒙蔽双眼，造成不同程度的损失。在这个过程中，就需要政府及其相关部门充分利用智慧技术，加强网络信息的监管以及管控，净化网络，对于网络信息的上传进行筛选和审核，提高所上传信息的质量，从而为体育旅游参与者提供一个健康的互动平台和信息获取渠道。

（二）相关设施的保护

发展体育旅游，势必要增加相关设施的建设，其中包括餐饮、酒店、农家乐等基础设施以及体育旅游相关设施和智慧技术相关设施的建设，设施的建设相伴随的就是设施的保护。而体育旅游的开展，会在一定程度上带动大熊猫国家公园人流的增多，对于各项设施的维护和检测也提出了更高的要求。因此要加强对酒店、餐饮、农家乐等基础设施的动态监管与维护，为提供优质服务和长远发展奠定基础，同时，还要加强对体育旅游设施的保护检测，体育旅游设施是开展体育旅游活动的核心基础，要特别注重它的安全性以及全面性的维护和检测，从而提供更加安全以及全面的活动项目，让参与者玩的舒心、玩的安心。最后，要加强对北斗导航系统、实时监测设备、可穿戴设备、人工智能设施以及当地的智能化基础设施的维护，这些智慧技术设施无论是使用成本还是维护成本都是较高的，无论是在体育旅游活动开展的过程中，还是日常的维护都要格外重视，要安排专业技术人才加强对相关设施性能的检测以及维护，保证其安全运行，避免遭受到外部因素的破坏。

（三）自然环境的保护

自然环境的保护离不开多方面的共同努力，第一，相关企业要积极创新"低能耗、低污染"等的绿色体育旅游设施和产品，将绿色理念深入开发的各个环节，从源头上对自然环境进行保护；第二，政府和相关部门要加强智慧技术对园区内的自然环境资源的监管，严格控制固体废弃物、污水、尾气等的排放量[①]，对于自然环境灾害，

---

① 龙丞. 湖南省智慧体育旅游发展模式研究[D]. 湖南工业大学,2018.

要加强检测，积极应对；第三，相关管理部门通过物联网实时收集体育旅游参与者信息，通过物联网技术例如：视频监控、数字化监测、人体热成像等来实现动态化监控，严格控制人流量、把握参与者的活动轨迹以及行为。例如，在进行智慧体育旅游时，可适当地对旅行者进行动态提示，告知其附近的垃圾桶、卫生间、饮水处等方位以及教授其"无痕行为"相关知识等；第四，加强与高校以及科研机构和合作，引进相关专业人才，对于环境的检测、保护和治理提供强有力的人才基础，同时要积极开展科研项目，为其体育旅游的可持续发展以及环境保护开拓新的路径。

（四）参与者安全保护

在体育旅游活动开展前，要积极引导参与者通过手机、平板APP或者相关网站进行安全知识的学习以及相关技能的测试，还要在开展活动前对于参与者的身体状况进行调查，让参与者能够真切地认识到自身的状态是否能够参与其中。在体育旅游活动开展时，更要注重对参与者的安全管理，运用智慧技术，加强与公安部门、消防部门、卫生部门以及环境部门等的实施信息共享与沟通，加强彼此之间的协同关系，结合大熊猫国家公园内体育旅游信息建立预测预警机制，运用人工智能等技术提高体育旅游应急管理能力，建立体育旅游应急指挥平台，同时加强对参与者安全意识的培养。在体育旅游活动开展的时，利用北斗导航系统、可穿戴设备、热成像等智慧技术，及时对参与者的行动轨迹以及行为活动进行监测，将体育旅游活动把控在可控范围之内，减少安全事故的发生。

大熊猫国家公园体育旅游空间分级布局将大熊猫国家公园内相关体育旅游景区分为4个类型：高梯度—高资源类型、高梯度—低资源类型、低梯度—高资源类型、低梯度—低资源类型。大熊猫国家公园都江堰片区的青城山都江堰风景名胜区、龙溪虹口国家级自然保护区、龙池国家森林公园都属于高梯度—高资源区域；大熊猫国家公园彭州片区的白水河国家级自然保护区和龙门山国家地质公园都属于高梯度—低资源区域；大熊猫国家公园大邑片区的西岭雪山风景名胜区属于高梯度—高资源区域，但是其黑水河省级自然保护区属于高梯度—低资源区域；大熊猫国家公园崇州片区的鸡冠山森林公园属于低梯度—高资源区域；大熊猫国家公园荥经片区的龙苍沟国家森林公园属于低梯度—高资源区域，但其大相岭自然保护区属于低梯度—低资源区域。都江堰片区、彭州片区、大邑片区、崇州片区与荥经片区各具代表，研究将其作为个案进行针对性研究。

第一节　大熊猫国家公园都江堰片区体育旅游资源开发

一、资源考察

（一）资源丰度

大熊猫国家公园都江堰片区地理、自然条件优越，是岷山山系大熊猫B种群重要的栖息地，直接联系着岷山山系和邛崃山系两个世界最大的大熊猫野生种群，也是大熊猫生存和繁衍的关键区域和"天然走廊"。拥有玉堂街道赵公山下的熊猫谷和青城山脚下的中国大熊猫保护研究中心都江堰基地。一个是中国首个以大熊猫"野生放归"为目的的研究基地；一个是国内首个大熊猫救护与疾病防控研究的专门机构和科普教育基地。随着生态红线的划定，都江堰片区将龙溪虹口国家级自然保护区以及龙池国家森林公园周边相关区域大面积纳入红线范围并将其作为主要的游憩区，本研究主要对该地区体育旅游资源进行细化考察。（如表6-1）

表6-1 大熊猫国家公园都江堰片区体育旅游资源考察

资源类别	细化考察
自然体育旅游资源	高山、森林、峡谷、溶洞、溪流、冰川、瀑布、湖泊
人工体育旅游资源	漂流、越野徒步线路、森林探险线路、山地越野赛车场、自行车越野场地、汽车露营地、冰雪露营地、冰雪探险路线、河谷漂流地
文化体育旅游资源	大熊猫文化、佛教文化、古羌文化、茶马文化、道教文化、红色文化、藏族文化、木雕文化、水利文化

（二）资源特色

1. 水域体育旅游资源知名度高

大熊猫国家公园都江堰片区水域体育旅游主要以龙溪虹口国家自然保护区为主。龙溪虹口景点是一处集水上体育、休闲娱乐、度假旅游为一体的综合性体育旅游景点。依托得天独厚的自然生态资源，四川龙溪-虹口景区打造"消暑胜地、南国雪源"特色旅游品牌，主要开发了虹口漂流、激流急降、皮划艇、水上摩托艇、水上滑板车等体育旅游项目，在南方的地区中，龙溪虹口的水上体育项目每年吸引了大量的国内外游客前来体验。此外，岷江干流经过该区域，也使得龙溪虹口地区成了一个适合于划艇以及水上摄影等户外运动的好去处，同时受到了国内外大量游客的青睐。

2. 冰雪体育旅游资源底本深厚

大熊猫国家公园都江堰片区冰雪旅游资源主要以龙池国家森林公园为主。龙池国家森林公园是一个以自然景观为主、人文景观为辅的综合性国家森林公园。该公园地处青藏高原和成都平原过渡地带，是"华西雨屏带"的组成部分，每年11月下旬开始积雪，积雪长达5个月，气候寒冷，因此特色打造龙池冰雪节，为人们提供一个休闲度假、赏雪、滑雪、打雪仗、滑冰的好去处。公园内设有三条滑雪道，其中最长的一条滑雪道长度为800米，最宽处为50米，可同时供多人滑行。此外，公园内还设有冰上运动场地，有溜冰道、冰球场等，方便游客进行各种冰上运动。除了上述冰雪活动，都江堰龙池国家森林公园还有很多其他的景点和娱乐项目，如红叶景区、大熊猫环保文化旅游区、飞天茶园等，可以让游客在滑雪之余，进一步了解该地区的文化和自然景观。

3. 山地体育旅游资源知名度高

大熊猫国家公园都江堰片区二座"名山"深受徒步爬山游客青睐。青城山，是全国重点文物保护单位、国家重点风景名胜区、国家AAAAA级旅游景区、全真龙门派圣地，十大洞天之一，中国四大道教名山之一，五大仙山之一，自古就有"青城天下幽"的美誉。青城山包含了青城前山和青城后山，前山景色优美、文物古迹众多，其作为中国道教的发源地，凝聚了中国道教文化的精髓，被誉为是一座活的道教"博物馆"。后山与卧龙自然保护区相邻，是世界自然遗产四川大熊猫栖息地的重要组成部分之一，并有"一山幽意论平分"的说法；赵公山，海拔2434米，是青城山最高峰，位于都江堰风景区玉堂镇境内，也是青城山主峰，古人称之为"丈人山"，是邛崃山脉南段的东支，因传说中财神爷赵公明元帅归隐此处而得名，是青城"洞天福地"的福地所在。

4. 森林体育旅游资源得天独厚

大熊猫国家公园都江堰片区森林体育旅游资源以龙池国家森林公园和四川龙溪虹口国家级自然保护区为主。龙池国家森林公园总面积约48万余亩，是中国20个重点国家级森林公园之一，古化石众多，被称为"活化石"的珙桐、莲香树、银鹊、圆叶玉兰等濒危树种在此生机勃勃。野生动物有金丝猴、大熊猫、羚羊、金鸡和岩牛等，被中外专家誉为是"野生植物基因库""动物天然乐园"。同时国家科学院植物研究所在此建立了华西亚高山植物园，已引进栽培杜鹃花140余个品种。四川龙溪虹口国家级自然保护区总面积有310平方公里的茂密森林，森林覆盖率95%以上，是全国35个大熊猫保护区之一，同时被中国林学会命名为第五批全国林草科普基地。并且四川龙溪-虹口国家级自然保护区生的态环境优越，年平均气候10℃，雨量充沛，年平均相对湿度在80%以上，是典型的四川盆地亚热带湿润季风气候区。除此之外，四川龙溪-虹口国家级自然保护区内分布最广泛的土壤是山地森林土壤，土壤母质主要由山体母岩经风化而成。由于保护区海拔差异大，不同海拔、气候形成了不同的土壤种，保存着原始的高山峡谷自然生态系统和完整的植被垂直带谱，并且苔藓种类密集度高并居世界前列，具有极高的保护价值和科学研究价值。

二、空间布局

大熊猫国家公园都江堰片区的青城山都江堰风景名胜区、龙溪虹口国家级自然保护区、龙池国家森林公园都属于高梯度—高资源区域。根据该片区体育旅游景区资源禀赋、体育旅游产业及相关产业的分布，本研究构建了大熊猫国家公园都江堰片区体育旅游开发"一心三极三轴"的空间布局（如图6-1）。其中，"一心"包括都江堰中心城市及青城山都江堰风景名胜区（都江堰区域），"三极"分别包括青城山都江堰风景名胜区（青城山区域）增长极、龙池国家森林公园增长极、龙溪虹口国家级自然保护区，

"三轴"分别包括都江堰—深溪—虹口—飞虹—龙溪发展轴、都江堰-南岳-龙池发展轴、都江堰-青城山-桃源发展轴。研究认为，通过都江堰中心城市体育旅游活动的外溢、"三极"区域体育旅游资源的深度挖掘，体育旅游资金流、信息流、技术流、客流的快速涌入，逐步带动轴线上深溪、虹口、飞虹、南岳、桃源等大熊猫入口社区的发展，大熊猫国家公园都江堰片区体育旅游产业链积聚加强，连续共生，功能辐射加强，并产生叠加效应和规模效应，城市体育旅游出现功能分区并实现区域体育旅游功能积聚[①]。

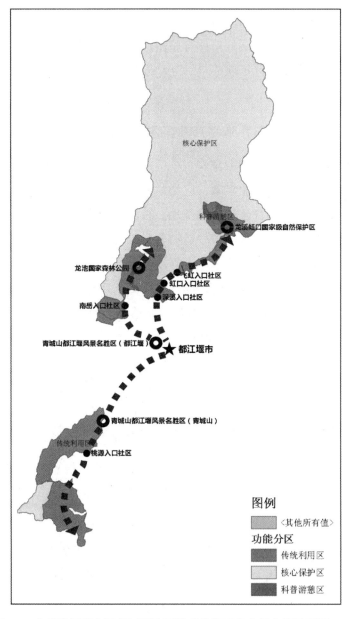

图6-1　大熊猫国家公园都江堰片区体育旅游开发空间布局示意图

---

① 姜付高,曹莉. 全域体育旅游:内涵特征、空间结构与发展模式[J]. 上海体育学院学报,2020,44(09):12-23+33.

三、产业协同

大熊猫国家公园都江堰片区包括龙溪虹口国家自然保护区周围和龙池国家森林公园为主的科普游憩区，在大熊猫国家公园一般控制区范围内鼓励发展绿色、自然生态产业，因此为推动大熊猫国家公园体育旅游产业的可持续发展，需要加强大熊猫国家公园科普游憩区与外围区域的产业协同，促进体育旅游产业与农林产业、商贸产业、文化产业协同发展。结合都江堰体育旅游产业布局，打造青城山体育旅游产业集群、龙池体育旅游产业集群和龙溪虹口体育旅游产业集群，提升景区体育旅游增长积极的辐射作用，与周边乡镇社区串联成带、互动发展，推动大熊猫国家公园体育旅游产业的协同发展。

（一）打造青城山体育旅游产业集群

1. 推动青城山体育旅游产业集聚

推动青城山体育旅游产业集聚，应当紧密依托丰厚的山地体育旅游资源，重点布局相关产业，打造山地体育旅游体验基地。首先，加强与文化教育、商业、娱乐业等第三产业的融合发展，布局青城道教运动养生旅游、纪念品和特色产品展销旅游、登山探险旅游、赛事旅游、徒步摄影旅游等新业态；其次，结合"大熊猫"生态品牌形象与"青城山道教文化"品牌形象，设计当地特色IP旅游产品，积极带动第二产业的发展，在青城山或者周边区域布局体育旅游制造业（如图），打造中国道教之都具有国际影响力的山地文化运动旅游目的地。

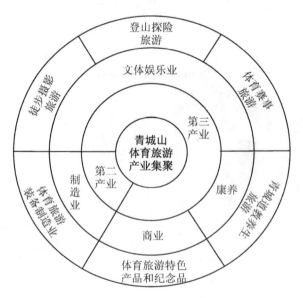

图6-2 青城山体育旅游产业集聚

2. 促进青城山体育旅游多产联动

促进青城山体育旅游多产联动，构建青城山山地体育旅游全产业链，优先发展以赛事旅游、徒步摄影旅游、体育文化旅游为核心的体育旅游主产业，重点布局休闲娱乐产业、赛事旅游产业、当地特色IP旅游纪念品产业，着力打造特色山地户外体育旅游赛事基地，形成文化旅游产业与体育赛事产业协同发展的模式。挖掘青城山特有的道教运动养生文化，道教武术文化大力开展青城山道教运动养生文化和体育旅游融合发展；依托青城山特有的植被类型和较险的山地路线资源，积极开展自行车骑行比赛、登山越野挑战赛等山地类户外运动赛事，吸引更多户外登山爱好者前来参加，同时提高青城山景区的知名度和美誉度；发挥"大熊猫"和"青城山"双核品牌优势，大力创新青城山特色IP纪念品和特色产品展销等相关产业（如图6-3）。同时加强青城山景区的旅游服务和管理，提高游客的体验和满意度，吸引更多游客前来。

基于以上构想，协同规划青城山体育旅游多产联动，可建设综合性体育旅游场馆，引进更多户外体育赛事的同时为游客提供更多的娱乐项目和体育活动，加大大熊猫国家公园青城山体育旅游产业集群内体育赛事及项目的招引力度和品牌招引力度。同时借助"互联网+"高科技平台，搭建交流合作平台，努力实现与各类大型体育知名企业、各大高校的交流。主动向外界推广青城山的自然风光和丰富多彩的体育旅游资源，努力创建大熊猫国家公园青城山山地体育旅游品牌。

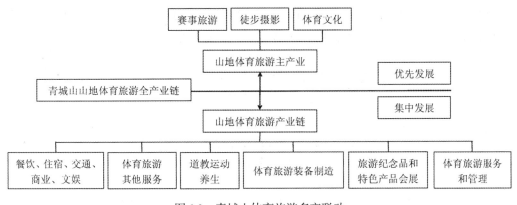

图6-3 青城山体育旅游多产联动

（二）打造龙溪虹口体育旅游产业集群

1. 推动龙溪虹口体育旅游产业集聚

充分利用龙溪虹口国家级自然保护区及周边区域自然体育旅游资源、人工体育旅游资源，推动龙溪虹口体育旅游产业集聚。首先，加强与文化教育、康养、文体娱乐业等第三产业的融合发展，布局水域运动培训旅游、体育康养旅游、健身休闲旅游、体育文化旅游、体育赛事旅游等；其次，依托龙溪虹口天然丰富的森林资源，布局森林生态体育旅游；最后，还可深度挖掘龙溪虹口自然生态探险旅游和文化遗产旅游，丰富龙溪虹口的体育＋文化＋旅游产业的发展。（如图6-4）

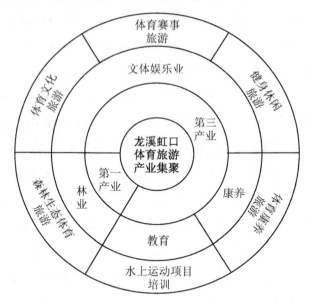

图6-4　龙溪虹口体育旅游产业集聚

2. 促进龙溪虹口体育旅游多产联动

促进龙溪虹口体育旅游多产联动，构建龙溪虹口体育旅游全产业链，优先发展龙溪虹口水上体育旅游主产业的同时，还需要集中发展相关体育旅游产业链。（如图6-5）

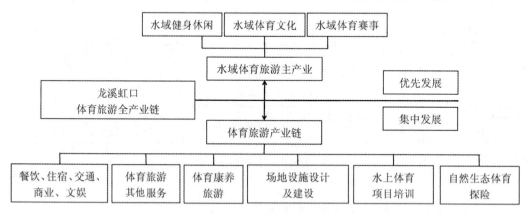

图6-5　龙溪虹口体育旅游多产联动

（1）优先发展体育旅游主产业

龙溪虹口景区是一处集水上体育、休闲娱乐、度假旅游为一体的综合性旅游景区，发挥龙溪虹口独特的漂流自然水域资源，开发更多水上项目，如：皮划艇、激流急降、水上摩托艇、水上滑板车等，同时探索帆板桨板等具有旅游开发价值的水上体育旅游项目融入其中。

推动龙溪虹口水上体育旅游的发展，不仅要充分利用水资源发展体育项目和体育赛事，还需将水上体育设施的建设作为重中之重，保障项目游玩的安全性。同时充分利用高山、森林、溪流、湖泊等生态旅游资源和古羌文化、茶马文化等人文优势，全面推进龙溪虹口的"文体旅"复合发展模式，打造"天府之源"在"水品牌"上的高品质口碑。

（2）集中发展体育旅游产业链

发展龙溪虹口水上体育赛事旅游，需开发更多水上体育赛事项目，打造龙溪虹口特有的水上运动项目赛事品牌，同时加强水上体育项目的教育和培训，提高当地居民的体育素质和健康水平，培养更多优秀体育人才，为龙溪虹口的水上体育产业发展提供更多的人才支撑。加大龙溪虹口体育文化旅游品牌宣传营销，深化文体旅互动交流，擦亮天府旅游名城金字招牌，向世界传播"中国漂流之乡"，以文体旅引领经济社会高质量发展，加强对龙溪虹口自然保护区的农业资源及水上体育资源整合，使之相互协同发展。加强龙溪虹口地区内水上体育产业链中各个环节之间的协作和合作，形成产业链的完整闭环，提高整个产业的效益和竞争力。

（三）打造龙池体育旅游产业集群

1. 推动龙池体育旅游产业集聚

充分利用龙池国家森林公园现有的冰雪旅游资源基础，建设完善、多样化的冰雪运动设施、发展冰雪运动项目、冰雪旅游产品、建立产业集聚区等来推动龙池冰雪体育旅游产业集聚。首先结合文体旅、商业和教育等第三产业来布局龙池国家森林公园冰雪探险旅游、冰雪赛事旅游、冰雪露营、滑雪产业以及冰雪运动培训等新业态，同时加强国际交流，推动龙池国家森林公园建设安全可靠的冰雪运动场地和先进的基础设施，同时规范冰雪旅游产品级别及冰雪体育旅游的服务质量，满足游客多样化需求。其次，重点依托龙池天然森林景观资源，布局森林原生态体育旅游业；最后，深度挖掘龙池国家森林公园冰雪文化体育产业，以冰雪文化发展为核心，推动冰雪体育产品的制造、销售、服务业的发展，举办冰雪节或滑雪节等活动，来打造龙池冰雪森林公园旅游胜地的品牌文化形象，推动该区域体育文化旅游产业的发展。（如图6-6）

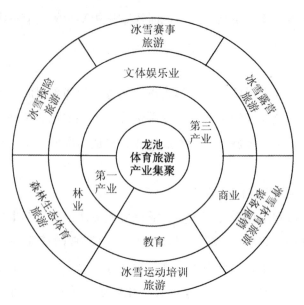

图6-6 龙池体育旅游产业集聚

2. 促进龙池体育旅游多产联动

促进龙池冰雪体育旅游多产联动，构建龙池冰雪文化体育旅游全产业链，优先发展龙池的冰雪探险旅游、冰雪赛事旅游、冰雪露营为核心的冰雪体育旅游主产业，重点布局冰雪赛事产业和滑雪产业，形成冰雪赛事旅游产业和冰雪培训产业协同发展模式。同时构建一个龙池旅游服务中心，配置基本的交通设施、餐饮、商业、通讯等，不断优化产品质量和服务质量，带动龙池冰雪体育旅游持续发展；挖掘龙池国家森林公园的冰雪资源，利用龙池天然的冰雪资源开展冰雪类活动以及创办或引进各项冰雪赛事，建设西南地区独特的冰雪运动基地，同时商品、资金等生产要素的流动，带动冰雪旅游装备的制造、服装加工及产品展销等相关产业发展。（如图6-7）

基于以上构想，协同规划龙池冰雪体育旅游多产联动，将冰雪体育文化融入冰雪体育赛事，结合冰雪体育旅游产业，在资源保护的基础上，通过产业间渗透与交叉，再经过技术、产品、企业和市场的融合形成"冰雪旅游"新型产业业态，从而加大大熊猫国家公园龙池体育旅游产业集群内体育企业及项目的招商吸引力。拓宽冰雪体育旅游产业发展视野，设计龙池特色冰雪体育旅游路线，发挥龙池的自然资源优势，分别设计并推出适合滑雪、赏雪、冰雪探险、冰雪露营的精品路线，营造产品差别化的战略来增强产品的特殊性、路线的独特性。制定旅游景区不同年龄阶段及不同消费档次的设计方案。为冰雪体育旅游的发展，应将旅游路线开发的视野投向更为广泛的人群，开展适合不同年龄层次的旅游路线，如：针对老年人，可推出赏雪雕、赏雪、观冰瀑、品雪等修养身心的体育旅游项目；针对少年儿童可推出坐冰车、玩冰球、马拉雪橇、滑雪圈、猜冰迷等安全性较高的旅游体育项目。各档次冰雪旅游产品的开发丰富体育旅游内容的同时，也为体育旅游者提供更多的选择。引进国际赛事及项目落地于大熊猫国家公园龙池景区及周边等相关区域，各种大小型的冰雪体育赛事可提升龙池的经济、文化、产业和知名度，同时促进龙池冰雪节与国际冰雪节之间的联系，使龙池的旅游产业能够持续性发展。

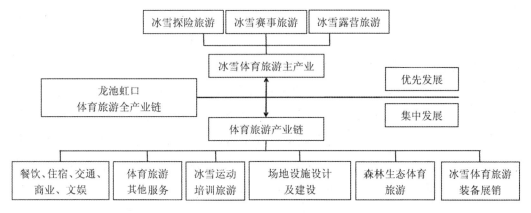

图6-7　龙池体育旅游多产联动

四、产品转化

（一）青城山体育旅游产品转化

青城山结合景区内的山地文化资源、水利文化资源、道教文化资源、熊猫文化资源等，以"熊猫文化资源"为核心，打造森林徒步、体育养生、观光游览、定向越野等涵盖休闲型、探险型、民族文化型等多元化的体育旅游产品体系。采用"大熊猫文化+体育旅游"复合型产品：挖掘青城山历史文化、民族文化、古镇文化等文化资与传统体育项目相衔接，运用原有的文化背景和体育项目发展的规模和基础，打造新型体育赛事，建设以熊猫文化为背景的休闲体育旅游度假村，通过体育旅游带动交通产业、餐饮产业、休闲体育产业及旅游共同发展。第二，在已有的棋类比赛训练基地、影视拍摄基地的基础上，建立一系列的古老运动博物馆、古镇回民生活体验馆、体育馆等，让游客更多地参观和体验具有历史文化特色的传统体育项目，更好地向游客宣传小镇的历史文化和民族性格特色，起到保护非物质文化遗产的重大作用。第三，在体育馆中展示民间舞龙灯、狮舞、踩高跷活动集表演和运动于一体的项目，丰富当地文化的同时也促进了体育旅游的发展。

（二）龙溪虹口体育旅游产品转化

龙溪虹口自然保护区是4A级景区，理想的天然氧吧，水质干净无污染，获有"西部第一漂"的美誉，具有优越的生态资源和气候环境，夏日的虹口漂流小镇就是带动周围发展的特色项目。依托龙溪虹口景区内的山地、水体、岩石等地形，引入激情漂流、皮划艇、激流急降、水上摩托艇、水上滑板车等水上产品。将团建活动与虹口漂流小镇相结合，水上产业引流带动户外产业融合发展，更好地促进户外产业发展。第二，重点发展水上休闲娱乐项目，结合大熊猫文化资源，利用政府部门和投资商共同宣传大熊猫文化＋特色户外水上运动项目，同时，在高原河谷上大力开展帐篷露营区、CS丛林区、射箭场、山地自行车、沙滩运动区、休闲小吃区、户外高空拓展区、水上乐园、篮球场区等区域，以保护资源为基点，宣传大熊猫文化为重点，选商引资为突破口，多形式的拓宽水上、户外旅游娱乐项目，努力构建服务配套、生态优良的景区，为带动虹口自然保护区的旅游经济和大熊猫文化宣传做出积极的贡献。第三，在虹口花谷以及蒲江公路引入大型自行车骑行赛事，国际定向越野赛事等，将赛事结合大熊文化进行宣传，打造龙溪虹口特有的IP赛事，增添更多体验游客人数，再通过多种营销模式，达到比赛到项目体验一条龙服务，同时，在生态保护和发展上加强与其他产业融合发展，在民宿、餐饮、交通等植入都江堰大熊猫文化、水文化，将旅游与教育相辅相成，因地制宜，协调发展，加快推动虹口国家公园的体育旅游发展。

（三）龙池森林体育旅游产品转化

依托龙池的山体森林资源和冰雪自然资源，在保护资源的基础上，以生态防护、冰雪赛事、森林游隙为主，重点打造冰雪体育旅游、冰雪赛事旅游、冰雪露营旅游、森林探险、冰雪运动教育培训等旅游活动项目。大力发挥龙池现有资源，进一步开发森林景观资源，增强各个项目之间的流动性；第二，在生态缓冲（山腰区域）重点布局冰雪定向越野路线、冰雪徒步路线、冰雪露营基地项目建设，提升龙池旅游管理服务质量；第三，重点对龙池森林公园景区旅游服务区和森林文化区的建设，随时修复大门、道路、供电、通讯及服务设施。加快实施公共交通以及停车场建设、景区内索道建设、园区网线路建设、绿化美化、森林防火和林木病虫害防治设备、公园各旅游景点、管理处、休闲小屋供水设施及生活污水处理设施的建设等基础设施，着力打造西南地区冰雪运动基地，形成冰雪体育文化与冰雪体育产业协同发展模式。大力开展"龙池"森林公园系列活动，包含龙池森林文化展演活动、龙池野生植被摄影比赛、龙池徒步活动等以及"龙池"森林公园冰雪系列活动，包含龙池冰雪冰雕观赏活动、龙池高坡雪橇滑雪、龙池冰雪摄影活动等。

第二节 大熊猫国家公园彭州片区体育旅游资源开发

一、资源考察

（一）资源丰度

大熊猫国家公园彭州片区是大熊猫邛崃山种群交流的关键通道和连接纽带，被誉为"大熊猫爱情走廊"主要由四川白水河国家级自然保护区、彭州市国有林场部分区域、龙门山国家地质公园组成，拥有成都第二大林区，境内地貌类型大部分为喀斯特地貌，呈"六山一水三分坝"的格局。其中，白水河国家级自然保护区与龙门山国家地质公园及周边的相关区域是大熊猫国家公园彭州片区最为主要的大熊猫科普游憩区，本研究主要对该区域体育旅游资源进行细化考察。（如表6-2）

表6-2 大熊猫国家公园彭州片区体育旅游资源考察

资源类别	细化考察
自然体育旅游资源	山地、森林、峡谷、溪流、瀑布、温泉、雪山、云海、日出、杜鹃花
人工体育旅游资源	原始森林徒步线路、丛林穿越线路、越野跑线路、山地越野赛车场、山地自行车越野场、攀岩场、彭州龙门山快乐老街、熊猫蹦床、大塘小船、熊猫滑草场
文化体育旅游资源	大熊猫文化、古蜀文化、牡丹文化、佛教文化、天主教文化、陶瓷文化、闹年锣鼓、川剧围鼓、肥酒文化

（二）资源特色

1. 山地体育旅游资源繁多

彭州市拥有丰富的山地体育旅游资源，例如白水河国家级自然保护区地处龙门山脉向成都平原过渡地带，地势由东南向西北递增，最低海拔1480米，最高海拔4818米，由于地形剧烈切割，山谷成"V"型和"U"型发育，相对高差悬殊，形成山高坡陡谷窄的地貌特征，另外，龙门山国家地质公园是驰名中外的龙门山推覆构造带的缩影，其地层发育丰富，分布众多的飞来峰，与欧洲阿尔卑斯山飞来峰齐名，公园内还分布有古冰川、典型地层剖面等地质遗迹，境内出名的有九峰山（1200mm～4500m）、天台山（2441m）、丹景山（1147m）、葛仙山、太阳湾（1100m～3900m）；小鱼洞境内有：鱼凫香山、铁瓦殿（3435m），因此，龙门山脉被地质科学家称为"地质科学迷宫"，故龙门山也被称为"东方的阿尔卑斯"。

2. 森林体育旅游资源丰富

彭州市森林覆盖率高49.52%，林地面积达7万多公顷，亚热带湿润气候区适宜大熊猫可食竹生长。其中龙门山国家地质公园植被覆盖率达86%，园内种植有3000亩樱花、桃花、梨花，吸引了大批市民前往游玩，白水河自然保护区属中亚热带常绿阔叶林地区，拥有林地面积2014.06公顷，森林覆盖率达86.7%，涵盖阔叶林景观、针叶林景、中低山杜鹃林景观，良好的森林生态环境，绚丽的森林景观为开展森林旅游提供了优越的条件。

3. 水上体育旅游资源优异

彭州市地处四川盆地亚热带湿润气候的"盆地北部区"，雨量充沛、四季分明，年平均降水量为1006毫米，夏季降水的强度大，秋季绵雨多，水域面积近20万亩，有大小河流39条，分属沱江、岷江两个水系，关口以北山区和市境东南部边界地区属沱江流域，主要有湔江及其支流；市境以南和南部边界地区属岷江流域，有蒲阳河—青白江，造就了极为丰富的水资源，境内主要河流（不含过境河流）湔江，年均流量31.8立方米每秒，年径流总量为10.03亿立方米；水资源总量多年平均为11.83亿立方米。其中白水河国家级自然保护区的河流属沱江水系湔江上游，河流主要有银厂沟、龙漕沟、牛圈沟汇集区内50余条岔沟之水注入湔江，湔江流经境内20余公里，据有关水文资料，湔江年均流量26.3立方米/秒，枯水期2.11立方米/秒（12月到次年的3月），最大洪水流量4490立方米/秒左右（8～9月），落差大，水流湍急，河水终年不断，是成都平原重要的水源涵养地。

4. 文化体育旅游资源多元

第一，卧云台位于彭州市龙门山镇小鱼洞大桥桥头，是集文化展示、科普教育、文创体验、情景体验为一体的公共空间，也是大熊猫国家公园崇州片区入口展示中心，从空中鸟瞰，这栋建筑仿佛是大熊猫的"脚印"，游览其中还能看到不少关于大熊猫的元素。第二，熊猫生态谷同样位于大熊猫国家公园彭州片区入口，良好的生态环境和创新的发展模式吸引了众多文旅项目，目前熊猫生态谷建成熊猫香山一期景区，景区内设有各种以熊猫为主题的游玩项目，比如山地越野、熊猫蹦床、大塘小船、熊猫滑草、熊猫滚山等惊险刺激的游玩项目，还开设了多种多样的研学课堂，如木工、扎染、皮影、石头画、植物拓印等。第三，牡丹种植在彭州已有上千年的历史，上可追溯到南北朝时期，诗人陆游曾赞曰："牡丹在中州，洛阳为第一；在蜀，天彭为第一"，现在彭州已成为中国西南最大的牡丹观赏基地，牡丹花也被确立为彭州市的"市花"。

二、空间布局

大熊猫国家公园彭州片区的白水河国家级自然保护区和龙门山国家地质公园都属于高梯度—低资源区域。根据该片区体育旅游景区资源禀赋、体育旅游产业及相关产业的分布，本研究构建了大熊猫国家公园彭州片区体育旅游开发"一心两翼"的空间布局（如图6-8）。其中，"一心"是指彭州中心城市，"两翼"分别包括彭州-龙门山-

九峰村发展轴、彭州–小鱼洞–宝山村–白水河–九峰村发展轴。研究认为，通过彭州中心城市体育旅游活动的外溢，体育旅游资金流、信息流、技术流、客流的快速涌入，推动大熊猫国家公园彭州片区体育旅游产业化进程，促进白水河国家级自然保护区、龙门山国家地质公园等景区以及小鱼洞、宝山村、九峰村等入口社区的体育旅游产业集聚，加强体育旅游景区与入口社区的体育旅游功能分区，从而实现该区体育旅游产业的协同发展。

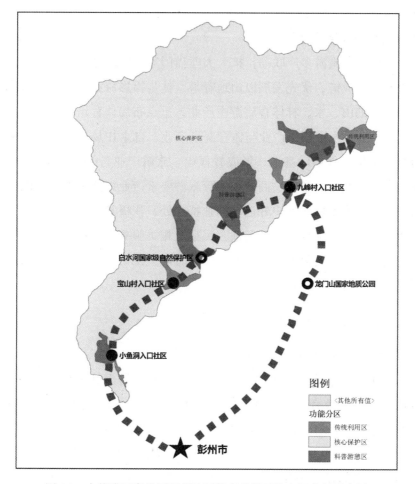

图6-8　大熊猫国家公园彭州片区体育旅游开发空间布局示意图

三、产业协同

（一）建构白水河体育旅游产业集群

1. 推进白水河体育旅游产业集聚

推进白水河体育旅游产业集聚，应当充分利用当地得天独厚的山地、水文、林盘体育旅游资源，以大熊猫国家公园建设为依托，重点布局相关产业，打造山、水、林体育旅游体验基地。首先，加快体育旅游产业与教育业、商业、餐饮业、住宿业、娱乐业等第三产业的融合发展，布局户外徒步教育旅游、户外山地运动体验旅游、户外装备展销旅游、户外漂流体验旅游、山水观光露营旅游、徒步摄影旅游等新业态；其次，将大熊猫与白水河自然保护区的高山河谷自然资源相结合，创立具有本地大熊猫文化IP的高端体育旅游装备品牌，为彭州市及周边地区的制造业发展提供条件。打造具有影响力的山、水、林体育旅游目的地。

2. 促进白水河体育旅游多产联动

加大白水河体育旅游多产联动，扩大大熊猫国家公园的品牌影响力，构建白水河山地体育旅游全产业链，优先发展以山地赛事、徒步摄影旅游、观光露营旅游、水上体验旅游为核心的山、水、林体育旅游主产业，重点布局体育培训产业、文化教育产业、康养休闲产业、水上娱乐产业与体育赛事产业、自主IP体育旅游装备制造营销产业，着力打造山地户外运动基地，形成教育业、旅游产业与体育业协同发展的模式。同时合理配套交通设施、餐饮、商业等体育旅游要素产业以及金融、通讯、物流等体育旅游辅助产业；挖掘白水河户外运动的独特之处，积极开展山地运动类、水上体验类等户外活动，建设星级标准户外营地、民宿及相关服务设施；依托古蜀文化、牡丹文化、陶瓷文化、肥酒文化等，大力推进白水河自主IP研发及建设，带动体育旅游装备制造、服装加工和产品展销等相关产业。

（二）打造龙门山体育旅游产业集群

1. 推动龙门山体育旅游产业集聚

推动龙门山体育旅游产业集聚，核心在于挖掘龙门山脉体育旅游资源。首先，加快体育旅游产业与教育业、商业、露营业等第三产业的融合发展，布局户外研学旅游、户外露营旅游、山地户外运动体验旅游、徒步摄影旅游等新业态（如图6-9）；其次，依托成都龙之梦旅游度假区、宝山太阳湾景区、葛仙山国际山地运动公园等重点项目，白鹿钻石音乐厅、大熊猫国家公园入口社区展示中心、太阳湾风景区等多个产业化项目，打造海窝子古镇、鱼凫湿地等50余处特色消费场景，特色民宿47家，宝山旅游景区、丹景山景区、白鹿音乐旅游景区成功创建国家4A级旅游景区，创建具有示范效应的山地户外运动综合休闲发展带，逐步打造国际一流山地旅游目的地。

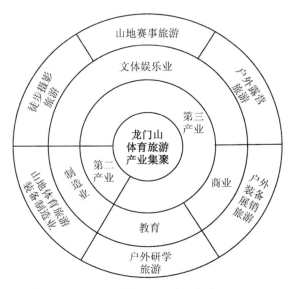

图6-9 龙门山体育旅游产业集聚

2. 促进龙门山体育旅游多产联动

龙门山脉山地立体生态资源禀赋，利用山地营地、山地徒步路线、户外马场、攀岩场、生态度假村等，大力打造龙门山休闲体育旅游产业，奋力推进建圈强链，制作体育旅游宣传片，将自然风光和体育旅游形式充分结合，利用视听语言借助互联网进行传播，提高全国乃至全世界的旅游知名度，促进龙门山体育旅游多产联动，聚焦山地运动、生态康养、营地旅游三大主产业，深耕营地、民宿、度假村，打造山地赛事，开展攀岩登山、马术、雪地项目，结合中医提供特色康养理疗服务，促进龙门山体育旅游多产联动，借助"龙门雪山下·七星耀湔江"的核心IP不断丰富龙门山体育旅游资源的文化内涵，提升现有资源的质量及数量，不断挖掘，不断深入，不断创新。

四、产品转化

（一）白水河体育旅游产品转化

白水河由于其特殊的地形地貌，造就了极为丰富的山地和水文体育旅游资源。在生态核心区域内（山顶区域），重点建设完善户外山地运动、森林康养、风景观光、徒步越野、科普科考等特色服务，开展野外露营、丛林穿越、野外生存、丛林秋千、丛林摄影、蹦极等户外运动项目，充分利用资源优势，增强各项目之间的互动；第二，在生态缓冲（山腰区域）和生态外围（山麓区域）区域内，重点布局长距离徒步穿越路线（步道）、建设越野摩托车场地、速降自行车场地、越野卡丁车场地、漂流场地，增设体育培训产业，设计文创产品，发展健身休闲产业与体育赛事产业推动自主IP体育旅游装备制造业发展；第三，进一步优化通往白水河的公共交通建设、景区内观光车及索道建设、度假服务区建设，同时完善附近住宿、餐饮、交通、标识标牌（含专项）等基础设施，努力达成观光旅游产业与体育产业协同发展的模式。创新"白水河"系列活动，如白水河速降山地自行车赛、白水河越野摩托车赛、白水河露营节、白水河森林公园宝山温泉理疗、白水河风光主题摄影展等活动。

（二）龙门山体育旅游产品转化

龙门山国家地质公园位于龙门山脉，有着"天然大空调""生态大氧吧"之称，拥有鱼凫龙门、宝山红茶、蜀宝水业等特色品牌，开发了龙门山老腊肉、龙门黄茶、冷水鱼、蜂蜜水等特色文创旅游商品。依托龙门山特有的自然景观和生态气候条件，结合区域内旅游产业、康养产业、体育产业，主力发展户外营地旅游产业、户外摄影产业、中医康养产业、研学旅游产业、动植物科普教育产业。借助龙门山丰富的山地、峡谷、水体等地形、地貌及环境资源，引入和发展户外山地运动产业，如户外拓展、山地徒步、山地速降自行车、越野摩托车，在保护环境的前提下试开发越野车场地，推动体育、旅游、度假、康养、摄影、教育等业态的深度融合发展。深挖和利用当地杜鹃花文化，建造观景台和望远镜，结合大熊猫制作旅游文创产品，引入森林温泉酒店、森林瑜伽馆、山间太极广场、龙门山研学基地等项目，举办彭州龙门山国际山地户外挑战赛、龙门山"杜鹃花"摄影作品大赛、"宝山九峰雪"龙门山越野摩托邀请赛、龙门山山地速降自行车联赛、龙门山地理科普周、"宝山红茶"杯龙门山山地马拉松赛、"蜀宝矿泉水"杯龙门山亲子徒步活动、龙门山特色中医康养活动。

第三节　大熊猫国家公园大邑片区体育旅游资源开发

一、资源考察

（一）资源丰度

大熊猫国家公园大邑片区位于大邑县境内，涉及西岭镇、花水湾镇、邮江镇和鹤鸣镇4个镇的14个村，是距离成都最近的野生大熊猫种群分布区之一。大熊猫国家公园大邑片区科普游憩区主要集中于西岭雪山风景名胜区及周边相关区域，本研究主要对该区域体育旅游资源进行细化考察。（如表6-3）

表6-3　大熊猫国家公园大邑片区体育旅游资源考察

资源类别	细化考察
自然体育旅游资源	山地、丘陵、雪山、森林、瀑布、温泉
人工体育旅游资源	山地自行车、山地摩托车、露营、高山滑雪、户外登山、无动力滑翔、低空滑翔飞行基地、热气球、攀岩、漂流、山地越野、山地徒步探险、野外生存
文化体育旅游资源	大熊猫文化、三国文化、红色文化、宗教文化、中国历史文化古镇、少数民族文化、非物质文化遗产

（二）资源特色

1. 冰雪体育旅游资源知名度高

西岭雪山位于四川省成都市大邑县境内，距成都仅110公里，乘车2.5小时可抵达。景区总面积483平方公里，海拔从1260米～5364米不等，属世界自然遗产——大熊猫栖息地、国家级风景名胜区，国家级森林公园、AAAA级旅游景区。景区内最高峰大雪塘海拔5364米，终年积雪不化，为成都第一峰，唐代大诗人杜甫盛赞此景写下了"窗含西岭千秋雪，门泊东吴万里船"的千古绝句，西岭雪山也因此而得名。冬季这里是冰雪的世界，童话的王国，每年的12月初至次年3月底为积雪期，积雪厚度达60厘米以上，雪质优良，形成南方独特的林海雪原奇观，此外景区开设有高山滑雪、雪地摩托、蛇形雪橇、雪上飞碟、雪上飞片、雪地冲锋舟、狗拉雪橇等10余项冰雪游乐项目。

2. 森林体育旅游资源得天独厚

大熊猫国家公园大邑片区森林体育旅游资源以黑水河自然保护区为主，黑水河自然保护区地处成都平原和川西高原接壤地带，保护区总面积317.9平方公里，核心区面积为224.08平方公里，缓冲区面积为23.5平方公里，实验区面积为70.32平方公里。拥有丰富和珍贵的物种资源，明显的区位优势和地理条件。其中有国家一级保护动物大熊猫、金丝猴等10种和国家二级保护动物47种，有珍稀植物珙桐、红豆杉等。据全国第三次大熊猫普查，其大熊猫分布的数量占四川省39个大熊猫分布县（市）的前十位，区内丰富的可食性竹源和适当的海拔高度、适宜的温湿度等其他自然条件，特别适合大熊猫的生长、繁育和栖息。该保护区的建成有着明显的生态效益、社会效益和经济效益的改善，使得森林资源得到充分保护，使大熊猫栖息地免遭破坏，生存环境得到改善，在一定程度上促进了大熊猫种群间的交流、繁衍，并能保护其他珍贵的动植物资源，有利于对大熊猫的食性、生活习性、栖息地等进行科学考察研究，有利于生物多样性和生态环境良性循环。

3. 山地体育旅游资源底本深厚

西岭雪山是大熊猫国家公园大邑片区最好的名片。景区自然资源丰富，景观类型多样，山、水、林、石、兽、天象景观等集于一体，具有浓郁的原始气息。因其海拔高差悬殊，气候类型多样，形成低山繁花似锦，高山终年积雪，反差极大。它的精华可以概括为三句话，即"其魂在林，其魄在山，其灵在水"。雾中山是我国古代四川至印度古道上的一座佛教圣地，其地北有九龙山、金刚山，西有红岩山等，方圆数十里，号称72峰，因常年被云雾覆盖，故名"雾中山"。我国有"自古名寺出名茶"的说法，雾中山的茶叶早在唐宋时期就声名远播。

二、空间布局

大熊猫国家公园大邑片区的西岭雪山风景名胜区属于高梯度—高资源区域，但是其黑水河省级自然保护区属于高梯度—低资源区域。根据该片区体育旅游景区资源禀赋、体育旅游产业及相关产业的分布，本研究构建了大熊猫国家公园大邑片区体育旅游开发"一心—极一轴—线"的空间布局（如图）。其中，"一心"是指大邑中心县，"一极"是指西岭雪山风景名胜区增长极，"一轴"是指大邑—花水湾—云华村—西岭雪山发展轴，"一线"是指大邑—鹤鸣—黑水河发展线。研究认为，通过大邑中心县体育旅游活动的外溢、西岭雪山风景名胜区增长及体育旅游资源的深度挖掘，体育旅游资金流、信息流、技术流、客流的快速涌入，逐步带动轴线上花水湾镇与云华村入口社区的发展；另外，通过大邑中心县体育旅游活动的外溢、鹤鸣乡户外运动产业的转移，带动黑水河省级自然保护区的体育旅游产业发展。

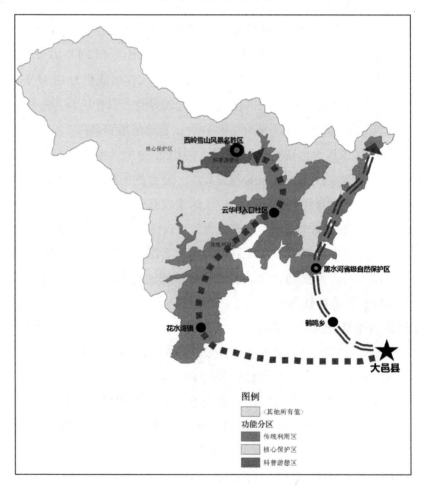

图6-10 大熊猫国家公园大邑片区体育旅游开发空间布局示意图

三、产业协同

大熊猫国家公园大邑片区涉及西岭雪山风景名胜区（科普游憩区）、黑水河省级自然保护区（传统利用区）、花水湾镇（传统利用区）等。为高质量推进大熊猫国家公园建设，维护国家生态安全、保护生物多样性、保存自然遗产和改善生态环境，实现大熊猫国家公园的可持续发展，需依据当前大邑县体育旅游产业布局以及大熊猫国家公园大邑片区体育旅游发展情况，打造西岭雪山体育旅游产业集群，坚持与周边乡镇、县内区域、市内区域、跨市跨省区域优势互补、互利共赢。促进大邑县体育旅游产业与文化产业、农林产业的协同发展，以及体育产业与旅游产业的进一步融合。

（一）打造"花水湾—云华—西岭雪山"体育旅游产业带

1. 推动"花水湾—云华—西岭雪山"体育旅游产业集聚

推动"花水湾-云华-西岭雪山"体育旅游产业集聚，应当依托极具特色的冰雪体育旅游资源，重点布局相关产业，打造冰雪体育旅游小镇。首先，加强与康养、文化教育、商业、文体娱乐业等第三产业的融合发展，布局花水湾体育康养旅游、西岭雪山滑雪培训旅游、云华冰雪体育旅游装备展销，以及以"冰雪、温泉、漂流等"为核心体验的健身休闲旅游、体育赛事旅游、体育文化旅游，为大邑县体育产业及旅游产业的发展寻找新思路、新途径。其次，结合"大熊猫"生态品牌形象与"西岭雪山冰雪运动"品牌形象，培育具有自主知识产权的高端冰雪体育旅游装备品牌，积极带动第二产业的发展，在大邑县或者周边区域布局体育旅游准备制造业（如图6-11）。

图6-11　"花水湾—云华—西岭雪山"体育旅游产业集聚

2. 促进"花水湾—云华—西岭雪山"体育旅游多产联动

促进"花水湾—云华—西岭雪山"体育旅游多产联动，构建"花水湾—云华—西岭雪山"体育旅游全产业链，优先发展体育旅游主产业的同时，还要集中发展其他体育旅游产业链。（如图6-12）

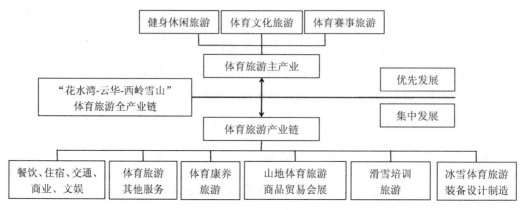

图6-12 "花水湾—云华—西岭雪山"体育旅游多产联动

（1）优先发展体育旅游主产业

依托花水湾山地越野场地，花水湾冰火漂流，西岭峡谷漂流，西岭雪山滑雪、成人雪地摩托、儿童雪地摩托、雪地香蕉船、雪地漂移、蛇形雪橇、雪上飞碟、冰上冲锋舟、雪上飞片、射箭、攀岩、儿童挖挖机、成人ATV、儿童ATV、热气球、溜索、滑草、四轮滑草车、自行车、碰碰球、草地滑道、悠波球等人工体育旅游资源的优势，大力发展健身休闲旅游业。搭建招引平台，按照产业规划总体布局，深入挖掘、梳理属地资源特色，精心策划包装体育运动产业招商项目。围绕长三角、珠三角、环渤海等重点先发区域以及冰雪产业发展的主要阵地，瞄准冰雪运动500强企业和行业领军企业，大力引进"轻"资源负荷，"高"能级产出的高端现代健身休闲服务业。切实做好招引促建工作，积极主动对接奥地利AST公司、瑞典万众之星运动联盟、华熙集团、阿里体育、苏宁体育等国际国内领先体育企业，加强对一批重大项目跟踪服务，不断提升主导产业的集聚度和竞争力，形成"引商成势"良好环境氛围，为实现区域经济较快增长提供持续有力的支撑，力促更多更大更好的健身休闲运动项目落户，形成具有时代性的健身休闲运动产业集群。

结合西岭雪山"南国冰雪节"，对接上级体育部门、文旅集团，积极争取上级扶持政策，启动四季冰雕长城、西岭雪山动漫小镇等体育文化旅游基础设施建设工作，进一步丰富冰雪文化运动项目，扩大雪上运动的知名度和吸引力。加强大熊猫国家公园西岭雪山体育旅游产业与文化产业的协同发展，共同搭建区域体育文化旅游一体化发展平台，建立文体旅品牌共建、文体旅资源共享、文体旅市场共拓等协同机制，创建大熊猫国家公园西岭雪山文旅运动产业生态圈。

紧紧围绕成都建设"世界赛事名城",以"大熊猫"为核心品牌,结合西岭雪山冰雪文化底蕴,因地制宜发展分品牌体育赛事旅游,如冰雪系列体育赛事旅游等。

（2）集中发展体育旅游产业链

除了优先发展主产业外,同时要有配套交通设施、餐饮、商业等体育旅游要素产业以及金融、通讯、物流等体育旅游辅助产业;紧密依托西岭雪山冰雪体育旅游资源,大力开展滑雪冬令营、冰雪户外拓展等滑雪培训旅游;充分利用大邑县花水湾镇及周边村域丰富的温泉资源,加快休闲、康养产业与体育旅游产业的融合发展,打造集运动休闲、健身美体、康养理疗为一体的体育康养旅游综合体;发挥"大熊猫"和"西岭雪山"双核品牌优势,依托文体智能装备产业功能区,大力培育冰雪体育旅游装备制造、服装加工和产品展销等相关产业;充分利用西岭雪山滑雪场"独一无二"自然资源禀赋优势,加强西岭雪山高山水漂、高山单轨滑道等场地设施建设,带动体育设施设计与建筑行业的发展。

（二）打造"大邑—鹤鸣—黑水河"体育旅游产业带

1. 推动"大邑—鹤鸣—黑水河"体育旅游产业集聚

充分利用"大邑—鹤鸣—黑水河"一带及周边区域山地体育旅游资源、人工体育旅游资源以及文化体育旅游资源,推动"大邑—鹤鸣—黑水河"体育旅游产业集聚。首先,加强与康养、文化教育、文体娱乐业等第三产业的融合发展,布局鹤鸣山地户外教育以及黑水河自然教育、森林体育康养旅游,以及以"登山、徒步、攀岩、航空等"为核心体验的健身休闲旅游、体育赛事旅游、体育文化旅游等。其次,重点依托得天独厚的森林体育旅游资源,布局森林生态体育旅游业;依托山水田园资源积极开展乡村田园体育旅游等。（如图6-13）

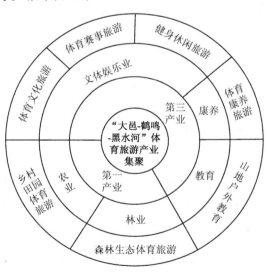

图6-13　"大邑-鹤鸣-黑水河"体育旅游产业集聚

2. 促进"大邑—鹤鸣—黑水河"体育旅游多产联动

促进"大邑—鹤鸣—黑水河"体育旅游多产联动，构建"大邑-鹤鸣-黑水河"体育旅游全产业链，优先发展体育旅游主产业的同时，还要集中发展其他体育旅游产业链。（如图6-14）

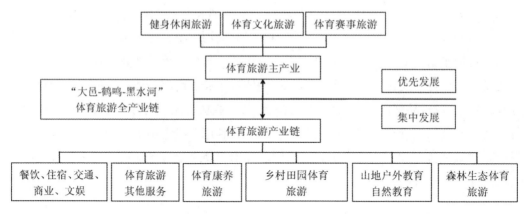

图6-14 "大邑—鹤鸣—黑水河"体育旅游多产联动

（1）优先发展体育旅游主产业

发挥露营、户外登山、无动力滑翔、低空滑翔、飞行基地、攀岩、漂流、山地越野、山地徒步探险、野外生存等人工体育旅游资源的优势，大力发展健身休闲旅游业。

体育旅游产业与文化产业的融合已然成为一种新的发展趋势。充分依托大熊猫国家公园大邑片区大熊猫文化、三国文化、红色文化、宗教文化、中国历史文化古镇、少数民族文化、非物质文化遗产等文化体育旅游资源优势，通过文化主题赛事以及文化主题体育节庆活动等积极发展体育文化旅游产业。

紧紧围绕成都建设"世界赛事名城"，以"大熊猫"为核心品牌，因地制宜发展分品牌体育赛事旅游，如山地系列体育赛事旅游、森林系列体育赛事旅游等。

（2）集中发展体育旅游产业链

除了优先发展主产业外，同时要有配套交通设施、餐饮、商业等体育旅游要素产业以及金融、通讯、物流等体育旅游辅助产业；紧密依托鹤鸣乡、雾山乡、安仁镇、悦来镇、金星乡、斜源镇等山地体育旅游资源，大力开展山地户外教育；合理利用黑水河自然保护区的自然资源，积极开展户外自然教育；充分利用黑水河自然保护区一般利用区及周边村域丰富的森林养生资源，加快休闲、康养产业与体育旅游产业的融合发展，打造集运动休闲、森林养生、康养理疗为一体的森林体育康养旅游目的地；加强与农林产业的协同发展，农林产业与旅游产业融合程度高，水果产业可观花，可品果，可休闲，同时也可以将适合在果园、茶园、菜园开展的体育旅游项目融入其中，结合大邑县"美丽蓉城·宜居乡村"建设行动，促进一三产业融合发展，布局乡村田园体育旅游。

四、产品转化

（一）"花水湾—云华—西岭雪山"体育旅游产品转化

依托西岭雪山的海拔、气候优势，结合大邑片区内的旅游产业、户外运动产业、娱乐业、文化产业等，打造集冰雪旅游、冰雪竞技、冰雪装备、冰雪休闲、冰雪研学教育等于一体的冰雪体育旅游度假地。依托西岭雪山山地、森林、瀑布等自然资源，及丰富的景观、特殊的地貌，打造和发展山地户外运动、户外露营、户外徒步、户外定向等户外山地休闲产品。打破西岭雪山季节限制，在春季、夏季、秋季，分别开展因地适宜的各类体育旅游活动，例如春季户外踏春、户外探险、亲子研学等体育旅游产品，夏季滑草、攀岩，以及溯溪等体育旅游产品，秋季可以依托当地浓厚的文化底蕴，开展各类文化旅游活动、文化旅游赛事、红叶观赏节等形式多样、内容新颖的文化休闲体育旅游产品，建设围绕滑雪运动为主体展开的四季休闲运动旅游项目，包括索道、山地车、草地滑车、阴阳界气象景观等。依托西岭雪山滑雪场，引进培育世界华人滑雪大赛、国际儿童冰雪运动会等国际冰雪赛事；依托大双公路，培育西岭雪山国际公路自行车赛、西岭雪山国际山地马拉松等重大赛事活动，争办全民健身冰雪体验活动等。

（二）"大邑—鹤鸣—黑水河"体育旅游产品转化

进一步梳理整合雾山、斜源、鹤鸣、金星等山地体育旅游资源，对接国家登山管理中心、中体大健康、四川新华泛悦文化传媒等知名体育专业团队、赛事公司和社会企业，根据该区域山地、峡谷、登山步道等资源，打造户外登山、山地徒步探险、露营、攀岩、野外生存等户外体育休闲运动基地，积极开展徒步、露营、探险、攀岩、山地穿越、定向越野、山地自行车、山地摩托车、野外生存等项目，依托大坪滑翔伞乐园、同翔飞行基地、成都滑翔伞飞行体验基地，大力推动航空运动的发展。依托安仁·中国文博产业功能区和现代服务业集聚区，以赛事为载体，打造文创运动体验馆、智慧绿道、体育咖啡馆、文体科技体验馆等新型文体消费场景。积极承办"营动中国"全国青少年公益户外营地夏令营、"天府绿道"大邑花溪谷定向越野赛、雾山农场山地马拉松、古镇半程马拉松等体育赛事活动、国际自行车车迷健身节。

第四节　大熊猫国家公园崇州片区体育旅游资源开发

一、资源考察

（一）资源丰度

大熊猫国家公园崇州片区有鞍子河大熊猫自然保护区，是中国生物物种的起源中心之一，是中国古老原始的物种聚集地之一，是中国南北物种的交汇地带，是具有国际意义的生物多样性地区之一。其中，鸡冠山森林公园是大熊猫国家公园崇州片区最为主要的科普游憩区，本研究主要对该区域体育旅游资源进行细化考察。（如表6-4）

表6-4　大熊猫国家公园崇州片区体育旅游资源考察

资源类别	细化考察
自然体育旅游资源	高山、浅丘、平原、雪山、森林、湖泊、草地、瀑布
人工体育旅游资源	天然高山滑雪、滑草场、原始森林徒步线路、露营地
文化体育旅游资源	大熊猫文化、非遗文化、红色文化、街子古镇、元通古镇

（二）资源特色

1. 山地体育旅游资源知名度高

鞍子河北、西北与四川省汶川县和国家林业局卧龙自然保护区接壤，南与四川省大邑县和四川黑水河自然保护区接壤，位于北纬30度的川西高山峡谷地区，是中国生物物种的起源中心之一，是中国古老原始的物种聚集地之一，是中国南北物种的交汇地带，是具有国际意义的生物多样性地区之一。鞍子河入口社区位于崇州市鸡冠山乡场镇，地理位置优越，是全乡政治、经济、文化的中心。该片区四面环山，南高北低，形成一个完整的盆地，是成都市海拔最高、最大的高山平原；冬季最低气温-6℃，夏季最高气温28℃，四季分明，景色各异，山泉喷涌，溪流纵横，森林覆盖率达95%以上，空气负氧离子含量极高，是名副其实的天然氧吧；加之历史遗迹较多，文化底蕴深厚，是冬赏雪，夏乘凉的绝佳境地。鞍子河自然保护区是以保护大熊猫等珍稀野生动物及其栖息地为主的森林和野生动物类型自然保护区。根据野外调查、红外触发相机监测、历史文献记录和访谈确认，鞍子河迄今记录了哺乳动物79种，分布最多的种是啮齿目，有25种，其次是食肉目，有20种。其中，国家一级保护兽类6种：大熊猫、金丝猴、豹、云豹、羚牛和林麝；国家二级保护兽类14种：黑熊、小熊猫、黄喉貂、豺、金猫、大灵猫、小灵猫、藏酋猴、猕猴、水鹿、鬣羚、斑羚、岩羊和小爪水獭。四川省重点保护野生动物4种：豹猫、毛冠鹿、赤狐和香鼬。鞍子河公园珍贵林木有香樟、桢楠、紫檀、岩桑、山桂等。园内小海子，为一盆状似凹地形成的湖泊，湖水回荡清湛，深不可测，是高山明珠。湖内特产"杉木鱼"，体长数寸，麻黑色状如蜥蜴，有鳞有脚。鱼泉洞位于中佛寺山麓，春秋雨季，洞内鱼群随文井江悠然而下，颇为壮观，九龙池泉水流畅，常年不涸；鸳鸯池位于海拔3273米的山顶，池水湛蓝，时有珍禽嬉水其中。

2. 森林体育旅游资源得天独厚

大熊猫国家公园崇州片区森林体育旅游资源以鸡冠山森林公园为主，鸡冠山森林公园位于成都平原西部边缘，四川省崇州市西北隅，东与崇州市苟家乡岩峰村老棚子接壤，南与大邑县毗邻，西连海拔5364米的苗基岭雪山，北与阿坝藏族羌族自治州汶川县接壤，背靠终年积雪不化的"四姑娘"山，是成都市唯一的大熊猫自然保护区——鞍子河大熊猫自然保护区，被誉为大熊猫爱情走廊，是成都市重要的生态屏障和生物多样性富集区，有高山、浅丘、平原等多样地貌形态，以及雪山、森林、湖泊、草地等多类自然景观。区域内林色秀美，树木繁茂、植物种类繁多，森林覆盖率95%，有属于国家一、二级重点保护的珍稀植物珙桐、银杏、水杉等，极具观赏和科学考察价值。鸡冠山东北隅，具有一处海拔3000～3300米处，东西长2.5公里，南北宽0.8公里的V形高山草甸带，平均坡度8.33°，形成了一个天然高山滑雪、滑草场。景区内拥有龙门山脉规模最大、数量最多、蔚为壮观的瀑布群及漂流河段，且溪谷中有一处温泉溢出，经测试，常年水温在25℃，是开发温泉旅游项目的理想之地。

3. 文化体育旅游资源多彩多样

（1）打造大熊猫文化品牌：文井江镇地处崇州市西北部，东邻三郎镇，东南与万家镇相邻，南与大邑县金星乡接壤，西与庐山接壤，北与汶川接壤。区域总面积350.77平方千米。文井江镇作为崇州"12345"组团式发展格局中的"1"，将坚持以生态为基，以产业为本，守好"生态涵养保护区"生态底色。作为国家级生态小镇，文井江镇山峦起伏，凝幽滴翠。这里是大熊猫国家公园崇州片区的主要组成部分，生活着20多只可爱的大熊猫和其他众多国家野生保护动植物。生态绿色是实现山村永续发展的必要条件。

（2）打造罨画池文化IP，罨画池距今有一千三百多年的历史。"罨画"是指五彩斑斓的画卷，人们一般用罨画来形容风景优美的地区，但是像这样专门来命名一处园林的，却是非常少见。可创建罨画池艺术村、研习所等人文旅游景点。

（3）构建文旅融合走廊：境内有晋代古刹——光严禅院、凤栖山旅游风景区、千亩原始森林、千年银杏、千年古楠、清代古塔、清末民初古建一条街、宋代民族英雄王小波起义遗址、唐代一瓢诗人——唐求故居，有古龙潭、五柜沱、云雾洞等文旅资源可供联合开发。

二、空间布局

大熊猫国家公园崇州片区的鸡冠山森林公园属于低梯度—高资源区域。根据该片区体育旅游景区资源禀赋、体育旅游产业及相关产业的分布，本研究构建了大熊猫国家公园崇州片区体育旅游开发"一极一轴"的空间布局（如图6-15）。其中，"一极"是指鸡冠山森林公园增长极，"一轴"是指鸡冠山–鞍子河–文井江–街子镇发展轴。研究认为，大熊猫国家公园崇州片区应当深度挖掘鸡冠山森林公园增长极的体育旅游资源，加快其体育旅游产业的布局与完善，加强该增长极的辐射效应，通过资金、技术、信息与客源的流动，带动"一轴"沿线上鞍子河入口社区、文井江镇与街子镇的发展。

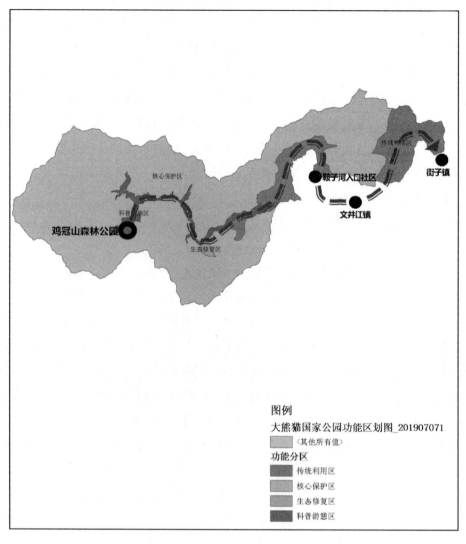

图6-15　大熊猫国家公园崇州片区体育旅游开发空间布局示意图

三、产业协同

大熊猫国家公园崇州片区包括鸡冠山森林公园、鞍子河自然保护区为主的科普游憩区，在推进全域旅游发展中，崇州以此为契机，推动产业融合，带动其他旅游产业和相关业态发展。在大熊猫国家公园一般控制区范围内鼓励发展绿色、生态产业，因此，为推动大熊猫国家公园体育旅游产业的可持续发展，需要加强大熊猫国家公园科普游憩区与外围区域、县域之间的产业协同，促进体育旅游产业与农林产业、商贸产业、文化产业协同发展。结合崇州市体育旅游产业布局，打造文井江镇体育旅游产业集群与鸡冠山体育旅游产业集群，提升景区体育旅游增长积极的辐射作用，与周边乡镇农业园区串联成带、互动发展，推动大熊猫国家公园体育旅游产业的协同发展。

（一）推动鸡冠山体育旅游产业集聚

充分利用鸡冠山森林公园及周边区域自然体育旅游资源、人工体育旅游资源以及文化体育旅游资源，推动鸡冠山体育旅游产业集聚。鸡冠山森林公园位于高梯度地区，但体育旅游资源评分不高，针对该景区的产业布局主要通过打造区域增长极等模式展开。就目前体育旅游产业开展情况而言，景区内现有的体育旅游项目品种单一，较为大众化，并不富有特色，体育旅游产业与其他周边产业并未形成互动关系。因此为使鸡冠山森林公园及其周边区域的体育旅游产业能够实现持续发展、科学发展和快速发展，结合崇州市及鸡冠山森林公园周边乡镇的经济基础、发展条件、发展潜力和外部环境等特点，立足崇州市主导产业基础和特点，首先，加强与文化教育、康养、娱乐业等第三产业的融合发展，布局鸡冠山森林公园体育教育培训旅游、体育康养旅游、体育赛事旅游、健身休闲旅游、体育文化旅游等新业态；其次，重点依托得天独厚的森林体育旅游资源，布局森林生态体育旅游业；最后，深度挖掘鸡冠山森林公园及周边区域的文化体育旅游资源，强化该区域体育文化旅游产业的发展。（如图6-16）

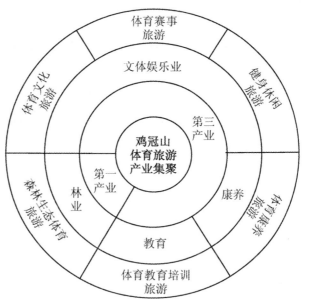

图6-16　鸡冠山体育旅游产业集聚

（二）促进鸡冠山体育旅游多产联动

促进鸡冠山体育旅游多产联动，构建鸡冠山体育旅游全产业链，优先发展鸡冠山体育旅游主产业的同时，还要集中发展其他体育旅游产业链。（如图6-17）

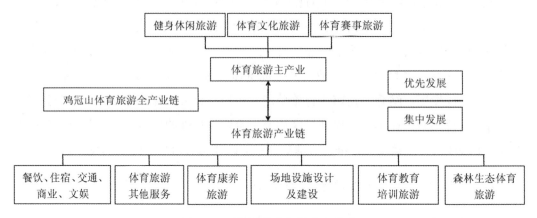

图6-17　鸡冠山体育旅游多产联动

1. 优先发展体育旅游主产业

通过体育旅游产品转型、升级、创新等方式，实现产业创新突破，能够进一步优化增长极发展，扩大景区体育旅游项目的吸引力，并带动周边乡镇经济发展。

鸡冠山森林公园森林覆盖率高、生态环境优越、气候温润、温度适宜、空气清新、负氧离子含量极高，是避暑观雪的圣地，是区域具有典型代表性的生态型公园。充分利用地缘地貌气候优势，打造避暑、节假日休闲体育产业，如春秋山地项目，夏季水项目、冬季滑雪项目。

突破新兴产业，农旅融合，体育旅游融合，打造特色大熊猫文化网红打卡地，掌握先进技术，壮大特色优势产业、发展现代生态农业，并连带樱桃、桃、梨、杏、苹果、葡萄、莲藕等绿色食品并通过新媒体运营销售，促进当地农产品扩大市场。不仅要加强政府引导，还要加强产业规划，重点推进农业经营产业化、规模化、集约化；推动种植大户、专业合作社经营农业，提升土地附加值，促进农业产业规范化发展。

以"大熊猫"为核心品牌，因地制宜发展品牌体育赛事旅游，如森林系列体育赛事旅游、红色记忆主题赛事旅游等。

2. 集中发展体育旅游产业链

依托鸡冠山森林公园得天独厚的森林资源，促进森林生态体育旅游的发展。以市场需求为导向，对体育旅游产业与林业协同发展进行合理规划。政府、企业、民间组织与当地居民共同参与，加强对鸡冠山森林公园及周边区域的森林资源与体育资源的整合，形成协同发展、相互促进的发展模式，打造集种植、采摘、观光、探险、拓展为一体的森林生态体育旅游品牌。

加强景区现有产业竞争力，通过与其他体育旅游资源较丰富的景区形成联动发展，共同助力该景区内体育旅游产业发展。

以强带弱，通过与农业、康养产业、音乐文创产业等主导产业的联合发展，带动当地体育旅游产业的发展，努力将体育旅游产业发展为优势产业。在产业布局上要注重分类聚集，形成自身特色。在产业构成上注重重点带动形成优势，在产业配套上注重关联互补形成集群。

加强宣传和推介，积极做好农产品的包装，着力打造一批立得住、叫得响的品牌，通过体育旅游，在拓宽农产品销售渠道下功夫。定期组织技术人员进村入户为种植户传授技术、解决难题，同时邀请农业专家和种植大户进行种植技术和营销知识培训，开展技术推广。

四、产品转化

鸡冠山森林公园内现有的体育旅游产品主要为徒步、露营等。可见景区的体育旅游产品并不丰富，因此对该景区的体育旅游产品的开发主要依靠与周边区域优势产业或体育旅游发展较好的区域来带动。第一，立足崇州市全域旅游理念，充分挖掘崇州市街子古镇、元通古镇、天府国际慢城、竹艺村等4A级景区特色，融入徒步、定向越野、骑游、自驾车（摩托车、汽车）等运动项目，通过区域内体育旅游产品的普遍发展来带动目标景区的联动发展。第二，根据各个古镇以及各个景区之间的特点开展古镇定向积分系列赛以及景区定向赛，可以以每一个季度或者一定的时间段来确定相关的主题活动，结合各个地区的特色来打造赛事活动，通过各个地区的定向积分赛可以充分实现由点到线再到面的活跃互动，相互之间形成良好的互动形式，以弥补各个地区的不足之处，同时平均分配各地区的资源，通过定向运动来带动鸡冠山的体育旅游产品的发展，同时，充分利用鸡冠山森林公园内的各类体育旅游资源，丰富该景区的体育旅游产品类型。并且可以在茶叶园区做茶园定向赛，提升茶叶知名度，打造茶叶连带产品，并以线上线下相结合的方式带货，提升售买卖能力。第三，利用各类体育旅游资源，如漂流河段、高山草甸、浅丘等打造探险型体育旅游吸引物，滑草、滑雪、水上漂流、溯溪、山地自行车等，并着重发展已经具有一定开展基础的休闲类体育旅游吸引物，如徒步、野营、登山等。鸡冠山森林公园紧靠"四姑娘"山，可以开展滑雪项目，建设滑雪基地，吸引大众和专业人员参与其中。第四，通过打造大熊猫国家公园特色体育旅游品牌，与其他大熊猫国家公园片区联动发展，形成品牌效应。第五，通过与其他主导产业的协同发展，来带动体育旅游产业的发展，通过打造康养+体育旅游、医药+康养、温泉+康养、音乐文创+体育旅游等的特色旅游线路，使得体育旅游产品多元化发展，通过创新体育旅游产品来博取游客的眼球，以优势产业带动体育旅游发展。利用后疫情时代人们生活方式的冲击和转变，打造负氧、生态、修身养性的节假日度假区。第六，深度挖掘农耕、林种、畜牧业的教育、生态价值，与崇州、成都的学校、企事业单位、社会其他组织或个人长期合作，采取多种形式的承包管理、有机管理，培养大熊猫主题性教育活动和生态活动，如劳动教育示范田，提高中小学生劳动教育，春季亲自播种，定期赴地维护，秋季亲自收割。第七，加强对区域内瀑布群落、云海云瀑，原始森林等景观的宣传推介；与学校及研究所合作开发区域地质学、气象学、生态学等科研价值。第八，紧跟政府政策，开展民俗传播活动，并连通和嫁接非物质文化和历史文化遗产的传承，发扬崇州自主IP，如"民俗进万家"，"外籍人士竹艺比赛"。

第五节　大熊猫国家公园荥经片区体育旅游资源开发

一、资源考察

（一）资源丰度

大熊猫国家公园荥经片区是大相岭山系大熊猫孤立小种群的核心分布区和关键栖息地，也是大相岭山系和邛崃山系种群遗传基因交流的关键走廊带，随着生态保护红线的划定，荥经县大面积被纳入红线范围。其中，龙苍沟国家森林公园与牛背山及周边的相关区域是大熊猫国家公园荥经片区最为主要的科普游憩区，本研究主要对该区域体育旅游资源进行细化考察。（如表6-5）

表6-5　大熊猫国家公园荥经片区体育旅游资源考察

资源类别	细化考察
自然体育旅游资源	山地、森林、珍稀植物(珙桐)、溪流、瀑布
人工体育旅游资源	原始森林徒步线路、丛林探险线路、山地越野赛车场、山地自行车越野场地、汽车露营地、漂流、攀岩场
文化体育旅游资源	大熊猫文化、黑砂文化、佛教文化、颛顼文化、茶马古道文化、红色文化、严道古城遗址

（二）资源特色

1. 山地体育旅游资源知名度高

大熊猫国家公园荥经片区三座"名山"的IP非常响亮。牛背山，被誉为亚洲最大的360度观景平台，川西名山尽收眼底，有云海、夕阳、日出、贡嘎雪山、佛光、星轨六绝，在国内户外运动、徒步旅游、天文爱好、摄影爱好者群体中备受称赞；世界第二、亚洲第一的中国桌山，平均海拔2750米，山顶平台达11平方公里，被英国探险家威尔逊称作"云霭之上一座巨大的诺亚方舟"；云峰山，是全国唯一保存完好的辟支佛道场所在地，四周桢楠、银杏等古木参天，树龄1700年的桢楠王被誉为"中国最美古树"。

2. 森林体育旅游资源得天独厚

大熊猫国家公园荥经片区森林体育旅游资源以龙苍沟国家森林公园为主，龙苍沟国家森林公园总面积约75.73平方千米，森林覆盖率97.5%，植被类型多样、有珙桐林（珙桐，又称鸽子花，被称为我国的"国宝级植物"）、杜鹃林等多种森林景观，是距离成都最近且生态保护最完好的国家级原始森林公园之一。龙苍沟国家森林公园生态环境优越，气候温润，属亚热带湿润气候，年均温度12.4℃，空气清新，负氧离子含量极高，是避暑观雪的圣地，同时也是赏杜鹃、观红叶的绝佳之地，是区域具有典型代表性的生态型国家公园。除此之外，龙苍沟国家森林公园属瓦屋山脉，公园内山势柔和舒缓，水系发达，有龙苍沟、人参沟、马草河水系，形成了独具特色的溪流、瀑布等景观。依托森林、河流等自然体育旅游资源，龙苍沟国家森林公园还打造山地运动公园，主要开发了原始森林徒步线路、丛林探险线路、山地越野赛车场等人工体育旅游资源。

3. 文化体育旅游资源多彩多样

（1）打造大熊猫文化品牌：荥经创建了以大熊猫国家公园南入口社区建设为主体的国家公园+政府+在地居民的"NPL"园地共建模式，把自然教育作为大熊猫国家公园建设的切入点和载体，培育内容更加丰富的文旅新业态，全力打造国内田野自然教育第一县。

（2）打造黑砂文化IP，荥经以黑砂文化为主题，创建黑砂艺术村、研习所、工艺坊等。

（3）构建茶马古道文旅融合走廊：以巴蜀文化旅游走廊建设为契机，以大相岭茶马古道为基础，以沿途裕兴茶号（姜家大院）、新添驿站、周公桥、二台子桥、大相岭古道等文物保护单位为依托，串联沿线村落、田园、河谷、森林等文体旅资源。除此之外，该片区还拥有严道古城遗址、红军遗迹等文化旅游资源。

二、空间布局

大熊猫国家公园荥经片区的龙苍沟国家森林公园属于低梯度—高资源区域，但其大相岭自然保护区属于低梯度—低资源区域。根据该片区体育旅游景区资源禀赋、体育旅游产业及相关产业的分布，本研究构建了大熊猫国家公园荥经片区体育旅游开发"双核双轴"的空间布局（如图6-18）。其中，"双核"分别包括龙苍沟国家森林公园增长极、牛背山景区，"双轴"分别包括大相岭—龙苍沟—万年村—荥经发展轴，牛背山—荥经发展轴。研究认为，大熊猫国家公园荥经片区应当深度挖掘龙苍沟国家森林公园增长极和牛背山景区的体育旅游资源，加快其体育旅游产业的布局与完善，加强该增长极的辐射效应，通过资金、技术、信息与客源的流动，带动"双轴"沿线上大相岭自然保护区、万年村入口社区、牛背山镇的发展。

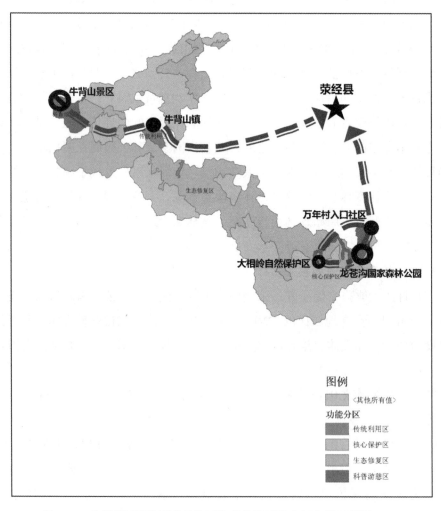

图6-18 大熊猫国家公园荥经片区体育旅游开发空间布局示意图

三、产业协同

大熊猫国家公园荥经片区包括龙苍沟国家森林公园、大相岭自然保护区、牛背山景区为主的科普游憩区，在大熊猫国家公园一般控制区范围内鼓励发展绿色、生态产业，因此，为推动大熊猫国家公园体育旅游产业的可持续发展，需要加强大熊猫国家公园科普游憩区与外围区域、县域之间的产业协同，促进体育旅游产业与农林产业、商贸产业、文化产业协同发展。结合荥经县体育旅游产业布局，打造牛背山体育旅游产业集群与龙苍沟体育旅游产业集群，提升景区体育旅游增长积极的辐射作用，与周边乡镇农业园区串联成带、互动发展，推动大熊猫国家公园体育旅游产业的协同发展。

（一）打造牛背山体育旅游产业集群

1. 推动牛背山体育旅游产业集聚

推动牛背山体育旅游产业集聚，应当紧密依托丰厚的山地体育旅游资源，重点布局相关产业，打造山地体育旅游体验基地。首先，加强与文化教育、商业、娱乐业等第三产业的融合发展，布局户外天文教育旅游、户外装备展销旅游、观光露营旅游、登山赛事旅游、徒步摄影旅游等新业态；其次，结合"大熊猫"生态品牌形象与"牛背山户外运动"品牌形象，培育具有自主知识产权的高端体育旅游装备品牌，积极带动第二产业的发展，在荥经县或者周边区域布局体育旅游装备制造业（如图6-19）。打造中国山地运动之都、具有国际影响力的山地运动旅游目的地。

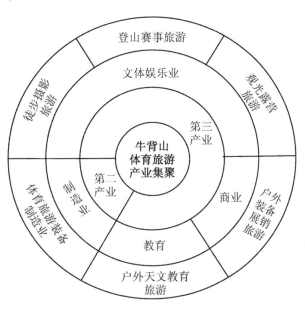

图6-19　牛背山体育旅游产业集聚

2. 促进牛背山体育旅游多产联动

促进牛背山体育旅游多产联动，构建牛背山山地体育旅游全产业链，优先发展以观光露营旅游、徒步摄影旅游、登山赛事旅游为核心的山地体育旅游主产业，重点布局体育培训产业、健身休闲产业与体育赛事产业，着力打造山地户外运动基地，形成观光旅游产业与体育产业协同发展的模式。同时要有配套交通设施、餐饮、商业等体育旅游要素产业以及金融、通讯、物流等体育旅游辅助产业；挖掘牛背山户外运动独特魅力，积极开展山地运动类、野营活动类等户外活动，建设一批星级标准户外营地及相关服务设施；依托云海、夕阳、日出、贡嘎雪山、佛光、星轨六绝资源，大力开展牛背山天文、自然等户外教育行业；发挥"大熊猫"和"牛背山"双核品牌优势，大力培育山地体育旅游装备制造、服装加工和产品展销等相关产业。（如图6-20）

基于以上构想，协同规划牛背山体育旅游多产联动，实现资金流、技术流、资源流等资源在全产业链中的合理配置，还需要：加大大熊猫国家公园牛背山体育旅游产业集群内体育企业及项目的招引力度，拓宽山地体育旅游产业发展视野，制定招商引资相关方案，加大品牌招引力度，努力争取优秀企业及项目落地大熊猫国家公园牛背山景区及牛背山镇等相关区域。在引进的同时，也要走出去，借助"互联网+"等新兴科技平台，搭建交流合作窗口，努力实现与各类大型体育知名企业、各大高校的交流。主动向外界推介牛背山山地体育旅游产业，努力创建大熊猫国家公园牛背山山地体育旅游品牌。

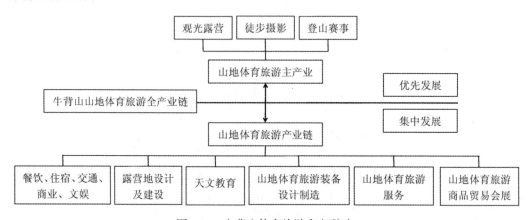

图6-20 牛背山体育旅游多产联动

（二）打造龙苍沟体育旅游产业集群

1. 推动龙苍沟体育旅游产业集聚

充分利用龙苍沟国家森林公园及周边区域自然体育旅游资源、人工体育旅游资源以及文化体育旅游资源，推动龙苍沟体育旅游产业集聚。首先，加强与文化教育、康养、娱乐业等第三产业的融合发展，布局龙苍沟国家森林公园体育教育培训旅游、体育康养旅游、体育赛事旅游、健身休闲旅游、体育文化旅游等新业态；其次，重点依托得天独厚的森林体育旅游资源，布局森林生态体育旅游业；最后，深度挖掘龙苍沟国家森林公园及周边区域的文化体育旅游资源，强化该区域体育文化旅游产业的发展。（如图6-21）

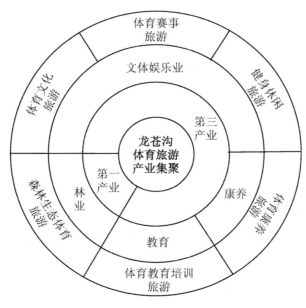

图6-21　龙苍沟体育旅游产业集聚

2. 促进龙苍沟体育旅游多产联动

促进龙苍沟体育旅游多产联动，构建龙苍沟体育旅游全产业链，优先发展龙苍沟体育旅游主产业的同时，还要集中发展其他体育旅游产业链。（如图6-22）

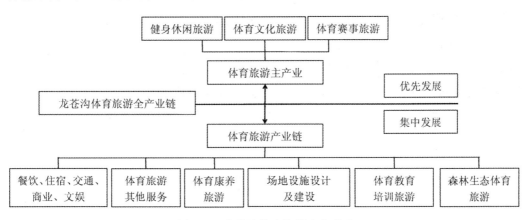

图6-22　龙苍沟体育旅游多产联动

（1）优先发展体育旅游主产业

发挥原始森林徒步线路、丛林探险线路、山地越野赛车场、山地自行车越野场地、汽车露营、漂流、攀岩场等人工体育旅游资源的优势，大力发展健身休闲旅游业。

推动龙苍沟体育文化旅游产业的发展，不仅要提升产业的创新能力，还需要通过构建文化内涵，丰富产业的发展内容，提升体育资源的数量与质量，将现有体育内容多样化、层次化。依托厚重的历史文化资源，将黑砂文化、颛顼文化、茶马古道文化、大熊猫文化、红色文化等转化成文体旅产的核心竞争力，赋予体育旅游产业更加丰富的文化内容，使体育旅游产业具有文化驱动力。为充分推动体育旅游产业与文化产业的有机融合，以体育旅游项目属性为抓手，由国家公园管理局、体育企业、社会组织根据区域内特有的文化资源，延伸体育旅游文化的精神内涵。全面推进"文体旅"跨界融合，构建龙苍沟"大旅游、大市场、大产业"发展格局，不断推动荥经体育文化旅游产业持续发展，升级荥经的文化软实力。

以"大熊猫"为核心品牌，因地制宜发展分品牌体育赛事旅游，如森林系列体育赛事旅游、红色记忆主题赛事旅游等。

（2）集中发展体育旅游产业链

依托龙苍沟国家森林公园得天独厚的森林资源，促进森林生态体育旅游的发展。以市场需求为导向，对体育旅游产业与林业协同发展进行合理规划。政府、企业、民间组织与当地居民共同参与，加强对龙苍沟国家森林公园及周边区域的森林资源与体育资源的整合，形成协同发展、相互促进的发展模式，打造集种植、采摘、观光、探险、拓展为一体的森林生态体育旅游品牌。

充分发挥"黑砂文化、颛顼文化、茶马古道文化、红色文化"等研学旅游的功能与价值，融合"大熊猫"自然生态保护和户外运动教育等，创新龙苍沟国家森林公园体育教育培训理念与模式，推动该区域体育教育培训产业的发展。

龙苍沟国家森林公园森林覆盖率高、生态环境优越、气候温润、温度适宜、空气清新、负氧离子含量极高，是避暑观雪的圣地，同时也是赏杜鹃、观红叶的绝佳之地，是区域具有典型代表性的生态型国家公园。加快森林康养产业与体育旅游产业的深度融合，打造健身休闲、康养度假、运动养生为一体的体育康养旅游融合发展示范产业园区。

四、产品转化

（一）牛背山体育旅游产品转化

依托牛背山的山地户外资源，以维护生态环境为原则，在生态核心区域内（山顶区域），重点打造户外运动、森林健身、观光览胜、徒步越野、科普科考等特色服务，开展露营、野外生存、丛林秋千、户外摄影等户外运动项目，大力发挥相关资源优势，增强各项目之间的互动；第二，在生态缓冲（山腰区域）和生态外围（山麓区域）区域内，重点布局徒步穿越路线（步道）、推进竞技体育训练基地项目建设，完善体育培训产业、健身休闲产业与体育赛事产业；第三，加快实施通达牛背山的公共交通建设、景区内的索道建设、度假服务区的建设，以及县城至牛背山沿线休闲驿站的建设等，建立与之配套的住宿、餐饮、交通、标识标牌（含专项）等基础设施，着力打造山地户外运动基地，形成观光旅游产业与体育产业协同发展的模式。大力开展"牛背山"系列活动启动，包含牛背山原生态摄影大赛及京沪蓉城市巡展、牛背山越野大赛、牛背山国际徒步大会、牛背山山地音乐节等多项活动、中国·牛背山摄影文化艺术展启动仪式及摄影作品展活动。

（二）龙苍沟体育旅游产品转化

依托龙苍沟特有的生态资源和气候环境，结合区域内旅游产业、健康产业、文化产业、运动产业，打造集"山水体验、运动休闲、度假避暑、健康养生"四大主题功能为一体的龙苍沟运动康养目的地。依托龙苍沟叠溪翠景区内的山地、峡谷、水体等地形、地貌及环境资源，引入和发展山地运动、水上运动、户外拓展、户外露营及营地、徒步旅行、养生运动等户外康体养生产品，推动体育、旅游、度假、健身、养生等业态的深度融合发展。深挖和利用鸽子花、熊猫、温泉等自然文化资源，开发森林温泉康养、森林武术、瑜伽等森林运动康养项目，开展鸽子花生态旅游节、"鸽子花"杯才艺大赛等活动、四川森林自然教育大会、四川生态康养旅游学术峰会、薪火传承中国健康跑、乐跑四川森林马拉松赛、黑砂"产学研"系列活动，打造一批具有国际知名品牌的体育赛事及活动，持续推动龙苍沟森林运动康养产业发展。立足于"大熊猫国家公园南入口"的区位优势，结合"功夫熊猫"文化形象，融入"竹子、武术、熊猫"等文化元素，开设"功夫熊猫"太极、武术等传统康养体验项目，实施"12345"自然教育规划，开发研学旅行、营地文创、田野劳作、户外运动和野外探索、新民宿五大产品，塑造"熊猫仙森"品牌，同时，完善入口节点、景观小品、标识标牌等相关服务设施，融入现代智能化景区设施设备，增加游客文化体验。

以龙苍沟国家森林公园为核心，通过辐射效应，带动沿线及周边的大相岭自然保护区、万年村和荥经县的发展。首先，要打造龙苍沟国家森林公园旅游目的地，构建大熊猫国家公园入口社区品牌，完善区域内体育旅游产品体系，通过"内核"吸引各地旅游者。其次，以"内核"为基础，不断向外延伸，丰富和完善"大相岭-龙苍沟-万年村-荥经"发展轴上的产品体系，如沿发展轴打造一条大熊猫国家公园荥经片区的自驾旅游路线，串联起沿线各旅游景区、景点、景观，在自驾路线上完善交通、住宿、餐饮、休闲娱乐、户外体验等硬软件体育旅游设施，满足旅游者不同需求；依托龙苍沟及周边丰富的自然人文资源，如"茶、果、竹、药"农业资源，大熊猫文化、黑砂文化、严道文化、汉代文化、红色文化、民族民俗文化、农耕文化等地域文化，"天然氧吧"和"世界鸽子花之都"等品牌，在发展带上打造驿站、集市集会、小镇、基地等，开展各类文化体验活动、体育赛事活动、研学旅游活动、团队拓展活动等，提升游客的旅游度假体验质量，带动大熊猫国家公园荥经片区体育旅游产业发展。同时，龙苍沟国家森林公园可以分别与大相岭自然保护区、万年村和荥经县协调合作，共同发展；龙苍沟与大相岭协调发展，围绕大熊猫国家公园品牌进行体育旅游产品开发；龙苍沟与万年村协调合作，发展万年村旅游住宿、餐饮，打造沟内游玩儿，沟外住宿；龙苍沟与荥经县协调发展，进行县域与国家公园之间的联动，将县域内的文化、旅游产品与国家公园相结合，将国家公园的旅游者吸引到县城消费，打造互利共赢局面。

附件A:
《大熊猫国家公园体育旅游资源评价指标筛选调查表》

尊敬的专家:

您好!我们正在进行四川省科技厅软科学课题——《大熊猫国家公园体育旅游资源开发与专项管理研究》中"大熊猫国家公园体育旅游资源评价指标体系"的构建工作。本调查的目的:在课题组前期对大熊猫国家公园体育旅游资源概查以及采用文献资料法、词频统计法的基础上,更广泛地征求体育旅游领域专家的意见,以构建一套科学合理、具有针对性的"大熊猫国家公园体育旅游资源评价指标体系"。调查结果将完全用于学术研究,不存在任何商业目的。感谢您的支持与帮助!

相关概念

1. 大熊猫国家公园:是由国家批准设立并主导管理,边界清晰,以保护大熊猫为主要目的,实现自然资源科学保护和合理利用的特定陆地区域。

2. 体育旅游资源的概念:

是指在自然界或人类社会中凡能对体育旅游者产生吸引力,并能进行体育旅游活动,为旅游业所利用且能产生经济、社会和生态效益的客体。

填写说明:

问卷采用李克特5级量表的方法进行打分,评分标准请参考表1

表1 指标重要程度评分表

重要程度	不重要	不太重要	一般	比较重要	非常重要
评分	1	2	3	4	5

如果您对于指标有修改和补充意见,请您在"修改意见""补充意见"栏填写。

第一部分:一级指标

总目标层	一级指标	重要程度					修改意见
		1	2	3	4	5	
大熊猫国家公园体育旅游资源评价	资源特性						
	资源价值						
	开发条件						
	潜在开发价值						
	补充意见						

第二部分：二级指标

一级指标	二级指标	重要程度					修改意见
		1	2	3	4	5	
资源特性	知名度						
	珍稀奇特程度						
	规模与集聚性						
资源价值	游憩价值						
	科学价值						
	康体价值						
	体育教育价值						
	文化价值						
	市场需求						
	区位条件						
	基础设施服务						
	资源容量						
	环境质量						
潜在开发价值	经济效益						
	社会效益						
	生态环境效益						
	文化效益						
	补充意见						

第三部分：三级指标

二级指标	三级指标	重要程度					修改意见
		1	2	3	4	5	
知名度	世界知名度						
	国内知名度						
	区域知名度						
珍稀奇特程度	稀有性						
	独特性						
规模与集聚性	规模度						
	集聚度						
丰富性	资源多样性						
	资源组合状况						
游憩价值	观赏价值						
	休闲娱乐价值						

二级指标	三级指标	重要程度					修改意见
		1	2	3	4	5	
科学价值	科学考察价值						
	科普教育价值						
康体价值	健身价值						
	养生价值						
	康复治疗价值						
体育教育价值	体育人文精神教育价值						
	体育文化知识教育价值						
	体育运动技能教育价值						
文化价值	民间文化						
	文化遗产						
市场需求	体育旅游客源市场						
	体育旅游产品需求						
区位条件	地理位置						
	交通条件						
基础设施服务	餐饮服务						
	住宿服务						
	娱乐服务						
资源容量	人口承载能力						
	经济承载能力						
	环境承载能力						
环境质量	空气质量						
	气候适宜性						
	适游期						
经济效益	景区经济收入						
	企业盈收						
	居民就业						
	相关产业的联动发展						
社会效益	提高社会文明程度						
	培育民众健康生活方式						
	增强社区凝聚力						
生态环境效益	多样性保护						
	原真性保护						
文化效益	文化保护						
	文化传承						
	文化创新						
补充意见							

调查表结束,感谢您的支持与帮助!

附件B：
《大熊猫国家公园体育旅游资源评价指标权重调查表》

尊敬的专家：

您好！我们正在进行四川省科技厅软科学课题——《大熊猫国家公园体育旅游资源开发与专项管理研究》中体育旅游资源开发潜力的研究工作，本次调查旨在采用层次分析法确定大熊猫国家公园体育旅游资源评价指标（详见表1）的权重，调查结果将完全用于学术研究，不存在任何商业目的。感谢您的支持与帮助！

相关概念及内容说明

1.体育旅游资源的概念：

是指在自然界或人类社会中凡能对体育旅游者产生吸引力，并能进行体育旅游活动，为旅游业所利用且能产生经济、社会和生态效益的客体。

2.层次分析法：

由美国著名运筹学家、匹兹堡大学教授沙旦于20世纪70年代中期提出，是指将研究对象按照相应的内容或影响因素逐级划分出一定的层次，并在层次分解的基础上进行逐层分析，是一种将人的主观判断转化为客观的数值进行表达的定量分析方法。

3.大熊猫国家公园体育旅游资源评价指标体系的构建依据：

（1）课题组前期对大熊猫国家公园体育旅游资源的概查与考量。

（2）在借鉴已有研究成果的基础上，结合本研究的目的采用词频统计法对指标进行择取。

（3）运用德尔菲法对指标进行修正与完善。

表1　大熊猫国家公园体育旅游资源评价指标体系

总目标层（A）	一级指标（B）	二级指标（C）	三级指标（D）
大熊猫国家公园体育旅游资源评价A	资源特性B₁	知名度C₁	世界知名度D_1
			国内知名度D_2
			区域知名度D_3
		珍稀奇特程度C₂	稀有性D_4
			独特性D_5
		规模与集聚性C₃	规模度D_6
			集聚度D_7

总目标层（A）	一级指标（B）	二级指标（C）	三级指标（D）
大熊猫国家公园体育旅游资源评价 A	资源特性 B_1	丰富性 C_4	资源多样性 D_8
			资源组合状况 D_9
	资源价值 B_2	游憩价值 C_5	观赏价值 D_{10}
			休闲娱乐价值 D_{11}
		科学价值 C_6	科学考察价值 D_{12}
			科普教育价值 D_{13}
		康体价值 C_7	健身价值 D_{14}
			养生价值 D_{15}
			康复治疗价值 D_{16}
		体育教育价值 C_8	体育人文精神教育价值 D_{17}
			体育文化知识教育价值 D_{18}
			体育运动技能教育价值 D_{19}
		文化价值 C_9	民间文化 D_{20}
			文化遗产 D_{21}
	开发条件 B_3	政策法规 C_{10}	政策导向 D_{22}
			行政法规 D_{23}
		市场需求 C_{11}	体育旅游客源市场 D_{24}
			体育旅游产品需求 D_{25}
		区位条件 C_{12}	地理位置 D_{26}
			交通条件 D_{27}
		基础设施服务 C_{13}	餐饮服务 D_{28}
			住宿服务 D_{29}
			娱乐服务 D_{30}
		施工条件 C_{14}	施工难易程度 D_{31}
			施工安全性 D_{32}
		资源容量 C_{15}	人口承载能力 D_{33}
			经济承载能力 D_{34}
			环境承载能力 D_{35}
		环境质量 C_{16}	空气质量 D_{36}
			气候适宜性 D_{37}
			适游期 D_{38}
	潜在开发价值 B_4	经济效益 C_{17}	景区经济收入 D_{39}
			企业盈收 D_{40}
			居民就业 D_{41}
			相关产业的联动发展 D_{42}

附件 B

《大熊猫国家公园体育旅游资源评价指标权重调查表》

191

总目标层(A)	一级指标(B)	二级指标(C)	三级指标(D)
大熊猫国家公园体育旅游资源评价A	潜在开发价值B₄	社会效益C₁₈	提高社会文明程度D₄₃
			培育民众健康生活方式D₄₄
			增强社区凝聚力D₄₅
		生态环境效益C₁₉	多样性保护D₄₆
			原真性保护D₄₇
		文化效益C₂₀	文化保护D₄₈
			文化传承D₄₉
			文化创新D₅₀

表2　大熊猫国家公园体育旅游资源评价指标内涵释义

一级指标内涵	
一级指标(B)	指标内涵
资源特性B₁	体育旅游资源所具有的知名度、珍稀奇特程度、规模与集聚性、丰富性等特有的性质。
资源价值B₂	体育旅游资源自身所具有的功能和属性及其对个体、社会产生的价值。
开发条件B₃	大熊猫国家公园体育旅游资源开发的政策法规、市场需求、区位条件、基础设施服务、施工条件、资源容量、环境质量条件。
潜在开发价值B₄	指大熊猫国家公园体育旅游资源开发对所在地发展潜在的经济效益、社会效益、生态环境效益和文化效益。

二级指标内涵	
二级指标(C)	指标内涵
知名度C₁	公众对体育旅游资源知晓及了解的程度。
珍稀奇特程度C₂	体育旅游资源的珍贵、稀有、奇特程度。
规模与集聚性C₃	景点的整体规模状况和集聚情况。
丰富性C₄	山地、水域、生物等体育旅游资源种类的丰富程度。
游憩价值C₅	体育旅游资源具有观赏、娱乐、休闲的价值。
科学价值C₆	体育旅游资源具有科学考察和科普教育的价值。
康体价值C₇	体育旅游资源具有健身、养生和康复治疗的价值。
体育教育价值C₈	体育旅游资源具有培育和提高个人体育人文精神教育、体育文化知识教育、体育运动技能教育的价值。
文化价值C₉	体育旅游资源具有民间文化价值和文化遗产价值。
政策法规C₁₀	体育旅游资源开发的政策导向和行政法规。
市场需求C₁₁	具备一定的客源市场条件和产品需求条件。
区位条件C₁₂	体育旅游资源的地理位置和交通条件。
基础设施服务C₁₃	体育旅游资源所具备的餐饮服务、住宿服务和娱乐服务等软硬件条件。
施工条件C₁₄	实施工程的难易程度和安全程度。

二级指标（C）	指标内涵
资源容量 C_{15}	体育旅游资源在人口、经济、环境方面的最大承载能力。
环境质量 C_{16}	体育旅游资源的空气质量条件、气候条件和适游条件。
经济效益 C_{17}	对当地景区经济收入、企业盈收、居民就业、相关产业联动发展所带来的潜在效用及价值。
社会效益 C_{18}	对增强当地社区居民凝聚力、培育民众健康生活方式、提高社会文明程度所带来的潜在效用及价值。
生态环境效益 C_{19}	对区域内生态的多样性保护、原真性保护所带来的潜在效用及价值。
文化效益 C_{20}	对当地物质文化及非物质文化的保护、传承、创新所带来的潜在效用及价值。
三级指标内涵	
三级指标（D）	指标内涵
世界知名度 D_1	在世界的知名程度。
国内知名度 D_2	在国内的知名程度。
区域知名度 D_3	在区域的知名程度。
稀有性 D_4	珍贵、稀少的体育旅游资源。
独特性 D_5	非常罕见的体育旅游资源。
规模度 D_6	体育旅游资源面积或范围的大小。
集聚度 D_7	体育旅游资源的疏密程度。
资源多样性 D_8	体育旅游资源种类的多少、数量的大小。
资源组合状况 D_9	体育旅游资源的组合数量、种类、质量等状况。
观赏价值 D_{10}	具有观赏、游览的价值。
休闲娱乐价值 D_{11}	具有愉悦身心、休闲放松、消遣娱乐的价值。
科学考察价值 D_{12}	具有科学考察、探秘考察的价值。
科普教育价值 D_{13}	具有开展科普教育、参与研学等活动的价值。
健身价值 D_{14}	具有提高身体机能、强身健体的价值。
养生价值 D_{15}	具有调养身心、康养身心的价值。
康复治疗价值 D_{16}	具有康复、保健治疗的价值。
体育人文精神教育价值 D_{17}	具有培育和提高民众体育人文观念、体育人文意志的价值。
体育文化知识教育价值 D_{18}	具有培育和提高民众体育人文素养、体育文化知识的价值。
体育运动技能教育价值 D_{19}	具有培育和提高民众体育运动技术、体育运动能力的价值。
民间文化 D_{20}	体育旅游资源所具有的民族、民俗、传统文化价值。
文化遗产 D_{21}	体育旅游资源所具有的文化遗产价值，包含物质文化遗产和非物质文化遗产。
政策导向 D_{22}	与体育旅游资源开发相关的利好政策。

附件 B 《大熊猫国家公园体育旅游资源评价指标权重调查表》

三级指标（D）	指标内涵
行政法规 D_{23}	规范体育旅游资源开发的条例、办法、实施细则、规定等。
体育旅游客源市场 D_{24}	现有或潜在的具有消费能力的旅游者。
体育旅游产品需求 D_{25}	现有或潜在的愿意购买体育旅游产品的旅游者。
地理位置 D_{26}	体育旅游资源所处地区的地理位置条件。
交通条件 D_{27}	体育旅游资源所处地区的交通方便程度或可进入性。
餐饮服务 D_{28}	餐饮质量、服务技能、服务态度、餐饮设施、就餐环境等软硬件条件。
住宿服务 D_{29}	住宿质量、服务技能、服务态度、酒店设施、酒店环境等软硬件条件。
娱乐服务 D_{30}	满足消费者需求的休闲娱乐项目及相关配套设施。
施工难易程度 D_{31}	不同自然基础条件和物资供应条件下施工的难易程度。
施工安全性 D_{32}	不同自然基础条件和物资供应条件下施工的安全程度。
人口承载能力 D_{33}	当地居民对体育旅游资源开发的最大人口承受能力。
经济承载能力 D_{34}	在自然生态环境绿色发展的前提下，所能容纳的经济活动量。
环境承载能力 D_{35}	在自然生态环境绿色发展的前提下，所能容纳的旅游活动量。
空气质量 D_{36}	体育旅游资源空气质量的优劣。
气候适宜性 D_{37}	当地气候和气象条件适宜开发体育旅游资源的程度。
适游期 D_{38}	体育旅游资源适宜开展旅游活动时间的长短，包括全年适游期、半年适游期、半年以下适游期。
景区经济收入 D_{39}	对带动景区门票、饮食、住宿、交通、购物、娱乐方面的收益。
企业盈收 D_{40}	对当地相关企业的营业收入、资产增值、利润增收所带来的效益。
居民就业 D_{41}	对扩大就业机会、提供就业岗位、解决就业问题所存在的价值。
相关产业的联动发展 D_{42}	对串联和带动当地及周边地区第一产业、第二产业、第三产业发展所产生的价值。
提高社会文明程度 D_{43}	对培育社会文明精神、规范民众行为制度所发挥的作用。
培育民众健康生活方式 D_{44}	对培育民众健身生活意识及良好生活习惯所发挥的作用。
增强社区凝聚力 D_{45}	指对增强当地社区民众自豪感、认同感、集体精神所发挥的价值。
多样性保护 D_{46}	对区域内野生动植物种类、数量、质量保护所发挥的作用。
原真性保护 D_{47}	对区域内山水林田湖草等原始自然生态环境保护所发挥的作用。
文化保护 D_{48}	对当地世界级\国家级\省级物质文化及非物质文化的挖掘、梳理所发挥的作用。
文化传承 D_{49}	对当地世界级\国家级\省级物质文化及非物质文化传习与继承所发挥的作用。
文化创新 D_{50}	对当地世界级\国家级\省级物质文化及非物质文化合理利用与开发所发挥的所用。

填写说明：请您根据以下标度表（见表3）及示意图（见图1），以及结合大熊猫国家公园体育旅游资源评价指标内涵释义（表2），对体育旅游资源评价体系中各指标进行比较并打分，灰色部分不用填写。

表 3　矩阵标度值及含义表

标度值	含义
1	表示行指标与列指标同等重要。
3	表示行指标与列指标稍微重要,反之为1/3(行指标与列指标相比,稍微不重要)。
5	表示行指标与列指标明显重要,反之为1/5(行指标与列指标相比,明显不重要)。
7	表示行指标与列指标强烈重要,反之为1/7(行指标与列指标相比,强烈不重要)。
9	表示行指标与列指标极端重要,反之为1/9(行指标与列指标相比,极端不重要)。
2、4、6、8	指标重要程度介于上述指标之间。

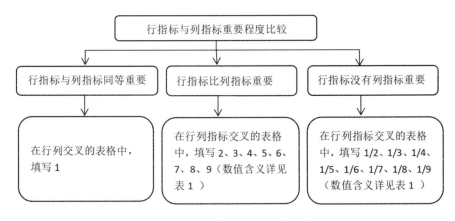

图 1　指标比较及打分示意图

填写示例:

体育旅游资源评价 A	(列指标)资源特性 B_1	(列指标)资源价值 B_2	(列指标)开发条件 B_3	(列指标)潜在开发价值 B_4
(行指标)资源特性 B_1	1	5 或 1/5(择其一)		
(行指标)资源价值 B_2		1		
(行指标)开发条件 B_3			1	
(行指标)潜在开发价值 B_4				1

如何进行表格填写:

(1) 表格中的数字释义

例如:资源特性 B_1 与资源价值 B_2 进行比较,资源特性 B_1 比资源价值 B_2 明显重要,则填写数值5;反之,资源特性 B_1 与资源价值 B_2 进行比较,资源特性 B_1 比资源价值 B_2 明显不重要,则填写数值1/5。

第一部分：请判断一级指标间的相互重要性

体育旅游资源评价 A	资源特性 B₁	资源价值 B₂	开发条件 B₃	潜在开发价值 B₄
(行指标)资源特性 B₁	1			
(行指标)资源价值 B₂		1		
(行指标)开发条件 B₃			1	
(行指标)潜在开发价值 B₄				1

第二部分：请判断二级指标间的相互重要性

（1）体育旅游资源特性

体育旅游资源特性 B₁	(列指标)知名度 C₁	珍稀奇特程度 C₂	规模与集聚性 C₃	丰富性 C₄
(行指标)知名度 C₁	1			
(行指标)珍稀奇特程度 C₂		1		
(行指标)规模与集聚性 C₃			1	
(行指标)丰富性 C₄				1

（2）体育旅游资源价值

体育旅游资源价值 B₂	游憩价值 C₅	科学价值 C₆	康体价值 C₇	体育教育价值 C₈	文化价值 C₉
(行指标)游憩价值 C₅	1				
(行指标)科学价值 C₆		1			
(行指标)康体价值 C₇			1		
(行指标)体育教育价值 C₈				1	
(行指标)文化价值 C₉					1

（3）体育旅游资源开发条件

体育旅游资源开发条件 B₃	政策法规 C₁₀	市场需求 C₁₁	区位条件 C₁₂	基础设施服务 C₁₃	施工条件 C₁₄	资源容量 C₁₅	环境质量 C₁₆
(行指标)政策法规 C₁₀	1						
(行指标)市场需求 C₁₁		1					

体育旅游资源开发条件B3	政策法规C10	市场需求C11	区位条件C12	基础设施服务C13	施工条件C14	资源容量C15	环境质量C16
(行指标)区位条件C12			1				
(行指标)基础设施服务C13				1			
(行指标)施工条件C14					1		
(行指标)资源容量C15						1	
(行指标)环境质量C16							1

（4）体育旅游资源开发潜在价值

体育旅游资源潜在开发价值B4	经济效益C17	社会效益C18	生态环境效益C19	文化效益C20
(行指标)经济效益C17	1			
(行指标)社会效益C18		1		
(行指标)生态环境效益C19			1	
(行指标)文化效益C20				1

第三部分：请判断三级指标间的相互重要性

（1）体育旅游资源知名度

体育旅游资源知名度C1	世界知名度D1	国内知名度D2	区域知名度D3
(行指标)世界知名度D1	1		
(行指标)国内知名度D2		1	
(行指标)区域知名度D3			1

（2）体育旅游资源珍稀奇特程度

体育旅游资源珍稀奇特程度C2	稀有性D4	独特性D5
(行指标)稀有性D4	1	
(行指标)独特性D5		1

（3）体育旅游资源规模与集聚性

体育旅游资源规模与集聚性C3	规模度D6	集聚度D7
（行指标）规模度D6	1	
（行指标）集聚度D7		1

（4）体育旅游资源丰富性

体育旅游资源丰富性C4	资源多样性D8	资源组合状况D9
（行指标）资源多样性D8	1	
（行指标）资源组合状况D9		1

（5）体育旅游资源游憩价值

体育旅游资源游憩价值C5	观赏价值D10	休闲娱乐价值D11
（行指标）观赏价值D10	1	
（行指标）休闲娱乐价值D11		1

（6）体育旅游资源科学价值

体育旅游资源科学价值C6	科学考察价值D12	科普教育价值D13
（行指标）科学考察价值D12	1	
（行指标）科普教育价值D13		1

（7）体育旅游资源康体价值

体育旅游资源康体价值C7	健身价值D14	养身价值D15	康复治疗价值D16
（行指标）健身价值D14	1		
（行指标）养身价值D15		1	
（行指标）康复治疗价值D16			1

（8）体育旅游资源体育教育价值

体育旅游资源体育教育价值C8	体育人文精神教育价值D17	体育人文知识教育价值D18	体育运动技能教育价值D19
（行指标）体育人文精神教育价值D17	1		
（行指标）体育人文知识教育价值D18		1	
（行指标）体育运动技能教育价值D19			1

（9）体育旅游资源文化价值

体育旅游资源文化价值C9	民间文化D20	文化遗产D21
（行指标）民间文化D20	1	
（行指标）文化遗产D21		1

（10）体育旅游资源政策法规

体育旅游资源政策法规 C10	政策导向 D22	行政法规 D23
（行指标）政策导向 D22	1	
（行指标）行政法规 D23		1

（11）体育旅游资源市场需求

体育旅游资源市场需求 C11	体育旅游客源市场 D24	体育旅游产品需求 D25
（行指标）体育旅游客源市场 D24	1	
（行指标）体育旅游产品需求 D25		1

（12）体育旅游资源区位条件

体育旅游资源区位条件 C12	地理位置 D26	交通条件 D27
（行指标）地理位置 D26	1	
（行指标）交通条件 D27		1

（13）体育旅游资源基础设施服务

体育旅游资源基础设施服务 C13	餐饮服务 D28	住宿服务 D29	娱乐服务 D30
（行指标）餐饮服务 D28	1		
（行指标）住宿服务 D29		1	
（行指标）娱乐服务 D30			1

（14）体育旅游资源施工条件

体育旅游资源施工条件 C14	施工难易程度 D31	施工安全性 D32
（行指标）施工难易程度 D31	1	
（行指标）施工安全性 D32		1

（15）体育旅游资源容量

体育旅游资源容量 C15	人口承载能力 D33	经济承载能力 D34	环境承载能力 D35
（行指标）人口承载能力 D33	1		
（行指标）经济承载能力 D34		1	
（行指标）环境承载能力 D35			1

（16）体育旅游资源环境质量

体育旅游资源环境质量 C16	空气质量 D36	气候适宜性 D37	适游期 D38
（行指标）空气质量 D36	1		
（行指标）气候适宜性 D37		1	
（行指标）适游期 D38			1

（17）体育旅游资源经济效益

体育旅游资源经济效益C17	景区经济收入D39	企业盈收D40	居民就业D41	相关产业的联动发展D42
（行指标)景区经济收入D39	1			
（行指标)企业盈收D40		1		
（行指标)居民就业D41			1	
（行指标)相关产业的联动发展D42				1

（18）体育旅游资源社会效益

体育旅游资源社会效益C18	提高社会文明程度D43	培育民众健康生活方式D44	增强社区凝聚力D45
（行指标)提高社会文明程度D43	1		
（行指标)培育民众健康生活方式D44		1	
（行指标)增强社区凝聚力D45			1

（19）体育旅游资源生态环境效益

体育旅游资源生态环境效益C19	多样性保护D46	原真性保护D47
（行指标)多样性保护D46	1	
（行指标)原真性保护D47		1

（20）体育旅游资源文化效益

体育旅游资源文化效益C20	文化保护D48	文化传承D49	文化创新D50
（行指标)文化保护D48	1		
（行指标)文化传承D49		1	
（行指标)文化创新D50			1

调查表结束，感谢您的宝贵支持！

附件C:
《大熊猫国家公园体育旅游资源定量评价指标模糊评分表》

层级	评价指标	指标内涵	评分等级（分值）					评分值
			[10,8)	[8,6)	[6,4)	[4,2)	[2,0)	
综合层	资源特性	体育旅游资源所具有的知名度、珍稀奇特程度、规模与集聚性、丰富性等特有的性质	极高	高	一般	低	极低	
	资源价值	体育旅游资源自身所具有的功能和属性及其对个体产生的价值	极高	高	一般	低	极低	
	开发条件	大熊猫国家公园体育旅游资源开发的政策法规、市场需求、区位条件、基础设施服务、施工条件、资源容量、环境质量条件	极高	高	一般	低	极低	
	潜在开发价值	指大熊猫国家公园体育旅游资源开发对所在地发展潜在的经济效益、社会效益、生态环境效益和文化效益	极高	高	一般	低	极低	
项目层	知名度	公众对体育旅游资源知晓及了解的程度	极高	高	一般	低	极低	
	珍稀奇特程度	体育旅游资源的珍贵、稀有、奇特程度	极高	高	一般	低	极低	
	规模与集聚性	景点的整体规模状况和集聚情况	极高	高	一般	低	极低	
	丰富性	区域内山地、水域、生物等体育旅游资源种类的丰富程度	极高	高	一般	低	极低	
	游憩价值	区域内体育旅游资源具有观赏、娱乐、休闲的价值	极高	高	一般	低	极低	
	科学价值	区域内体育旅游资源具有科学考察和科普教育的价值	极高	高	一般	低	极低	

附件C

层级	评价指标	指标内涵	评分等级（分值）					评分值
			[10,8)	[8,6)	[6,4)	[4,2)	[2,0)	
	康体价值	区域内体育旅游资源具有健身、养生和康复治疗的价值	极高	高	一般	低	极低	
	体育教育价值	区域内体育旅游资源具有培育和提高个人体育人文精神教育、体育文化知识教育、体育运动技能教育的价值	极高	高	一般	低	极低	
	文化价值	区域内体育旅游资源具有民间文化价值和文化遗产价值	极高	高	一般	低	极低	
	政策法规	体育旅游资源开发的政策导向和行政法规	极高	高	一般	低	极低	
	市场需求	具备一定的客源市场条件和产品需求条件	极高	高	一般	低	极低	
	区位条件	体育旅游资源的地理位置和交通条件	极高	高	一般	低	极低	
	基础设施服务	体育旅游资源所具备的餐饮服务、住宿服务和娱乐服务等软硬件条件	极高	高	一般	低	极低	
	施工条件	实施工程的难易程度和安全程度	极高	高	一般	低	极低	
	资源容量	体育旅游资源在人口、经济、环境方面的最大承载能力	极高	高	一般	低	极低	
	环境质量	体育旅游资源的空气质量条件、气候条件和适游条件	极高	高	一般	低	极低	
	经济效益	对当地景区经济收入、企业盈收、居民就业、相关产业联动发展所带来的潜在效用及价值	极高	高	一般	低	极低	
	社会效益	对增强当地社区居民凝聚力、培育民众健康生活方式、提高社会文明程度所带来的潜在效用及价值	极高	高	一般	低	极低	
	生态环境效益	对区域内生态的多样性保护、原真性保护所带来的潜在效用及价值	极高	高	一般	低	极低	
	文化效益	对当地物质文化及非物质文化的保护、传承、创新所带来的潜在效用及价值	极高	高	一般	低	极低	

层级	评价指标	指标内涵	评分等级（分值）					评分值
			[10,8)	[8,6)	[6,4)	[4,2)	[2,0)	
因子层	世界知名度	在世界的知名程度	极高	高	一般	低	极低	
	国内知名度	在国内的知名程度	极高	高	一般	低	极低	
	区域知名度	在区域的知名程度	极高	高	一般	低	极低	
	稀有性	珍贵、稀少的体育旅游资源	极高	高	一般	低	极低	
	独特性	非常罕见的体育旅游资源	极高	高	一般	低	极低	
	规模度	体育旅游资源面积或范围的大小	极高	高	一般	低	极低	
	集聚度	体育旅游资源的疏密程度	极高	高	一般	低	极低	
	资源多样性	体育旅游资源种类的多少、数量的大小	极高	高	一般	低	极低	
	资源组合状况	体育旅游资源的组合数量、种类、质量等状况	极高	高	一般	低	极低	
	观赏价值	具有观赏、游览的价值	极高	高	一般	低	极低	
	休闲娱乐价值	具有愉悦身心、休闲放松、消遣娱乐的价值	极高	高	一般	低	极低	
	科学考察价值	具有科学考察、探秘考察的价值	极高	高	一般	低	极低	
	科普教育价值	具有开展科普教育、参与研学等活动的价值	极高	高	一般	低	极低	
	健身价值	具有提高身体机能、强身健体的价值	极高	高	一般	低	极低	
	养生价值	具有调养身心、康养身心的价值	极高	高	一般	低	极低	
	康复治疗价值	具有康复、保健治疗的价值	极高	高	一般	低	极低	
	体育人文精神教育价值	具有培育和提高民众体育人文观念、体育人文意志的价值	极高	高	一般	低	极低	
	体育文化知识教育价值	具有培育和提高民众体育人文素养、体育文化知识的价值	极高	高	一般	低	极低	
	体育运动技能教育价值	具有培育和提高民众体育运动技术、体育运动能力的价值	极高	高	一般	低	极低	
	民间文化	体育旅游资源所具有的民族、民俗、传统文化价值	极高	高	一般	低	极低	

附件C

层级	评价指标	指标内涵	评分等级（分值）					评分值
			[10,8)	[8,6)	[6,4)	[4,2)	[2,0)	
因子层	文化遗产	体育旅游资源所具有的文化遗产价值,包含物质文化遗产和非物质文化遗产	极高	高	一般	低	极低	
	政策导向	与体育旅游资源开发相关的利好政策	极高	高	一般	低	极低	
	行政法规	规范体育旅游资源开发的条例、办法、实施细则、规定等	极高	高	一般	低	极低	
	体育旅游客源市场	现有或潜在的具有消费能力的旅游者	极高	高	一般	低	极低	
	体育旅游产品需求	现有或潜在的愿意购买体育旅游产品的旅游者	极高	高	一般	低	极低	
	地理位置	体育旅游资源所处地区的地理位置条件	极高	高	一般	低	极低	
	交通条件	体育旅游资源所处地区的交通方便程度或可进入性	极高	高	一般	低	极低	
	餐饮服务	餐饮质量、服务技能、服务态度、餐饮设施、就餐环境等软硬件条件	极高	高	一般	低	极低	
	住宿服务	住宿质量、服务技能、服务态度、酒店设施、酒店环境等软硬件条件	极高	高	一般	低	极低	
	娱乐服务	满足消费者需求的休闲娱乐项目及相关配套设施	极高	高	一般	低	极低	
	施工难易程度	不同自然基础条件和物资供应条件下施工的难易程度	极高	高	一般	低	极低	
	施工安全性	不同自然基础条件和物资供应条件下施工的安全程度	极高	高	一般	低	极低	
	人口承载能力	当地居民对体育旅游资源开发的最大人口承受能力	极高	高	一般	低	极低	
	经济承载能力	在自然生态环境绿色发展的前提下,所能容纳的经济活动量	极高	高	一般	低	极低	
	环境承载能力	在自然生态环境绿色发展的前提下,所能容纳的旅游活动量	极高	高	一般	低	极低	
	空气质量	体育旅游资源空气质量的优劣	极高	高	一般	低	极低	
	气候适宜性	当地气候和气象条件适宜开发体育旅游资源的程度	极高	高	一般	低	极低	

层级	评价指标	指标内涵	评分等级（分值）					评分值
			[10,8)	[8,6)	[6,4)	[4,2)	[2,0)	
因子层	适游期	体育旅游资源适宜开展旅游活动时间的长短，包括全年适游期、半年适游期、半年以下适游期	极高	高	一般	低	极低	
	景区经济收入	对带动景区门票、饮食、住宿、交通、购物、娱乐方面的收益	极高	高	一般	低	极低	
	企业盈收	对当地相关企业的营业收入、资产增值、利润增收所带来的效益	极高	高	一般	低	极低	
	居民就业	对扩大就业机会、提供就业岗位、解决就业问题所存在的价值	极高	高	一般	低	极低	
	相关产业的联动发展	对串联和带动当地及周边地区第一产业、第二产业、第三产业发展所产生的价值	极高	高	一般	低	极低	
	提高社会文明程度	对培育社会文明精神、规范民众行为制度所发挥的作用	极高	高	一般	低	极低	
	培育民众健康生活方式	对培育民众健身生活意识及良好生活习惯所发挥的作用	极高	高	一般	低	极低	
	增强社区凝聚力	对增强当地社区民众自豪感、认同感、集体精神所发挥的价值	极高	高	一般	低	极低	
	多样性保护	对区域内野生动植物种类、数量、质量保护所发挥的作用	极高	高	一般	低	极低	
	原真性保护	对区域内山水林田湖草等原始自然生态环境保护所发挥的作用	极高	高	一般	低	极低	
	文化保护	对当地世界级\国家级\省级物质文化及非物质文化的挖掘、梳理所发挥的作用	极高	高	一般	低	极低	
	文化传承	对当地世界级\国家级\省级物质文化及非物质文化传习与继承所发挥的作用	极高	高	一般	低	极低	
	文化创新	对当地世界级\国家级\省级物质文化及非物质文化合理利用与开发所发挥的所用	极高	高	一般	低	极低	

附件C

后　记

　　《大熊猫国家公园体育旅游开发路径研究》为四川省科技厅2020年度软科学项目（2020JDR0257），由成都体育学院舒建平教授的团队负责完成，舒建平教授与四川工商学院体育学院卢军老师负责研究内容框架、研究方案设计以及统稿工作。主要作者贡献如下：卢军老师与四川省棒球垒球曲棍球运动管理中心张莉银、成都艺术职业大学李媛媛老师合作撰写第一章；卢军老师与四川工商学院体育学院张雪老师、聊城市特殊教育学校李佳美老师合作撰写第二章；舒建平教授与卢军老师合作撰写第三章；西南民族大学体育学院曾旻老师与李佳美老师合作撰写第四章；卢军、张雪老师与成都体育学院黎小钰博士合作撰写第五章第一节，许慧洁博士与卢军老师合作撰写第五章第二节，成都体育学院张小从老师、西南民族大学体育学院曾旻老师合作撰写第五章第三节，卢军老师与张小从、曾旻老师合作撰写第五章第四节，舒建平教授与卢军老师合作撰写第五章第五节，舒建平教授与李佳美老师合作撰写第五章第六节；四川工商学院体育学院晋利利、张雪老师与四川吉利学院航空航天学院李海琴老师、成都体育学院研究生王钰鑫、江莉、裴鑫合作撰写第六章。

　　除此之外，在该研究以及书稿的编撰过程中，成都体育学院文媛副教授、彭琴副教授，四川旅游学院李金和老师也参与其中，在此致以深深的感谢。

　　本书的写作得益于许多学者启发性的学术研究成果，在参考文献中已一一列出，对此我们深表敬意和致谢。

　　《大熊猫国家公园体育旅游开发路径研究》一书的撰写还存在一些局限（如由于某些客观原因只对大熊猫国家公园四川片区进行考察），难免存在疏漏与不足，真诚希望同行专家和读者予以指正。